Idriss Aberkane

Né en 1986, spécialiste des neurosciences appliquées, Idriss Aberkane est titulaire de trois doctorats. Éditorialiste au *Point*, il a également donné plus de quatre cents conférences sur quatre continents. Il est l'auteur de *Libérez votre cerveau ! – Traité de neurosagesse pour changer l'école et la société* (2016) et de *L'Âge de la connaissance – Traité d'écologie positive* (2018) publiés aux éditions Robert Laffont. En 2019 a paru *Bientôt libre !* chez le même éditeur.

Retrouvez toute l'actualité de l'auteur sur :
idrissaberkane.org

ÉVOLUTION

Des livres pour vous faciliter la vie !

Sharon SALZBERG
Comment s'ouvrir à l'amour véritable
Apprendre à aimer, apprendre à s'aimer

Caroline WEBB
Comment passer une bonne journée au travail

Michael PUETT & Christine GROSS-LOH
La Voie
Comment la philosophie chinoise peut nous aider à tout repenser

Allen CARR
La Méthode simple pour se libérer de ses peurs et de ses inquiétudes
Apprenez à être pleinement présent

Catherine GUEGUEN
Heureux d'apprendre à l'école
Comment les neurosciences affectives et sociales peuvent changer l'éducation

Audrey AKOUN & Isabelle PAILLEAU
Vive les zatypiques !
Aidons nos enfants surdoués, hypersensibles, dys- et autres zèbres de 3 à 20 ans à s'épanouir

Catherine ALIOTTA
Pratiquer la sophrologie au quotidien
Une source de bien-être pour tous

Idriss ABERKANE
L'Âge de la connaissance
Traité d'écologie positive

L'Âge
de la connaissance

DU MÊME AUTEUR
CHEZ POCKET

LIBÉREZ VOTE CERVEAU !

L'ÂGE DE LA CONNAISSANCE

Idriss Aberkane

L'Âge de la connaissance

Traité d'écologie positive

Robert Laffont

MIXTE
Papier issu de sources responsables
FSC® C003309

Pocket, une marque d'Univers Poche, est un éditeur qui s'engage pour la préservation de l'environnement et qui utilise du papier fabriqué à partir de bois provenant de forêts gérées de manière responsable.

ISBN 978-2-266-29201-6
Dépôt légal : septembre 2019

Dépasser nos limites

La révolution industrielle a fabriqué deux mensonges qui détruisent encore le monde aujourd'hui :

1. **Nature ou emploi, il faut choisir**. Là où il y a de la nature, il n'y a pas d'emploi : c'est la campagne. Là où il y a de l'emploi, il n'y a pas de nature : c'est la ville. J'appelle ce mensonge « Noé ».

2. **Produire ou s'épanouir, il faut choisir**. Soit vous êtes productif mais dépressif, soit vous êtes épanoui mais vous êtes un traître à l'économie nationale. J'appelle ce mensonge « Poé ».

Cela fait deux cents ans que le monde pense ainsi, en fonction de ces deux tragiques alternatives qui font osciller l'humanité entre plaisir et souffrance, désir et frustration, dette et prospérité, ville et campagne, toit et belle étoile. Cette opposition irréconciliable entre productivité et épanouissement d'une part, entre nature et emploi d'autre part, structure notre diplomatie écologique, notre relation au travail, notre politique, notre économie, notre industrie, notre éducation. En somme, notre époque. Et ces antagonismes nous incitent à reproduire inlassablement les conditions d'une souffrance collective, d'une guerre silencieuse où la chair est sacrifiée aussi bien que l'esprit.

Le débat écologique, en 2018, se résume encore à cette seule question : « Combien d'emploi je perds, combien de nature je gagne ? » Si, par exemple, un George H. W. Bush (père, donc) a clamé qu'en matière d'écologie « le niveau de vie des Américains n'est pas négociable[1] », c'est parce qu'il existait au-dessus de lui, toujours, cette simple opposition intellectuelle entre les « Verts[2] », tenants du camp de la nature, et les « Gris », défenseurs de l'économie, et que sa base électorale était intimement convaincue que la défense de l'environnement allait détruire l'emploi.

De telles oppositions dogmatiques ne sont pas nouvelles. En 1914, le seul point sur lequel l'Alliance et l'Entente s'accordaient fanatiquement était la nécessité de se battre dans la guerre la plus inutile de l'histoire humaine. Celui qui se serait interposé entre les belligérants de la Grande Guerre pour la dénoncer aurait été, pour les deux camps, et à l'instar de Jean Jaurès, le premier homme à abattre ! De la même manière, il existe aujourd'hui un no man's land infranchissable dans la grande guerre entre Verts et Gris. Quiconque s'y aventure essuie les tirs des deux camps, convaincus qu'ils sont investis l'un et l'autre du devoir sacré de s'entretuer. Il faut pourtant réconcilier nature et emploi,

1. Ranee K. L. Panjabi, *The Earth Summit at Rio : Politics, Economics, and the Environment*, Northeastern University Press, 1997, p. 240.

2. Je ne fais pas référence ici aux différents mouvements politiques qui ont utilisé ce nom.

productivité et épanouissement. Rien n'est plus important aujourd'hui au corps et à l'esprit de l'économie mondiale, et cette réconciliation ne saurait procéder que d'une seule méthode : la sagesse.

L'« acupuncture urbaine », théorisée par l'architecte Jaime Lerner[1], affirme qu'une seule petite intervention sur un quartier, bien ciblée et exécutée avec précision, peut transformer toute une ville. Il existe de même une acupuncture intellectuelle : si vous plantez l'aiguille d'un raisonnement nouveau et exact dans les deux nerfs de la grande guerre Vert-de-Gris que sont les deux mensonges « nature ou emploi », « produire ou s'épanouir », si vous parvenez à désamorcer Noé et Poé dans l'inconscient individuel et collectif, vous ferez mieux que détourner notre planète de son cours. Archimède avait dit qu'avec un levier assez long, il pourrait soulever la Terre[2] ; j'affirme qu'une aiguille intellectuelle assez nouvelle et affûtée peut changer le cours de l'histoire humaine.

L'écologie n'est pas une punition

Le seul but de ce livre est de fournir cette aiguille, et de procéder à une acupuncture intellectuelle au cœur des nerfs collectifs de la famille humaine. L'écologie n'est pas une punition, pas plus que l'humanisme. Il faut arrêter d'opposer nature et économie, même tacitement, même implicitement, car l'une et l'autre partagent la même origine et doivent travailler ensemble.

---

1. Jaime Lerner, *Urban Acupuncture*, Island Press, 2014.

2. Théophile Ortolan, *Le Levier d'Archimède ou la mécanique céleste et le céleste mécanicien*, Librairie Bloud et Barral, 1899, p. 50.

Arrêter de polluer, protéger la nature, n'est en aucun cas une corvée : c'est parce que la souffrance est devenue à nos yeux un gage d'efficacité que nous finissons malheureux, intoxiqués et inefficaces. L'écologie punitive et l'humanisme moralisateur ne sont que de vaines illusions, aux prémisses séduisantes, mais aux conséquences absolument vides.

Pour guérir notre monde et nous-mêmes, nous devons pratiquer l'écologie positive qui certes affirme « vous ne pourrez pas dire que vous ne saviez pas », non à propos des problèmes, mais à propos de leurs solutions. Celles-ci existent, elles sont parfois sous notre nez, mais ne suffiront pas, à elles seules, à nous empêcher de mourir de soif au pied de la fontaine, comme le chantait François Villon[1]. L'être humain choisit lui-même son enfer, par sa culpabilité, son désir de s'autodétruire, son goût acharné, mais caché et pervers, pour la scarification et la souffrance inutile. Les portes de l'enfer sont pourtant grandes ouvertes, aussi bien à l'entrée qu'à la sortie, et la souffrance écologique vécue par ce couple en crise que forment l'Humanité et la Terre peut prendre fin quand nous le voulons, pour peu que nous nous décidions à voir sa thérapie comme une œuvre passionnante, et non comme une corvée.

Dans le monde gréco-latin, « économie » et « écologie » partagent la même racine, le grec *oikos* (éco-), qui signifie « terre habitée » et à qui l'on doit aussi le terme « œcuménique ».

---

1. François Villon, *Œuvres de François Villon*, Librairie des Bibliophiles parisiens, 1921, p. 125.

L'économie, telle que l'ont définie les physiocrates français du XVIIIe siècle, et telle que l'ont étudiée aussi bien Benjamin Franklin que Pierre Samuel Du Pont de Nemours[1] à la même époque, envisage la nature comme source de prospérité fondamentale. *La Physique* d'Aristote consistait en l'étude des causes remontant à la cause des causes, qui a été pour la théologie néoplatonicienne une préconception de Dieu. La physiocratie, qui repose sur la même base intellectuelle, s'intéresse, elle, à la cause des causes de la prospérité avec, pour axiome, l'idée que celle-ci est naturelle, et tient avant tout au Vivant, qui est chez les soufis un attribut de Dieu. De même, l'*Économique* de Xénophon[2] est-il un traité d'agronomie, où l'historien et philosophe développe, dans la forme aujourd'hui méprisée du dialogue socratique, la « kalokagathie », c'est-à-dire l'art du « beau et du bon » dans le rapport de l'homme à sa terre.

La physiocratie pose ainsi que la prospérité est coextensive à la vie. Plus il y a de vie, plus il y a de prospérité, et la vie, qui est elle-même un procédé, un mouvement, peut inspirer nos procédés d'origine humaine pour créer encore plus de prospérité, de sorte que fortune naturelle et fortune artificielle deviennent indiscernables. Car il est dans la destinée de l'une et l'autre de s'entrelacer subtilement pour former un tout, bien plus efficace que chacune de ses parties, un tout qui doit être *kalos* (« beau ») et *agathos* (« bon »).

---

1. Pierre Samuel Du Pont de Nemours, *Œuvres politiques et économiques*, 1790.

2. Né au Ve siècle av. J.-C.

L'étude de cette prospérité, sa codification contemporaine, sa mise à la disposition du plus grand nombre, là est tout l'esprit de ce livre, dont la lettre n'est qu'une ombre qui, je l'espère, servira toute personne qui la lira.

Cet ouvrage est issu de quatre tours du monde, et son origine est orale. Si Socrate affirmait que les mots ne sont qu'une projection trompeuse du réel, une vague ténèbre du monde à laquelle il ne faut jamais trop se fier et si, pour cette raison, il refusait de transmettre sa sagesse par écrit, c'est aussi que les textes les plus mémorables de l'Histoire se sont faits à l'interface entre l'oral et l'écrit. L'un est le ciel, l'autre la terre, et le bon texte, comme un arbre, relie les deux ; c'est au bord de ces deux mondes que naissent les panégyriques, c'est-à-dire les propos destinés à l'humanité tout entière. Or la sagesse qui soignera Noé et Poé s'adresse à tous les hommes. Cette sagesse est aussi le trait d'union entre le matériel et l'immatériel. Il faut suivre le grand auteur soufi Idries Shah quand il écrit que « les mots doivent mourir, si les humains doivent vivre » : l'humanité est plus grande que les mots, qu'elle a créés pour la servir elle, et non pour devoir les servir eux.

Les conférences et tables rondes qui ont fondé ce livre – plus de 420 – ont été données en anglais, en français ou en italien, entre Mountain View, Bali, Nouméa, Johannesburg, Istanbul, Singapour, Shanghai, à l'Organisation mondiale de la santé, à la Sorbonne, à Sciences-Po, HEC Lausanne ou Stanford, à l'Institut de France, au Conseil économique, social et environnemental de la République française, au Muséum national d'histoire naturelle de Paris ou encore à Casablanca, mais elles s'adressent à tous. Leur propos date de l'époque où j'écrivais *Libérez votre cerveau !*[1] où il s'agissait, déjà, de désinstaller dans l'esprit collectif le logiciel qui nous oblige à choisir entre produire ou s'épanouir. Au terme « désinstaller », Abraham Lincoln préférait d'ailleurs l'éloquent *disenthrall*[2] dans son discours du 1er décembre 1862 qui, nous le verrons à la toute fin de ce livre, est d'une pertinence frappante en matière d'écologie positive :

« Les dogmes du calme passé sont inadéquats au présent tourmenté. L'occasion nous attend, barrée de hautes difficultés, et nous devons nous élever avec elle. Notre situation est inédite, nous devons donc penser et agir d'une façon nouvelle. Nous devons nous démêler de nous-mêmes, c'est alors que nous sauverons notre pays[3]. »

Parce que notre pays d'aujourd'hui, c'est le monde, c'est le monde qu'il faut sauver. Dans les bons jeux vidéo, comme dans presque toutes les épopées depuis celle de Gilgamesh, on trouve le même enjeu : sauver le monde en se sauvant soi-même. Et cet invariant fonde toute l'écologie positive, l'Âge de la connaissance.

---

1. Robert Laffont, 2016 ; Pocket, 2018.

2. Littéralement, « se défaire », « se désengager ».

3. Message adressé par le président Lincoln au Congrès américain, lors de l'inauguration de son mandat. Abraham Lincoln, *The Lincoln Encyclopedia : The Spoken and Written Words of A. Lincoln Arranged for Ready Reference*, Macmillan, 1950, p. 255.

Le passage de l'oral à l'écrit, des conférences à un livre, se trouve enfin très bien décrit par Baudelaire dans « Le voyage[1] » :

« Nous voulons voyager sans vapeur et sans voile !
Faites, pour égayer l'ennui de nos prisons,
Passer sur nos esprits, tendus comme une toile,
Vos souvenirs avec leurs cadres d'horizons. »

C'est ainsi qu'il faut lire ce livre, comme une succession d'images projetées sur un esprit pur et tendu par l'attention, à la façon d'une bande dessinée dont les bulles n'existeraient que par oral.

Nouméa, hiver austral 2017

1. *Les Fleurs du mal*, 1857, Librio, 2015.

Aux sources de l'économie de la connaissance

Le nouveau siège d'Apple à Cupertino, « le campus vaisseau-spatial », est une plaisanterie à cinq milliards de dollars, soit plus de trois fois la mission spatiale Philae justement : un bâtiment plus vaste que le Pentagone, une ville ronde capable d'accueillir vingt mille employés et conçue pour évoquer, en accord avec Steve Jobs, son fondateur, et Norman Foster, son architecte, « la corbeille de fruits de l'Amérique ».

C'est ainsi, en effet, que l'on appelait autrefois la Californie : avant de devenir l'État de l'électronique, de la Silicon Valley, de l'industrie de la défense ou du cinéma, la Californie était un État agricole, et elle le reste dans son identité profonde. Mais un État qui, contrairement à ceux du Middle West, s'occupe davantage de qualité que de quantité, tourné vers l'apport d'une plus forte valeur ajoutée aux produits de la terre. Un État, donc, où l'on offre à la terre non seulement de l'eau et des techniques issues de l'agriculture industrielle, mais aussi davantage de connaissances. C'est également là-bas que l'on produit le meilleur vin... d'Amérique du Nord – à Bordeaux, il faut dire cela très vite ! Si la société s'appelle Apple, c'est d'ailleurs parce que Steve Jobs allait cueillir des pommes dans un verger de l'Oregon lorsqu'il était étudiant. L'autre raison est que ce nom lui permettait de passer dans les listings devant Atari, qui avait été son premier grand employeur...

L'économie de la connaissance revient à cela : à cette notion d'agriculture qualitative, à l'idée d'apporter un maximum de valeur ajoutée à ce qui sort de la terre, à l'ambition d'offrir aux produits le plus de savoir-faire possible afin de les vendre plus cher que s'ils n'étaient qu'une marchandise brute proposée en gros. Cette notion n'est d'ailleurs pas propre à la culture californienne.

Elle se retrouve, par exemple, dans l'agriculture abbatiale de l'Europe médiévale : les abbayes étaient des lieux où l'on nourrissait la terre du plus de connaissance possible afin d'y produire des biens à très forte valeur ajoutée – bières, fromages, papiers, vins, liqueurs, etc. –, et capables de s'exporter très loin. Ce n'est pas un hasard si les abbayes ont été les machines à cash du Moyen Âge français et que Guillaume le Conquérant a fondé sur elles une grande partie de son pouvoir économique ! Le souverain saura s'en souvenir quand, prenant la Couronne d'Angleterre, il fera recenser tous les biens abbatiaux et para-abbatiaux dans son *Domesday Book*, un ancêtre culturel NSA d'aujourd'hui[1].

Injecter de la patience humaine dans la terre, lui donner de l'attention et du temps est, nous le verrons, un excellent moyen de la mettre en valeur de façon durable et profitable sur des millénaires même. Le fait que la Californie ait été structurée dans son premier âge occidental par les missions franciscaines – d'où le nom de San Francisco – est peut-être l'une des raisons les plus essentielles de son rapport si singulier à la terre. Aujourd'hui encore, François d'Assise est, pour le Vatican, le saint patron de l'écologie.

Au cœur de son nouveau siège, Apple a replanté des abricotiers, afin justement de rappeler que la Silicon Valley était autrefois couverte de vergers. Cette interaction entre connaissance et nature est le cœur même de l'économie de la connaissance, le cœur de l'âge de la connaissance, le cœur de l'écologie positive. Plus l'homme nourrit sa terre, non pas seulement de matières mais de connaissance et, au-delà, de sagesse, plus il la rend prospère, où qu'elle se trouve. Même en plein désert – comme à Tombouctou, ou, nous allons le voir, à Bagdad –, ou en pleine lagune – comme à Venise. L'homme sage sait qu'il y a bien plus à tirer de la terre que sa matière : sa connaissance !

Ce nouveau campus est également une illustration de plus de l'immense prospérité d'Apple. Lorsque ses dirigeants téléphonent à leurs banques pour savoir de

1. Austin Lane Poole, *From Domesday Book to Magna Carta, 1087-1216*, Oxford University Press, 1993.

combien la société dispose en équivalent liquide, savez-vous ce qu'on leur répond ? Je parle de la trésorerie, du cash disponible, pas de leur capitalisation boursière. Les banques rétorquent : votre compte est créditeur du PIB du Qatar[1], plus le PIB du Luxembourg[2], plus le budget de défense de la République française[3], plus celui de la République fédérale d'Allemagne[4]... Total : plus d'un quart de trillion de dollars. 285 milliards, à quelques milliers de millions près, en 2018, pour une valorisation boursière totale qui atteindra le millier de milliards de dollars avant la fin de l'année de sortie de ce livre.

Je ne dis pas que c'est bien ou mal, je fais simplement remarquer qu'Apple n'est pas une entreprise pétrolière, mais une entreprise de connaissance. On pourrait certes se concentrer sur la dimension matérielle de ses produits. Ceux-ci, c'est vrai, sont fabriqués à partir de matières parfois rares, parfois non renouvelables, et il existe aujourd'hui à cause de cela toute une géopolitique des smartphones. Pour autant, les produits d'Apple valent beaucoup plus cher que leurs composants pris séparément, et leurs composants valent beaucoup plus cher que leur poids en matière première. Le différentiel entre ce prix final et celui de la matière brute est absolument intangible : ce sont de la recherche, du marketing, des brevets, des choses immatérielles, donc, qui augmentent considérablement la valeur de la matière elle-même. 285 milliards

1. 152,5 milliards de dollars en 2018.
2. 59,95 milliards de dollars en 2018.
3. 39,4 milliards de dollars en 2018.
4. 38,5 milliards de dollars en 2018.

en cash, une capitalisation boursière qui va atteindre 1 000 milliards de dollars : Apple pèse davantage que le PIB de l'Arabie saoudite et celui de l'Afrique du Sud réunis. Davantage, donc, que le pétrole, le gaz naturel, la bauxite, l'or, l'étain, les diamants, le cuivre, le fer, le platine, l'uranium, le cobalt, le vanadium ou le manganèse de ces nations. Les détenteurs de toutes ces matières premières sont moins prospères que ceux qui leur ajoutent ces dernières couches d'immatériel.

Les fondateurs d'Apple ont pourtant commencé dans un garage, il y a à peine plus de quarante ans – garage devenu depuis un monument classé dans la Silicon Valley. C'est cela, l'économie de la connaissance : elle est la seule économie qui nous permette, en une génération et demie, de passer d'un simple garage à 1 000 milliards de dollars ! La première capitalisation boursière au monde était autrefois celle d'ExxonMobil, soit juste un tiers de celle d'Apple aujourd'hui…

La Californie avait bien des ressources naturelles, de l'or et des terres rares – comme la mine de Mountain Pass, aujourd'hui en cours de réouverture. Cependant, si la Silicon Valley porte ce nom, ce n'est pas parce qu'elle possède des dépôts de silicium, mais parce qu'elle représente, selon les mots du dessinateur Luc Dupanloup[1], la « plus forte concentration de cerveaux au monde ». La langue française a une expression

1. Alias Dupa, dont la bande dessinée *Cubitus*, t. 14 : *Pas de salades* (Le Lombard, 1996) m'exposa au terme « Silicon Valley » pour la première fois à six ans, et fut l'inspiration principale de mon choix de passer ma première année comme Visiting Scholar de l'université de Stanford en 2006-2007.

que je déteste : « jus de crâne » ou « jus de cerveau ». Malgré le côté maladroit et même barbare de la métaphore, force est de constater que la valeur économique du jus de crâne est bien supérieure, aujourd'hui, à celle du jus d'hydrocarbure.

L'économie de la connaissance, la plus ancienne au monde

Rappelons d'abord que l'économie de la connaissance n'est pas une mode, encore moins une nouveauté, mais qu'elle est la plus ancienne des économies au monde : l'humanité échangeait des savoirs bien avant d'échanger des biens, des matières premières ou de la monnaie. L'économie de la connaissance a toujours été là. Elle n'a jamais été abandonnée, car il est absolument impossible qu'une transaction économique existe sans que de la connaissance y soit engagée. Parce qu'il existe dans toute transaction un écart de connaissance entre l'acheteur et le vendeur, mais aussi et surtout parce que toute valeur dépend d'une connaissance.

La connaissance est partout, elle forme comme une aura autour de chacune de nos activités. Si nous avons tendance à l'ignorer, c'est que nous avons un cerveau de primate, conditionné pour donner beaucoup plus d'importance au monde tangible qu'au monde intangible. Nous n'avons aucune difficulté à nous figurer le premier : c'est le monde que l'on peut manger ou qui peut nous dévorer, et nos nerfs ont évolué à son contact. Le monde intangible n'est pas moins réel, mais sa perception et sa conception nous demandent un effort si fastidieux, si difficile, qu'il nous contraint à revenir sans cesse au tangible. C'est ainsi que sont nés les « médias », c'est-à-dire les moyens comme l'écriture, les arts plastiques ou le cinéma : ils incarnent l'immatériel dans la matière et nous permettent ainsi de l'appréhender. L'histoire de la créativité humaine est structurée par la diversité de tels moyens, une diversité que l'humanité est loin d'avoir épuisée et qui est une source infinie de valeur. Rendre l'intangible tangible, sensuel, est l'un des plus grands services que l'on puisse rendre à la famille humaine et à l'économie de la connaissance. Ce n'est pas un hasard si, par exemple, l'excellente méthode de Singapour pour l'enseignement des mathématiques est fondée sur ce principe neuroergonomique : rendre les mathématiques tangibles, palpables, matérielles.

Isengard et l'éternel jardinier

Un mythe, auquel j'ai consacré ma deuxième thèse de doctorat, en littérature comparée[1], me semble capturer un des invariants les plus profonds, les plus puissants de l'aventure humaine : celui de l'« éternel jardinier », l'*ortolano eterno*, tel que le décrit l'explorateur et polymathe soufi Richard Francis Burton :

> « *Homo locatus est in horto*
> *homo damnatus est in horto*
> *homo humatus est in horto*
> *homo renatus est in horto*[2]. »

---

1. « Ballade de la conscience entre Orient et Occident », université de Strasbourg, 2014.

2. On retrouve ici le mythe du jardin d'Éden et la damnation de l'homme pour avoir goûté le fruit de l'arbre de la connaissance, que l'Occident représente encore souvent aujourd'hui… comme une pomme – bien que Michel-Ange le représente comme une figue dans la chapelle Sixtine.

Traduction : « L'homme est situé dans le jardin / l'homme est damné dans le jardin / l'homme est enterré dans le jardin / l'homme renaît dans le jardin. »

Voilà le mouvement qui résume le rapport de l'humanité à la terre – souvenons-nous que les mots « humus » et « humain » ont la même racine, le proto-indo-européen $d^{h}\acute{e}\acute{g}^{h}\bar{o}m$, qui signifie simplement « la terre ».

Les civilisations meurent notamment lorsqu'elles cessent de respecter leur terre. Même à de plus petites échelles de temps et d'espace, l'homme a tendance à corrompre la terre et à s'y enterrer par ses propres erreurs, avant de la faire renaître par la connaissance et la sagesse que ses erreurs ont engendrées. D'où cette sagesse de G. Michael Hopf, « les temps difficiles créent des gens forts, les gens forts créent des temps faciles, les temps faciles créent des gens faibles, les gens faibles créent des moments difficiles[1] »…

Je suis convaincu que notre époque, comme ce livre, se situe quelque part entre *humatus* et *renatus*. Que le XXIe siècle sera celui de la conversion de nos erreurs en sagesse et en connaissance, de la conversion du sordide en lumineux. Ou, comme l'a écrit Flaubert, le siècle de cette transformation des « sucs d'excréments » à laquelle nous devons « le parfum des roses et la saveur des melons[2] ».

---

1. G. Michael Hopf, *Those Who Remain : A Postapocalyptic Novel*, CreateSpace Independent Publishing Platform, 2016, p. 113.
2. Gustave Flaubert, *Correspondance*, 1853, Folio, 1998.

J.R.R. Tolkien, dans le mythe de la cité d'Isengard[1], illustre lui aussi cette dynamique permanente dans laquelle l'homme se détruit lui-même en détruisant sa terre. Comme le campus d'Apple, Isengard est d'abord une vaste cité ronde, enclose, construite à l'origine sur une terre verdoyante et giboyeuse. Cette cité a pour symbole la main blanche, paume tournée vers l'observateur. Un symbole qui correspond au principe du salut militaire moderne : si les Britanniques, les Français et les Italiens saluent encore en montrant l'intérieur de leur main, c'est qu'il importe de montrer que l'on n'est pas armé, et que l'on n'est donc pas animé d'intentions hostiles.

Le rapport de la main de l'homme à la nature a oscillé entre bienveillance et malveillance, confiance et défiance, et cette ambiguïté explique que nous ayons aussi bien chéri que battu la nature. C'est là l'histoire d'Isengard.

Corrompue par l'ego des hommes, et par le grand tentateur et ambassadeur de la mort que représente Sauron dans la littérature de Tolkien, Isengard devient un cœur industriel qui annihile la forêt autour de lui autant que l'âme des hommes qui y vivent, jusqu'à ce que les hommes-arbres – réminiscence du *Green Man*, lui-même inspiré du mythe d'Al-Khidr (le Verdoyant) en islam, du saint Georges des chrétiens et de l'Elijah des juifs – détruisent la ville pour la rendre à la nature. Ainsi, « que de cités avons-nous détruites », dit le Coran[2].

---

1. Voir son chef-d'œuvre, la trilogie *Le Seigneur des anneaux*, 1954 et 1955, Christian Bourgois, 2016 ; Pocket, 2018.

2. Coran 7:4 (Al-A'raf).

Isengard signifie « ville de fer », et le *gard* qu'utilise Tolkien est le même que celui des Russes : *gorod/grad*, désignant « la ville ». Cependant, « ville » et « jardin » ont la même racine proto-indo-européenne, $g^{h}erd^{h}$, qui désigne quelque chose de clos, de ceint, d'encerclé, et qui a donné aussi bien le mot « cohorte » que les mots « jardin », *garden*, ou le sanskrit गृह, « maison ». Si la révolution industrielle oppose la ville à la nature, cette opposition n'a donc pas toujours existé, surtout quand on considère que l'origine la moins incertaine de la souche proto-indo-européenne tient aux peuples nomades des steppes pontiques couvrant l'actuelle Ukraine et une partie de la Russie. L'union de l'homme et de la terre, de la maison et du jardin, de la cité et de la nature se trouve aux racines mêmes d'une grande partie de nos langues.

Bagdad, le berceau de l'économie de la connaissance

Mais ce dont j'ai à parler dépasse largement la Silicon Valley et Isengard. Voici une ville dont le campus d'Apple est une réminiscence, et qui fut elle-même une réminiscence de Carthage, ou de l'image que Platon avait de l'Atlantide. Elle est toute proche de Babylone géographiquement, mais très éloignée historiquement. Cette ville ronde, qui a elle aussi son jardin central, c'est la Bagdad du temps de Charlemagne – ou du temps d'Iznogoud[1], tout dépend de vos références –, du temps, en tout cas, où régnait le calife Haroun al-Rachid.

1. Personnage de la fameuse BD humoristique créée par René Goscinny et Jean Tabary, en 1962.

Or cette Bagdad était la Silicon Valley de son époque. C'est là que l'on fabriquait les meilleurs instruments de navigation céleste, depuis qu'Al-Fazari, mort en 806, avait ressuscité l'astrolabe dans le jeune monde musulman. C'est là qu'est né le *x* dans les équations[1]. C'est de cette ville et de cette époque que viennent le mot « algèbre » et le mot « algorithme », qui est la latinisation du nom du mathématicien perse Al-Khuwarizmi : *Algorithmi*. De là sont issus les noms contemporains de beaucoup d'étoiles, Aldebaran, Altaïr, Betelgeuse… Aussi étrange que cela puisse paraître, de là viennent aussi les mots « alcool » et « alambic ». Si l'on parle, enfin, de « chiffres arabes » en Occident, c'est que ces chiffres, dont l'origine réelle est indienne, ont été utilisés et transmis à l'Europe par les Arabes de la Ville ronde, aussi appelée « cité de la Paix ».

Selon le mythe de l'Homme vert, notamment chez les soufis, le mal engendre toujours du bien ici-bas et, malheureusement, le bien engendre toujours un mal – comme dans le Yin et le Yang, où le blanc subsiste toujours au fond du noir et vice versa. Si bien qu'il est infiniment difficile de savoir où commence le bien et où finit le mal dans le cours de l'Histoire.

Sous la férule du petit-fils de Genghis Khan, Hulagu Khan, les Mongols ont rasé Bagdad en 1258, massacrant, d'après les sources arabes, plus d'un million de

1. Les mathématiciens arabes notaient l'inconnue d'une équation par la lettre *shin*, première lettre du mot *shalan*, signifiant « chose » – que l'on cherche. En contact avec eux en Andalousie, les Espagnols ont substitué au *shin* le son *ck*, issu de la lettre grecque *khi*, dont la majuscule ressemble à un *x*, plus simple à écrire. Ainsi est né le *x* de nos équations.

personnes ; mais c'est un descendant du seigneur de guerre Tamerlan, le plus grand conquérant de l'histoire et bourreau de l'islam au XIVe siècle, qui a construit le Taj Mahal. Eh bien, de la même façon, j'aime à me rappeler que, malgré toutes les horreurs qu'a connues l'Irak depuis les années 1980, le pays qui a mis Bagdad à feu et à sang à l'époque moderne a aussi été capable d'ériger, chez lui, une ville ronde comparable à la première Bagdad, et que c'est le descendant d'un Syrien – Steve Jobs, fils d'Abdulfattah « John » Jandali – qui l'a rêvée, conçue et qui s'est battu pour elle…

À l'époque de la cité de la Paix, les relations entre Bagdad et Aix-la-Chapelle, capitale de Charlemagne, étaient excellentes. Entre autres cadeaux diplomatiques, Haroun al-Rachid enverra à l'empereur des Francs un éléphant blanc[1] – qui fut enterré à Aix-la-Chapelle – ainsi que les horloges les plus avancées de son temps.

Les Vikings, eux aussi, sont allés jusqu'à Bagdad. Certains se sont fait enterrer au Danemark avec des pièces de monnaie en provenance de cette ville, d'autres se sont convertis à l'islam[2]. L'Ulfberht, la célèbre épée

---

1. Offert en 801, l'éléphant portera le nom d'Abul Abbas, d'après la dynastie des Abbasides. D.G. Tor, *The Abbasid and Carolingian Empires : Comparative Studies in Civilizational Formation*, Brill, 2017, p. 93.

2. « Why Was a 9th Century Viking Woman Buried with a Ring That Says "for Allah" on It? », *Washington Post*, 13 juillet 2018.

James Graham-Campbell et Gareth Williams, *Silver Economy in the Viking Age*, Routledge, 2016.

Ahmed Akbar, *Journey into Europe : Islam, Immigration and Identity*, Brookings Institution Press, 2018.

Wladyslaw Duczko, *Viking Rus : Studies on the Presence of Scandinavians in Eastern Europe*, Brill, 2004.

des Vikings, qui avait la réputation d'être la meilleure lame au monde et fut l'une des premières marques commerciales à apparaître en Occident, nécessitait l'importation d'acier hypoeutectoïde d'Asie centrale[1].

On croit qu'en français l'expression « travail d'Arabe » est purement raciste, mais elle est probablement, à l'origine, teintée du plus grand respect : désignant du temps des échanges pacifiques entre Charlemagne et Harun al Rashid un travail si fin et avancé qu'aucun autre peuple ne pouvait l'imiter[2] !

Il en allait ainsi des astrolabes de Bagdad : leur matériau ne coûtait pas particulièrement cher, cependant le savoir-faire qu'ils recelaient n'avait pas de prix. Ils étaient les ordinateurs de l'époque. Pour les caravaniers de la route de la soie, un bon instrument de navigation pouvait valoir une fortune et représenter un sacré gain de compétitivité. Ils passaient par la Silicon Valley qu'était Bagdad pour en acheter de nouveaux, mais aussi afin de les mettre à jour, selon les dernières découvertes astronomiques et mathématiques : on y vendait donc à la fois le *hardware* et le *software*.

Cette Bagdad est l'exemple même de ce que George Kozmetsky a appelé le « phénomène techno-

1. Jack Goody, *Metals, Culture and Capitalism : An Essay on the Origins of the Modern World*, Cambridge University Press, 2012, p. 130.

2. Ali Guessoum, *Travail d'Arabe. Ou la déconstruction des stéréotypes et préjugés racistes*, Atlande, 2018.

pôle[1] ». Les technopôles sont systématiquement cosmopolites : on y parle plusieurs langues, on y pratique plusieurs philosophies ou spiritualités, on y pense de multiples façons. Lorsque, en effet, une cité rassemble une grande diversité de pensées et de modes intellectuels, elle augmente sa probabilité de résoudre un problème nouveau, donc de créer de la connaissance. Bien sûr le commanditaire de la Ville ronde, Abu Jafar al Mansûr, était un prince musulman, mais il sollicita l'inspiration de ses conseillers juif et zoroastrien, à partir notamment de la cité antique d'Erk Kala[2] ; c'est un prélude à ce que les mégalopoles sont toujours, des points chauds du métissage culturel mondial, à l'instar du New York d'aujourd'hui où sont parlés 800 langues et dialectes différents ; prendront part au chantier juifs, zoroastriens, bouddhistes et chrétiens[3] qui, non seulement ont joué un rôle décisif dans la maîtrise d'œuvre, mais aussi ont été les

1. David V. Gibson, George Kozmetsky et Raymond W. Smilor, *The Technopolis Phenomenon : Smart Cities, Fast Systems, Global Networks*, Rowman & Littlefield, 1992.

2. S. Frederick Starr, *Lost Enlightenment : Central Asia's Golden Age from the Arab Conquest to Tamerlane*, Princeton University Press, 2013.

3. Naubakht Ahvazi, premier concepteur de la cité, était un astrologue zoroastrien, et Masha'Allah Ibn Athari un astrologue juif converti.

Jonathan Lyons, *The House of Wisdom : How the Arabs Transformed Western Civilization*, Bloomsbury Publishing, 2010.

Jim Al-Khalili, *The House of Wisdom : How Arabic Science Saved Ancient Knowledge and Gave Us the Renaissance*, Penguin Books, 2012.

Gaston Wiet, *Baghdad : Metropolis of the Abbasid Caliphate*, University of Oklahoma Press, 1971.

premiers à informer le calife de sa viabilité pour un projet urbanistique de grande ampleur[1]… C'était une autre époque…

Pour un dialogue des civilisations

Qui sait aujourd'hui que les premiers musulmans étaient de gros consommateurs d'alcool ? D'un point de vue historiographique, des carnets de voyage contemporains en témoignent archéologiquement, on a retrouvé des amphores contenant du vin dans les maisons de familles musulmanes pratiquantes[2]. Théologiquement, enfin, on peut supposer que s'il y a eu une législation, c'est qu'il y avait un comportement sur lequel légiférer : on ne régule pas une pratique inexistante… La première loi, en conséquence, proposait quelque chose comme : « Ne venez pas ivre à la mosquée : boire ou prier, il faut choisir. » D'après Cheikh Aly N'Daw, il

1. Ṭabarī, *The History of Al-Tabari : Al-Mansur and Al-Mahdi*, vol. 29, A.D. 763-786/A.H. 146-169, SUNY Press, 1990, p. 7.

Ana Maria Negoita, « The city of Mansur the builder. Bagdad between the Caliph's will and shari'ah norms », *Pol. Sc. Int. Rel.*, VIII, 2, p. 111-126, Bucarest, 2011.

Jacob Lassner, « The Caliph's Personal Domain : The City Plan of Baghdad Re-Examined », *in The islamic City*, édité par A. H. Hourani et S. M. Stern, Oxford, 1970.

G. Le Strange, *Baghdad During the Abbasid Caliphate : From Contemporary Arabic and Persian Sources*, Routledge, 2017.

2. Rod Phillips, *Alcohol : A History*, UNC Press Books, 2014.

« Persian Wine Tradition and Symbolism : Evidence from the Medieval Poetry of Hafiz », *Journal of Wine Research*, vol. 15, n° 2, 15 août 2006.

Laurence Michalak and Karen Trocki, « Alcohol and Islam : An Overview », *Contemporary Drug Problems*, 33, n° 4, 1er décembre 2006, p. 523-562.

a fallu plus de huit ans pour faire accepter cette règle[1]. Il faut se rappeler qu'elle s'adressait à un peuple de Bédouins, semi-nomades et commerçants : la mosquée, si l'on y priait, était aussi un lieu idéal pour rencontrer de nouveaux contacts et nouer des relations commerciales. Ne plus pouvoir y entrer conduisait donc, naturellement, à ce que les affaires périclitent. À raison de cinq prières par jour – je ne connais personne qui dessaoule aussi vite – et le temps aidant, la coutume est devenue une interdiction systématique de l'ivresse. On sait aussi que les Perses anciens ont eu longtemps la tradition, déjà rapportée chez Hérodote, de débattre des grands sujets dans les banquets, d'abord à jeun, puis ivres, afin d'observer l'évolution des points de vue[2] ; aujourd'hui la région de Turpan, en Chine, peuplée de Ouïghours musulmans depuis plus de treize siècles, entretient cette tradition viticole[3]. Et c'est à un terme arabe ancien désignant le vin, *kahweh*, que nous devons le terme « café[4] ».

1. « Causerie de Cheikh Aly N'Daw : L'orgueil, l'avidité et la jalousie », 14 octobre 2011, International Sufi School (disponible sur Youtube).

2. Mark Forsyth, *A Short History of Drunkenness*, Penguin UK, 2017.

James Talboys Wheeler, *The Geography of Herodotus... Illustrated from Modern Researches and Discoveries*, Longman, Brown, Green and Longmans, 1854, p. 243.

3. X. Liu, « Viticulture and viniculture in the Turfan Region », *The Silk Road*, 3.1, 2005.

4. Edward William Lane and Stanley Lane-Poole, *Arab Society in the Time of The Thousand and One Nights*, Courier Corporation, 2004, p. 151.

De même, qui sait aujourd'hui que le minaret, dans l'histoire de l'architecture mondiale, est une structure chrétienne ? Le premier de l'histoire de l'architecture musulmane est celui de la mosquée des Omeyyades à Damas, en Syrie, et celui-ci a d'abord été une église. Lorsque les musulmans ont envahi Damas, ils ont découvert l'église Saint-Jean-le-Baptiste, où se trouve encore aujourd'hui le tombeau du saint. Cette église avait une grande tour depuis laquelle les chrétiens d'Orient s'adressaient aux fidèles dans une langue qui devait ressembler à de l'araméen. Les Bédouins, qui construisaient peu, ont trouvé le concept excellent et les conquérants de Damas ont adopté l'architecture de cette église[1]. En particulier pour la mosquée de Kairouan, en Tunisie, qui fut ensuite le modèle de toutes les mosquées orientales et qui, via notamment les franciscains, inspira rien moins que l'architecture de l'université de Stanford, dont le style roman richardsonien[2] est tiré de l'art roman français et espagnol, eux-mêmes abondamment influencés par l'architecture de l'âge d'or islamique[3].

---

1. Sir Keppel Archibald Cameron Creswell, *A Short Account of Early Muslim Architecture*, American University *in* Cairo Press, 1989.

Samuel Hassid, *The Sultan's Turrets : A Study of the Origin and Evolution of the Minaret in Cairo*, Imprimerie Misr, 1939.

2. Richard Joncas, David J. Neuman, Paul Venable Turner, *Stanford University : The Campus Guides*, accès le 13 juillet 2018.

3. Émile Mâle, « Les influences arabes dans l'art roman », *Revue des deux mondes*, 1923.

Louis Bréhier, « Les influences musulmanes dans l'art roman du Puy », *Journal des Savants*, n° 1, 1936, p. 5-19.

Qui sait, enfin, quelle fut la plus longue alliance de l'histoire de France ? Avec qui, depuis Clovis, la fille aînée de l'Église est restée alliée le plus longtemps ? L'Empire ottoman. Et cette alliance s'est conclue pendant la première Renaissance française, alors que François Ier cherchait un allié contre Charles Quint. À l'époque, l'empire de ce dernier est établi en Espagne, en Italie du Nord, en Bourgogne, dans l'actuelle Allemagne et aux Pays-Bas. François Ier, complètement encerclé, a besoin d'un allié assez solide pour briser la tenaille des Habsbourg. Évidemment, il ne pense pas d'abord à Soliman le Magnifique, plutôt à Henri VIII Tudor, le roi d'Angleterre. François Ier rencontre donc le souverain qu'il convie au camp du Drap d'or, du 7 au 24 juin 1520, et l'alliance est sur le point d'être conclue.

Mais la chronique rapporte qu'il l'humilie plus tard à la lutte[1], le bat à plate couture, à la suite de quoi Henri VIII dénonce l'alliance et inaugure la tradition d'indépendance diplomatique britannique qui dure encore aujourd'hui. C'est en tout cas une très

1. « Alors Henri VIII saisissant François 1er au collet : “Mon frère, lui dit-il, il faut que je lutte avec vous”, et il s'efforça une ou deux fois de lui donner ce qu'en termes de l'art on appelle le croc en jambes ; mais François 1er, qui était un adroit lutteur, le prit par le milieu du corps et le jeta par terre avec une prodigieuse violence. Henri VIII voulut recommencer le combat mais on l'en empêcha. Telles étaient les manières des plus grands princes au XVIe siècle », A. V. Arnauld, *Éphémérides universelles, ou tableau religieux, politique, littéraire, scientifique et anecdotique, présentant pour chaque jour de l'année un extrait des annales de toutes les nations et de tous les siècles depuis les temps historiques jusqu'à nos jours*, édité par Édouard Monnais, Corby, 1834, p. 116.

mauvaise nouvelle pour François Ier, toujours encerclé par son pire ennemi. D'autant que celui-ci n'est pas un amateur. Charles Quint a tout de même dévoré trois empires au petit déjeuner : les Incas, les Mayas et les Aztèques. On peut bien sûr noter l'écart technologique et stratégique qui existait entre les Espagnols et les Amérindiens – la connaissance, toujours, bien qu'en l'occurrence elle soit presque dénuée de toute sagesse –, mais ces trois empires étaient fonctionnels lorsque les forces de Charles Quint les ont mis à genoux, et il n'y a aucun précédent historique d'une telle projection de forces, aussi loin du ravitaillement central, qui ait été à ce point couronnée de succès.

Pour se représenter l'exploit que cela a pu être, rappelons que l'OTAN, qui est l'alliance militaire la plus puissante au monde, se montre incapable de tenir actuellement un pays dévasté et ruiné comme l'Afghanistan, alors que projeter un groupe aéronaval au large du Pakistan aujourd'hui est infiniment plus aisé que ne l'était en 1521 l'envoi d'une caravelle à travers l'Atlantique sud… Bref, il faut un allié à François Ier. Et le seul à être assez puissant est l'homme qui règne alors sur la route de la soie, qui sera plus tard la route des hydrocarbures, la route la plus stratégique au monde : Soliman le Magnifique. L'alliance est conclue en 1536 sur des bases purement géopolitiques – comme le dira plus tard de Gaulle : « Un État n'a ni ami ni ennemi, seulement des intérêts. » Mais ce partenariat fonctionnera si bien qu'il sera renouvelé par tous les rois de France : Henri III, Henri IV, Louis XIII, Louis XIV, Louis XV, Louis XVI et même par le Directoire… Vous avez dit choc des civilisations ? Il y sera mis fin *de facto* par la campagne d'Égypte quand les mamelouks, passés entre-temps dans le camp ottoman devenu, par la force des choses, pro-britannique, mèneront bataille contre Napoléon.

Mais revenons à Bagdad. Ce qu'il faut retenir, c'est que la ville d'avant le pétrole sera infiniment plus riche, puissante et influente que celle d'après. Elle est un excellent exemple de ce que le baril de connaissance est beaucoup plus précieux que le baril de pétrole – y compris, très concrètement, en matière de produit intérieur brut si l'on raisonne en macroéconomie, ou en matière de hausse du niveau de vie et de confort individuel si l'on préfère la microéconomie. Il existe cependant bien d'autres exemples de la supériorité économique absolue de la connaissance sur la matière seule. Comme, donc, le campus d'Apple en 2018. L'une et l'autre mettent d'ailleurs la nature au cœur de leur architecture, l'une et l'autre allient l'image de la nature et celle de la prospérité.

Le point plus important reste cependant que Bagdad, la « cité de la Paix », ne creusait pas la terre, mais le ciel. Si c'est à Bagdad que l'on inventait les astrolabes les plus performants, c'est aussi qu'en plein désert le ciel est limpide, et que l'on y observe les étoiles mieux que partout ailleurs. La plupart des technopôles de l'aventure humaine ont cherché à dessiner un trait d'union entre le ciel et la terre, et représenté un intense désir d'explorer l'espace. C'est vrai de Bagdad, comme du Machu Picchu, de Santorin, d'Alexandrie, de Tombouctou, de Venise ou de Chang'an, l'ancêtre de la ville actuelle de Xi'an et dont le nom signifie « paix perpétuelle ». Quand vous vendez de la connaissance, vous êtes infiniment plus riche, puissant et influent que lorsque vous vendez du pétrole. Sans compter que, lorsque vous creusez le sol, en une mine ou un gisement, vous finissez nécessairement par en toucher le fond ! Quand touchez-vous le fond lorsque vous creusez le ciel ?

Comme la Babylone antique, Bagdad était en outre un haut lieu de l'irrigation. L'irrigation, c'est encore de la connaissance, de l'eau transformée dans son cours. Bagdad, autant que de matière à manger, se préoccupait de matière à penser, en s'irriguant de connaissance et de sagesse. Nous savons aujourd'hui irriguer la terre, nous savons la « fertiguer[1] » – nous savons aussi la fatiguer –, mais l'essentiel pour nous est désormais de l'irriguer, et de nous irriguer nous-mêmes, de sagesse et de connaissance, de créer une « fertig-attention » par laquelle nous lui apporterons, aussi, de notre attention et de notre temps, et plus tard notre sagesse, qui est supérieure à tous les engrais.

Partageons les data

Nous vivons aujourd'hui en datacratie – c'est d'autant plus vrai avec l'avènement de sociétés comme Palantir, qui se proposent ouvertement d'anticiper les crimes, voire d'envisager des condamnations préventives, en agrégeant des métadonnées privées et publiques ! Le monde universitaire, complice, est profondément tenté de transformer ses étudiants et ses chercheurs en « data zombies », qui ne se préoccupent plus que de données sans essayer de produire

1. La « fertigation » est l'irrigation avec un fertilisant dilué apporté en continu, par exemple au goutte-à-goutte.

des idées, des théories ou même des spéculations à partir de – voire sans – ces données, et sans tenter non plus d'infuser de la sagesse, qui est à la connaissance ce que le diamant est au graphite. Données, information, connaissance, compréhension et sagesse ne doivent pourtant pas être opposées, elles font partie du même train logistique et de la même chaîne de valeur. Comme l'industrie des hydrocarbures qui nous a fourni des plastiques, des engrais et des carburants, l'industrie de la donnée et de l'information raffinée nous procurera beaucoup de richesses ainsi que, c'est inévitable, une grande diversité d'opportunités et de dangers.

Facebook vend de la donnée et pèse plus que Total en bourse aujourd'hui : 515 milliards de dollars pour le réseau social fondé en 2004, 117 milliards pour l'ancienne Compagnie française des pétroles de 1927. Nous sommes tous aujourd'hui des puits de données, et nous vivons dans un Far West de l'ère « data », comparable à celui de l'ère « pétrole ». Les raffineurs, les extracteurs et les transporteurs captent toutes les richesses, ne reversant aucune royaltie aux détenteurs souverains des puits de données que nous sommes, nous qui les produisons en continu de notre naissance à notre mort.

Pour les hydrocarbures, de même, il y eut une époque où les transporteurs – pour l'essentiel les grands barons des chemins de fer ou les transporteurs maritimes comme la Shell Company – captaient tous les bénéfices. Puis ce furent les opérateurs pétroliers, sous l'influence notamment des Rockefeller – avec les accords secrets d'Achnacarry en 1928, qui interdisaient aux États de percevoir plus de 50 % de royalties[1]. Avant que n'émergent les « nouvelles sept sœurs » que sont PDVSA au Venezuela, Petrobras au Brésil, Aramco en Arabie saoudite, NIOC en Iran, CNPC en Chine, Gazprom en Russie et Petronas en Malaisie : un groupe de compagnies représentant en principe non plus les pays exploiteurs, mais les pays producteurs d'hydrocarbures, bien que la réalité fût beaucoup plus compliquée.

Il en ira peut-être ainsi pour les données. Pour l'heure, cependant, nous sommes face à des géants qui les extraient de nous, les raffinent et les revendent. Leur nom, entre autres : Google, IBM, General Electric, Amazon, Facebook, Uber, Cloudera et Kaggle[2] – qui, ensemble, forment l'acronyme GIGAFUCK, ça ne s'invente pas ! Les apôtres du partage des richesses doivent comprendre qu'au XXIe siècle, ce sont avant tout les données qu'il faut partager : *Big Data is Big Business*.

Clifford Stoll, grand astronome et pionnier du piratage informatique, avait parfaitement compris l'enjeu du raffinage noétique, la transformation des éléments immatériels qui font l'économie de la connaissance. Il le résumait ainsi :

« La donnée n'est pas de l'information, l'information n'est pas de la connaissance, la connaissance n'est

1. William Engdahl, *A Century of War : Anglo-American Oil Politics and the New World Order*, Pluto Press, 2004, p. 75-76.

2. Qui appartient à Google.

pas de la compréhension, la compréhension n'est pas de la sagesse[1]. »

De même que le summum de la valeur se crée au haut de la chaîne de raffinage dans les hydrocarbures et dans les autres activités basées sur les ressources naturelles, les hautes phases du raffinage de la connaissance sont, de loin, les plus précieuses à l'humanité, et il serait regrettable de ne se concentrer que sur les phases basses, ce qu'encourage *de facto* le modèle de carrière universitaire actuel. L'information est de la donnée raffinée, mais elle n'est pas reproductible. La connaissance, elle, est reproductible.

« La 3e Division britannique débarquera à Sword Beach en Normandie le 6 juin 1944, à 7 heures passées de 25 minutes » est une information : l'événement qu'elle décrit ne se reproduira pas tous les jours, suivant une règle identifiable. « Les Alliés choisissent, en général, de débarquer leurs infanteries par bataillons lors de leurs opérations amphibies, à l'issue d'une opération prolongée de désinformation pour maximiser leur chance de pouvoir intervenir sur une plage accessible, en favorisant l'accessibilité et la liberté de mouvement par rapport à la proximité du ravitaillement[2] », c'est de la connaissance. Toutes les connaissances n'ont ni la même valeur, ni la même durée dans leur valeur : les lois fondamentales de la physique, que nous explorons

1. Clifford Stoll, *Silicon Snake Oil : Second Thoughts on the Information Highway*, Anchor Books, 1996, p. 193-194. Également : « La donnée n'est pas plus de l'information que cinquante tonnes de ciment ne sont un gratte-ciel. »

2. United States War Department, « Landing Operations on Hostile Shores (Classic Reprint) », Fb&c Limited, 2017.

encore aujourd'hui, sont pensées comme identiques en tout lieu et en tout temps de l'Univers connu, quand d'autres connaissances peuvent être dépassées. Cependant, la connaissance est en général moins périssable que l'information : même lorsqu'elle devient obsolète – savoir faire du feu avec deux silex et de l'herbe sèche, par exemple –, elle demeure reproductible après des millénaires – il est toujours possible, aujourd'hui, d'allumer un feu de cette manière.

La compréhension est plus puissante encore car elle est la connaissance incarnée dans toutes les dimensions de l'expérience humaine.

La recette des crêpes, c'est de la connaissance, mais la compréhension, c'est l'expérience d'avoir fait beaucoup de crêpes. Telle qu'elle existe aujourd'hui, l'intelligence artificielle cherche à passer, très péniblement, de l'information à la connaissance : elle a commencé avec la cybernétique dans les années 1950 et 1960, ont suivi les systèmes experts dans les années 1970 et 1980, puis les débuts de la programmation génétique et des réseaux de neurones, et nous commençons désormais à acquérir des capacités de connaissance artificielle. La compréhension artificielle, elle, n'est pas encore dans nos cordes. Quand elle le sera, elle transformera le monde.

Un algorithme, en effet, est une liste d'instructions à réaliser sans aucun degré de liberté, sans réflexion, en manipulant des objets très précisément définis – comme les nombres –, à partir d'une base physique strictement définie elle aussi. Le courant passe et l'on note ceci « 1 », le courant ne passe pas et l'on note ceci « 0 », et cette succession peut encoder absolument tout ce qu'un écran est capable d'afficher : les livres, les films, les jeux vidéo.

Or la recette des crêpes est supérieure à un algorithme, car elle autorise de nombreux degrés de liberté – raison pour laquelle nous ne savons toujours pas créer un robot qui puisse l'exécuter, même à partir d'un panier de commissions déjà préparé. Mais l'expérience effective de la préparation des crêpes, son ressenti et ses conséquences, est supérieure encore : nous ne savons ni la capturer, ni la codifier, ni la synthétiser, et elle s'appelle « compréhension ». C'est ce ressenti qui fait que, comme je l'ai défendu dans *Libérez votre cerveau !*, la vie notée ne demeurera jamais rien de plus, face à la vraie vie, qu'un cheval de bois face à un cheval réel.

Le point le plus important, cependant, relève de la sagesse. Isaac Asimov a rappelé qu'une civilisation qui produit beaucoup de connaissance et peu de sagesse est vouée à l'extinction, et c'est tout à fait vrai. Churchill avait utilisé un terme bien précis pour désigner une telle situation, dans son célèbre discours *This was their finest hour*[1] :

« Si nous échouons, le monde entier, avec les États-Unis, avec tout ce que nous avons connu et aimé, sombrera dans les abysses d'un nouvel âge sombre, rendu

1. « C'était leur heure de gloire ». Ce discours a été prononcé par Winston Churchill à la Chambre des communes du Parlement britannique, le 18 juin 1940, peu de temps après sa nomination comme Premier ministre, et l'évitement de justesse du désastre stratégique à Dunkerque.

plus sinistre, et peut-être plus durable, par les lumières de la science pervertie. »

La science n'est jamais bonne ou mauvaise en soi, elle n'est qu'un véhicule dont la raison, le pourquoi, doit être guidé par la sagesse. Nous oublions pourtant de développer la sagesse. Notre éducation s'en désintéresse publiquement, préférant enseigner ce qu'elle retient comme des faits dans l'histoire philosophique plutôt que d'exhorter les humains à rechercher la sagesse toute leur vie durant. Alors qu'il n'y a pas de faits en sagesse : le fait ne regarde que l'information, de même qu'il n'y a pas de sagesse en canette de 33 cl alors que l'information peut s'empaqueter d'une façon universellement consommable. Quant à l'Histoire, je ne saurais mieux la décrire qu'Idries Shah : elle « n'est pas ce qui s'est passé, mais ce que certaines personnes ont pensé être significatif[1] ».

« Science pervertie », rien ne décrit mieux la science des nazis ou celle de l'agent orange pendant la guerre froide. Les civilisations les plus technologiquement avancées de la première moitié du XXe siècle ont également été les plus inhumaines, dans le meurtre de masse et le raffinement de la cruauté. C'est pour cela qu'il est absolument vital, dans le cours de l'expérience humaine, de cultiver les rapports entre connaissance et sagesse : s'il faut encourager la quête perpétuelle de la connaissance, la responsabilité qu'elle implique doit être garantie par la sagesse. Les « infrastructures » de la sagesse sont les « maîtres » comme Socrate, Lao-tseu

1. Idries Shah, *Reflections*, Octagon Press Ltd, 1969, p. 9.

ou Hildegarde de Bingen. Mais dans toutes les cultures et à toutes les époques, la sagesse se définit d'abord comme la connaissance de soi, et c'est pour cela qu'elle peut se passer de toute donnée.

La seconde Renaissance

Après la période sanglante et scientifiquement, industriellement brutale que nous avons vécue de la guerre de Sept Ans jusqu'à aujourd'hui, nous avons l'occasion d'entrer dans une ère d'avancée technologique et, il faut l'espérer, philosophique, que nos descendants appelleront peut-être notre seconde Renaissance.

Les historiens datent souvent la Renaissance au moment où finit la Reconquista espagnole, avec la prise de Grenade et la redécouverte des Amériques par Christophe Colomb, en 1492 – redécouverte bien sûr car, en plus des peuples premiers, les Danois et Islandais y avaient posé le pied depuis l'Europe, bien avant lui. Elle vient après un conflit qui a fait plus de sept millions de morts ; mais l'Europe sort aussi de la guerre de Cent Ans – plus de trois millions de morts –, qui avait suivi les croisades – jusqu'à trois millions également.

Il est en réalité impossible de fixer une date précise au début de la Renaissance : on peut observer son incubation dans la Bagdad omeyyade entre 661 et 750, puis en Andalousie, mais aussi chez les Grecs, ou encore chez les Égyptiens et les Mycéniens, etc. Nous gardons toutefois comme repère la date de 1492 par facilité. À beaucoup d'égards, la période qui suit en Europe est très comparable à celle qui suit 1992 à l'échelle mondiale. Évidemment, nous n'avons pas conscience de vivre une seconde Renaissance, de même que Léonard, Verrocchio ou Michel-Ange ne se levaient pas le matin en se disant : « Hé, les gars, c'est la Renaissance, faut assumer un peu ! » Si l'artiste Giorgio Vasari parle déjà de *Rinascità* au XVIe siècle, le terme de « Renaissance », comme d'ailleurs celui d'« art gothique », ne devient populaire qu'au XIXe siècle. Bref, ce terme est une fabrication de l'âge moderne. Il signale seulement qu'à cette période où les contemporains ne pouvaient distinguer que plus de poudre à canon, plus de morts, plus de torture, plus d'intolérance, un processus s'est enclenché, dont le grand dessin n'est apparu clairement que des siècles plus tard.

Là réside justement la grande opportunité que représente la Renaissance 2.0 : celle d'une Renaissance lucide où, comme dans un rêve où le rêveur sait exactement dans quel état se trouve sa conscience, les hommes savent qu'ils se trouvent à un moment bien particulier de leur développement intellectuel et spirituel. André Malraux l'aurait affirmé : « Le XXIe siècle sera spirituel ou ne sera pas. » Il aurait ajouté : « Je n'exclus pas la possibilité d'un événement spirituel à l'échelle planétaire. » Cette idée est souvent rapportée aux divers mouvements du New Age, mais nous devons observer que l'ère dans laquelle nous entrons est analogue, sous bien des aspects, à la Renaissance « européenne », qui est en fait l'enfant métissé de l'Orient et de l'Occident.

La seconde Renaissance s'accompagne bien d'un âge, au sens archéologique du terme. Nous avons connu l'âge de pierre (le Paléolithique), le nouvel âge de pierre avec notamment l'agriculture (le Néolithique), l'âge du cuivre (le Chalcolithique), l'âge du bronze où sont apparues les proto-écritures, l'âge du fer. Vingt-cinq siècles plus tard, nous nous sommes plongés dans les âges du carbone (le Carbolithique) : le carbone I, Carbolithique inférieur avec le charbon, puis le carbone II, Carbolithique supérieur avec le pétrole et le gaz naturel.

Nous entrons à présent dans l'âge de l'immatériel : le Noétique. Le Noétique inférieur est l'âge de la donnée et de l'information. Le Noétique moyen est l'âge de la connaissance et de la compréhension. Le Noétique supérieur sera l'âge de la sagesse. Au Noétique inférieur, nous vénérons les data et, de même qu'à l'âge de pierre supérieur nous avons érigé de « grosses pierres » – les mégalithes –, nous érigeons aujourd'hui de « grosses data » – les *big data* – au cœur intellectuel de nos sociétés modernes, et ces alignements ont leurs prêtres, leurs castes, leurs rituels, que nous respectons et dont nous concevons une religion socialement structurante, au sein de laquelle le transhumanisme est une manifestation parmi d'autres. À quand un *big wisdom* (la grande sagesse) ? Pas pour tout de suite, visiblement…

La première Renaissance européenne est au carrefour de trois grands phénomènes, qui nous permettent de comparer 1492 et 1992. Il y a, d'abord, la réinvention par Gutenberg de l'imprimerie à caractères mobiles, que les Chinois et les Coréens connaissaient bien avant les Européens, et qui avait été probablement pensée dès l'Antiquité à partir des astucieux rouleaux des Sumériens. Aujourd'hui, nous avons l'informatique et l'Internet, qui changent bien davantage le monde que l'imprimerie en son temps : l'impact social de l'imprimerie fut avant tout occidental, quand l'Internet change aussi bien Dakar que Singapour, San Francisco qu'Alger, Melbourne que Reykjavik.

Un autre élément essentiel de la première Renaissance est l'avènement d'une médecine tirée de l'observation directe, loin des dogmes indéboulonnables de la scolastique médiévale. C'est ainsi que Léonard renie tout intermédiaire institutionnel entre lui et l'expérience – il se déclarera d'ailleurs « disciple de l'expérience » – et se confronte au réel directement, en faisant en sorte que ses travaux ne soient pas accessibles à ceux qui pourraient se prétendre ses pairs, et en rédigeant notamment son *Codex* en écriture miroir. L'équivalent de la médecine, aujourd'hui, c'est l'engouement pour les neurosciences. On commence à peine à comprendre comment et pourquoi notre cerveau fonctionne. Mais nous parvenons à le cartographier d'une façon nouvelle, plus fine, de même que les cartes de la Renaissance précisaient considérablement celles du Moyen Âge.

Lors de la première Renaissance, nous vivons, enfin, la redécouverte des Amériques. Je dis « redécouverte » donc, parce que affirmer que Christophe Colomb a « découvert » les Amériques reviendrait à nier la conscience et la mémoire de ses peuples premiers, mais aussi parce qu'il est attesté, depuis les années 1960, qu'il y a eu une présence viking en Terre-Neuve et au Labrador dès le Xe siècle – époque, d'ailleurs, des échanges entre les Vikings et la Ville ronde.

Quant à l'équivalent contemporain de l'exploration des Amériques, c'est l'engouement mondial pour l'espace, qui motive également des investigations technologiques plus terre à terre. On se souvient de la phrase d'Elon Musk, le patron de SpaceX et de Tesla : « J'aimerais bien mourir sur Mars, mais pas à l'impact ![1] » Et même si comme on pouvait s'en douter, le projet surmédiatisé de colonisation martienne Mars One était pour le moins une arnaque[2] : 200 000 candidatures se sont spontanément présentées pour un aller simple sur Mars, 200 000 personnes qui se déclaraient prêtes à faire le grand voyage dans les vingt prochaines années ! On peut penser que 200 000, c'est le nombre de dépressifs suicidaires parmi la population… mais on peut trouver aussi que cela dénote un certain enthousiasme !

Notre place dans l'Univers

En 2014, nous avons d'ailleurs renouvelé avec une plus grande exactitude la connaissance de notre place dans l'Univers. Elle s'appelle Laniakea, ce qui signifie « paradis incommensurable » en dialecte hawaïen. C'est un amas de 100 000 galaxies[3] qui tournent autour d'un objet que l'on appelle le « Grand Attracteur » : une anomalie gravitationnelle, causée par un incommensurable flot de matière noire.

Parler de « matière noire », c'est, dans le monde académique, une façon de dire : « Je n'ai aucune idée de ce que c'est. » Et puisque la vraie science est « une

1. Ravi Shankar, « Elon Musk : Master of the Universe », *The New Indian Express*, 25 juillet 2018.

2. Jean-Pierre Chigne, « One Of The Manned Missions To Mars Might Be In Total Jeopardy », *Tech Times*, 29 mars 2018.

3. Tully R. Brent, Hélène Courtois, Yehuda Hoffman et Daniel Pomarède, « The Laniakea Supercluster of Galaxies », *Nature*, 513, n° 7516, septembre 2014, p. 71-73.

ignorance qui se sait » comme l'avait écrit Montaigne, admettre délibérément une telle ignorance, c'est s'offrir un nouveau champ d'investigation, une *terra incognita* qui augure de découvertes majeures dans les décennies à venir… D'autant qu'on ne sait pas non plus si cette matière noire peut produire – plus fascinant encore – une chimie noire, voire une biochimie noire, capable de réaliser un processus vivant. Tout aussi intéressant, cette matière noire, grande découverte de la cosmologie contemporaine, théorisée notamment par le génie fou Fritz Zwicky, terreur de ses pairs, pourrait interagir avec le corps humain, d'une façon encore totalement incomprise, selon les physiciens Freese et Savage[1] : alors que l'on pensait que ces unités probables de matière noire, appelées *Weakly interactive massive particles* (WIMPs), produisaient tout au plus trente collisions par an avec ne serait-ce qu'un seul noyau parmi tous les atomes de notre corps, ce sont certainement 100 000 de ces collisions qui ont lieu chaque année, soit une toutes les cinq minutes et quinze secondes, et ce fait ne forme que le curieux début de notre compréhension de l'interaction subtile entre notre physiologie et la physique de l'univers lointain.

« Quelle époque pour être en vie », pourraient dire les physiciens : des théories qui auraient été considérées comme les foutaises les plus punissables d'excommunication académique il y a quinze ans à peine sont sérieusement étudiées par la science contemporaine.

1. Katherine Freese et Christopher Savage, « Dark Matter collisions with the Human Body », Elsevier, *Physics Letters B*, vol. 717, 1-3, 22 octobre 2012, p. 25-28.

Comme les molécules photoniques[1], c'est-à-dire la possibilité de constituer une sorte de matière tangible avec de la lumière, comme encore les cristaux de temps[2] ou la fusion de quarks[3], qui produit dix fois plus d'énergie que la fusion nucléaire que nous envisageons aujourd'hui.

Fin mai 2017, *Wired*, magazine réputé de la Silicon Valley, annonçait même que le Pentagone financerait des recherches sur la « fusion froide[4] », sujet voué depuis le début des années 1990 à l'anathème académique le plus absolu…

100 000 galaxies, donc, dans une danse complexe autour d'un objet bien plus fascinant que le Soleil lui-même, qui a été la métaphore de nos dieux antiques et de nos rois. Et cette découverte date de 2014, soit cinq cents ans exactement après le fameux *Commentariolus* de Copernic – c'est-à-dire le « petit commentaire », quelque chose qui appartiendrait aujourd'hui à la catégorie académique des *opinion pieces*, négligeables dans une carrière – qui établissait l'hypothèse héliocentrique, selon laquelle la Terre tourne autour du Soleil.

---

1. T. Mukaiyama, K. Takeda, H. Miyazaki, Y. Jimba et M. Kuwata-Gonokami, « Tight-Binding Photonic Molecule Modes of Resonant Bispheres », *Physical Review Letters 82*, n° 23, 7 juin 1999, p. 4623-26.

2. Frank Wilczek, « Quantum Time Crystals », *Physical Review Letters 109*, n° 16, 15 octobre 2012.

3. Scott S. D. Willenbrock et Duane A. Dicus, « Production of Heavy Quarks from W-Gluon Fusion », *Physical Review D 34*, n° 1, 1er juillet 1986, p. 155-61.

4. Sharon Weinberger, « Pentagon Agency Looks to Fund Cold Fusion, Isomers, Antimatter », *Wired*, 31 mai 2007.

Laniakea, justement, a quelque chose d'aussi marquant que l'héliocentrisme, puisqu'elle place nos vastes familles galactiques autour de ce mystérieux Grand Attracteur, permettant de fixer l'attention scientifique sur lui et de l'établir comme un objectif de recherche majeur. Cette découverte, pourtant peu connue, est si importante qu'elle sera enseignée dans l'histoire du XXIIe siècle.

D'ailleurs, à votre avis, combien d'étoiles comptons-nous dans l'Univers observable ? Ou dans la seule Voie lactée ? Nous en estimions le nombre entre 200 et 400 milliards[1]. Vous vous souvenez de cet homme sans âme qui, dans *Le Petit Prince*, tient le compte des étoiles, de « ses étoiles » ? Eh bien, même si l'on bradait les étoiles à un dollar, il lui faudrait, pour acheter toutes celles de la Voie lactée, davantage que la trésorerie actuelle d'Apple.

À votre avis maintenant, combien d'êtres humains ont jamais inspiré sur terre ne fût-ce qu'une seule bouffée d'air avant de mourir ? On pensait que l'humanité avait 200 000 ans, mais des découvertes récentes repoussent l'avènement d'*Homo sapiens* à au moins 300 000 ans[2], et on estime que tous les hommes qui ont jamais existé sur terre forment une cité d'un peu plus de 108 milliards d'individus[3]. Il y a donc plus d'étoiles dans notre seule galaxie que d'êtres humains

---

1. « How Many Stars Are There in the Universe ? » Agence spatiale européenne, 26 juillet 2018.

2. Ewen Callaway, « Oldest Homo Sapiens Fossil Claim Rewrites Our Species' History », *Nature News*, 7 juin 2017.

3. Toshiko Kaneda, « How Many People Have Ever Lived on Earth ? », *Population Reference Bureau*, 9 mars 2018.

ayant jamais vécu : un homme, dans la Voie lactée, est plus rare qu'une étoile.

Combien, enfin, y a-t-il de galaxies dans ce que nous appelons modestement « notre » univers, même en excluant, pour l'instant, la possibilité d'univers parallèles ? Nous pensions qu'il en existait également entre 200 et 400 milliards, mais la dernière estimation est de plus de 1 000 milliards[1], ce qui signifie qu'un homme est même plus rare qu'une galaxie tout entière. Si nous posons qu'il y a en moyenne 200 milliards d'étoiles par galaxie et qu'une étoile vit en moyenne 10 milliards d'année, nous arrivons à 200 000 milliards de milliards d'étoiles dans un univers qui a 13,8 milliards d'années, et environ 14 492 milliards de naissances d'étoiles par an, en moyenne linéaire. Alors que 100 milliards d'êtres humains, sur 300 000 ans et avec une durée de vie moyenne de 50 ans même sur cette période, donne environ 333 milliers de naissances d'êtres humains par an, toujours en moyenne linéaire. Ce qui signifie qu'à chaque fois qu'un être humain est né depuis qu'*Homo sapiens* existe, plus de 43,5 millions d'étoiles sont nées.

De nos jours, 130 millions d'hommes naissent chaque année. Même à ce rythme, chaque fois qu'un être humain naît, 111 477 étoiles apparaissent en même temps que lui dans l'Univers – beaucoup plus que le nombre de poulets, de vaches, de moutons, de chevaux, de chats et de chiens par homme dans le monde. La naissance d'un être humain dans l'Univers est donc

1. Karl Hille, « Hubble Finds 10 Times More Galaxies Than Thought », *Text. NASA*, 13 octobre 2016.

un phénomène objectivement beaucoup plus rare que celle d'une étoile, et nous continuons à nous massacrer pour quelques puits de pétrole !

Notre époque, enfin, est celle où les plus audacieuses spéculations de Giordano Bruno sont sur le point de trouver une réalisation : lui qui fut brûlé par ses pairs sur le Campo dei Fiori à Rome, le 17 février 1600, pour avoir pensé que la Terre n'était pas la seule planète de l'Univers à abriter de la vie, et dont la statue trône aujourd'hui au centre de cette place, serait fasciné par la découverte toujours plus féconde de nouvelles exoplanètes aujourd'hui.

La première Renaissance s'est déroulée sur plusieurs générations, et il en ira de même pour la seconde. Parler de Génération Y ou Z ne saisit pas toute la diversité, toute la continuité et toute la profondeur de ce phénomène.

La question urgente que nous devons nous poser, si nous voulons vivre lucidement cette seconde Renaissance, c'est de savoir quelle y sera notre place, quelle sera notre pierre à cette cathédrale intellectuelle, économique, politique, artistique, scientifique, commerciale, philosophique… et sociale.

Mon propos s'organise autour de trois grands thèmes, qui se rapportent à la dimension économique, écologique et managériale de cette seconde Renaissance. Ces trois thèmes sont l'économie de la connaissance, le biomimétisme et la *Blue Economy*.

L'économie de la connaissance est la base du biomimétisme et de tout le développement durable, parce que le problème écologique, dans son ensemble, tient au manque de connaissance et de sagesse, au bon endroit et au bon moment.

Le biomimétisme, lui, est un mouvement de fond, qui dépasse les seules sciences de la biomimétique – ou bio-inspiration –, et engage aussi bien les arts plastiques que les arts appliqués – en particulier l'architecture –, la science politique que la philosophie.

La *Blue Economy*, quant à elle, fringante héritière de l'économie circulaire et du *cradle to cradle*[1] (« du berceau au berceau »), est une application très élégante du biomimétisme à la gestion industrielle et nous invite à construire un monde sans aucun déchet, bien plus prospère que celui où nous vivons. Elle consiste en un fascinant biomimétisme managérial, que l'on peut résumer ainsi : « Ce n'est pas à la nature de produire comme nos usines, c'est à nos usines de produire comme la nature ! »

1. William McDonough et Michael Braungart, *Cradle to Cradle : Remaking the Way We Make Things*, Farrar, Straus et Giroux, 2010.

I.

L'ÉCONOMIE DE LA CONNAISSANCE, OU « LA GUÉRISON DE POÉ »

1.

Les révolutions et leurs ennemis

L'économie de la connaissance est la plus ancienne de toutes. Elle n'est pas une mode, une tendance fugace, mais au contraire la plus profonde, la plus nécessaire, et de très loin la plus ancienne économie jamais pratiquée par l'homme. Bien avant le commerce que nous connaissons, avant même *Homo sapiens*, les hominidés ont partagé leurs savoirs. Le feu, ainsi, est passé de tribu en tribu. Et, bien avant les amphores de vin ou d'huile d'olive, nos ancêtres se sont échangé leurs connaissances des lieux de cueillette ou de chasse, des territoires de migration, de la conception de propulseurs, de la taille du silex ou de la couture, de la position des étoiles, des champignons hallucinogènes ou des plantes médicinales.

Aujourd'hui encore, toute transaction économique et toute valeur impliquent un savoir. La valeur d'un diamant elle-même provient du marketing, de la taille, du placement, parfois de brevets… bref d'actifs immatériels. Dit plus simplement encore, il est recommandé à tout vendeur, s'il veut prospérer, de mieux connaître son produit que son acheteur. Il n'y a d'ailleurs rien de pire, pour un vendeur, que de s'entendre dire « je vais réfléchir » : plus le client réfléchit, plus les marges du vendeur ont tendance à baisser. La connaissance est partout, comme l'air qui nous entoure. Mais, de même que nous ne prenons conscience de la nécessité de respirer que lorsque nous suffoquons, nous ne prenons conscience de l'importance vitale de la connaissance que lorsqu'elle vient à manquer.

Rappelons que nous avons un cerveau de primate, beaucoup plus attentif au tangible qu'à l'intangible : le monde concret, parce qu'il est celui que l'on peut manger ou qui peut nous manger, revêt une priorité évolutive absolue.

Pour autant, nous ne sommes pas condamnés à rester enchaînés au tangible. Toute l'aventure humaine, au contraire, est guidée par le désir de l'immatériel, des tumuli aux télescopes en passant par les pyramides, pagodes, temples et cathédrales, et la condition humaine pourrait être résumée à un simple trait d'union entre le matériel et l'immatériel.

Siècle après siècle, l'abstraction tend à imprégner davantage notre vie courante, et devient naturelle à un âge toujours plus précoce. Mais elle demande un effort et vient donc heurter une règle simple : ce qui demande un effort est impopulaire, ce qui ne demande aucun effort est populaire. Les hommes préfèrent naturellement le faux, jugé facile, au vrai, considéré comme difficile, et le concret à l'abstrait. L'art abstrait est ainsi bien plus fastidieux à regarder que l'art figuratif, parce que l'attention qu'il mobilise requiert un effort.

La loi de Schopenhauer, ou les trois étapes des révolutions : ridicule, dangereux, évident

Mais considérons maintenant un autre effort abstrait : celui de percevoir les révolutions. Pour comprendre comment soigner les deux mensonges Noé et Poé, il faut comprendre comment les êtres humains réagissent aux changements de paradigme. Il s'agit des trois étapes de l'adoption des révolutions, et aucun message, dans ce livre, n'est plus important que celui-ci.

Toute révolution dans l'histoire de l'humanité, qu'elle soit politique, morale, philosophique, scientifique, médicale, religieuse ou légale, passe inévitablement par trois étapes. D'abord elle est jugée ridicule, ensuite elle est jugée dangereuse, enfin elle est jugée évidente.

Prenez le droit de vote des femmes en France. En 1789, à Paris, tout le monde trouve cette idée ridicule. On rédige la Déclaration des droits de l'homme et du citoyen, et si la citoyenne demande à en être on lui répond : « Écoute bobonne, j'ai du boulot, laisse-moi tranquille. »

Puis Olympe de Gouges est décapitée pour son combat en faveur de la citoyenneté féminine, on flirte donc déjà avec le dangereux. Heureusement, durant les années qui suivent la Révolution, les femmes qui demandent le droit de vote sont plus souvent tournées en dérision que torturées. Cent ans plus tard, en 1889, la chose est vraiment devenue dangereuse. Car elle touche tout le monde, et notamment les hommes : qui va garder les gosses et faire la vaisselle ? Les suffragettes sont alors incarcérées, psychiatrisées et, en dernier recours, tuées. Aujourd'hui, les femmes votent en France, *and so what ?* Cela semble complètement évident.

Ridicule, dangereux, évident : toutes les révolutions passent par ces trois étapes. La Terre est ronde ? Ridicule, dangereux, évident. La Terre tourne autour du Soleil ? Il y a d'autres galaxies que la nôtre ? La lumière est à la fois une onde, une particule et un quantum d'énergie ? Ridicule, dangereux, évident. Même le courant alternatif, mis au point au XIXe siècle par Nikola Tesla, a subi l'opposition farouche des meilleurs experts de leur temps, des autorités les plus respectées et les plus légitimes. Thomas Edison, par exemple, qui y voyait un péril aussi bien financier que technique et qui mena contre Tesla un lobbying acharné. Il fit électrocuter des chiens et des chats en place publique pour démontrer la nocivité de ce courant, électrifiant même, jusqu'à ce que mort s'ensuive, l'éléphant Topsy, bête de cirque à la retraite[1] ! Il alla jusqu'à intervenir, en vain, afin que se faire électrocuter se dise « se faire *westinghouser* », en référence à la société Westinghouse qui était alors le principal promoteur du courant alternatif[2].

---

1. Pete Geissler, « Who Murdered Topsy ? », *CreateSpace Independent Publishing Platform*, 2017.

2. Lambert M. Surhone, Miriam T. Timpledon et Susan F. Marseken, *War of Currents : George Westinghouse, Thomas Edison, Direct Current, Electric Power, Alternating Current, Nikola Tesla*, Betascript Publishing, 2010.

Le PC (Personal Computer) : lui aussi est passé par les trois étapes fatidiques. Au départ, « ordinateur » et « personnel » formaient rien moins qu'un oxymore. IBM étant l'acronyme d'International Business Machine. Il s'agissait de jouer au golf avec des chefs d'État étrangers, de construire des machines à un million de dollars qui remplissaient une salle de billard et de livrer des disques durs, non pas de sept cents kilooctets, mais de sept cents kilogrammes. Il était impensable que l'ordinateur du futur tienne sur un bureau, encore moins avec une interface homme-machine intuitive. Même les polices de caractères auraient semblé absurdes : à quoi bon une police de caractères sur une calculette ? Un programme compilera de la même façon qu'il apparaisse en Times New Roman ou en Helvetica, non ? Durant les années 1960 et 1970, IBM – qui a raté l'acquisition de Xerox – ne verra aucun avenir au monde de l'ordinateur personnel ; et on attribue même – très certainement à tort – la citation suivante à son P-DG, M. Watson, en 1943 : « Le marché mondial des ordinateurs ne dépasse pas cinq machines[1] »…

Faire une étude de marché, demander à un Américain s'il voudrait d'un Personal Computer, même de la façon la plus prétendument objective qui soit, recevait la même réponse effrayée : « Bien sûr que non, qu'est-ce que je ferais d'un ordinateur personnel ? Je ne sais même pas programmer ! Un *computer*, c'est fait pour les ingénieurs, pour la NASA, pas pour moi ! »

---

1. Ralph Keyes, *The Quote Verifier : Who Said What, Where, and When*, St. Martin's Press, 2007, p. 162.

Là encore les meilleurs experts, les plus hautes autorités, les commissions d'étude, les mandarins et les présidents d'université se trouvaient être les personnes les moins qualifiées pour se prononcer sur l'avenir de l'informatique personnelle, embarrassés qu'ils étaient de leurs savoirs obsolètes et de leurs certitudes contre-productives. Nous avons aujourd'hui toutes les capacités de calcul de la NASA de 1969 dans notre poche, et multipliées par dix encore ! Si vous aviez esquissé une telle utopie devant un ingénieur en chef de l'époque, il aurait été le premier à vous traiter de fou. Si ensuite vous lui aviez présenté un prototype de smartphone – objet que Nikola Tesla, lui, avait pourtant bel et bien envisagé dès 1926[1] ! –, il vous aurait sommé de le remettre à l'État en vue de sa réglementation étroite : il lui aurait paru extrêmement dangereux. Aujourd'hui, chacun se promène avec, sur lui, une ou deux dizaines de fois toutes les capacités de calcul de l'Agence spatiale. Et, là encore : *so what ?*

L'abolition de l'esclavage, la fin de l'Apartheid, le vol supersonique, le droit pour les femmes de porter

1. « Telephony », Chambers-McMeal Company, 1926, p. 17. « Quand la téléphonie sans fil sera parfaitement appliquée, la terre entière deviendra comme un gigantesque cerveau, ce qu'elle est en fait, toutes choses étant partie d'un grand tout rythmique. Nous serons capables de communiquer instantanément les uns avec les autres, indépendamment de la distance. Non seulement cela, mais avec la télévision et la téléphonie nous pourrons voir le visage des uns et des autres en dépit de ce que nous communiquerons à des milliers de milles de distance ; et les instruments qui nous permettront cela seront d'une simplicité fascinante, comparés à nos téléphones d'aujourd'hui. Un homme sera capable de les emporter dans la poche de son veston. »

des pantalons en public ? Même chose : ridicule, dangereux, évident. Mais ce processus ne va pas sans cynisme, c'est-à-dire sans paresse intellectuelle.

Les sources d'autorité intellectuelle en sont souvent infectées, qui oublient qu'elles ont d'abord jugé ridicule et dangereux ce qu'elles tiennent pour évident, et qu'elles ont commencé par le frapper du fat et fatidique : « Ça ne marchera jamais ! » François Arago, par exemple, ce grand physicien français, membre de l'Académie des sciences, qui considérait que la traversée de tunnels par les trains pouvait causer à leur passagers des fluxions de poitrine, ou encore rien moins qu'« efféminer » les soldats de la France[1]. Ou Lord Kelvin, nom essentiel de la thermodynamique, à qui l'on doit l'unité de mesure de la température absolue. Tout membre de la Royal Society qu'il était, il aura gagné le tiercé de la fatuité prospective : les rayons X sont un canular, la radio ne marchera jamais, on ne pourra jamais faire voler un avion[2]. Payé, comme professeur établi, pour assener des idioties *in futurum* et étrangler activement l'avenir. Mais si Kelvin avait au moins contribué, par ailleurs et décisivement, à la science mondiale, de tels maîtres *ès* fatuités règnent aujourd'hui en chaire sans même avoir cette excuse.

---

1. *Œuvres complètes de Francois Arago*, 5 : 2., Gide et Baudry, 1855. p. 270 : « […] si nos généraux ne décideront pas, en définitive, que les transports en wagons auraient pour résulter d'efféminer les troupes et de leur faire perdre cette faculté des grandes marches qui a joué un rôle si important dans le triomphe de nos armées. »

2. Silvanus Phillips Thompson, *The Life of Lord Kelvin*, American Mathematical Soc., 2004, p. 1125.

C'est bien pour cela d'ailleurs qu'il faut se méfier comme de la peste de l'avis des autorités établies sur le futur technologique, scientifique ou philosophique. Si un académicien, un professeur en chaire, vous dit d'une innovation qu'elle ne marchera jamais, investissez sans tarder ! Les rapports d'experts qui prétendent anticiper une révolution peuvent au mieux servir à caler une armoire. De même que les études de marché pour un produit radicalement innovant ; une enquête où de futurs acheteurs doivent remplir des cases pour imaginer leur rapport à un produit qu'ils n'ont jamais vu n'a strictement aucun intérêt. Et c'est justement ce qu'avait compris Steve Jobs.

Si vous voulez qu'un ordinateur personnel soit adopté, vous devez le mettre sous les yeux du client, lui permettre d'interagir avec lui pour de vrai. À ce moment-là seulement, il dira « J'en veux un », et c'est pour cette raison qu'Apple a inauguré ses boutiques sous les rires gras de ses concurrents de l'époque, Dell et Microsoft en tête.

Ce n'est pourtant pas Apple qui a inventé l'ordinateur personnel. On dit que, si l'échec est orphelin, le succès a toujours plusieurs pères : personne ne veut assumer la paternité d'un échec, tout le monde prétend avoir été à l'origine d'un succès, dès ses premières heures. On explique souvent aujourd'hui que le PC a été créé par Olivetti. Mais l'ordinateur personnel tel que nous le connaissons, avec ce que l'on appelle le « WIMP » : « Windows, Icons, Menus, Pointer », la souris, le clavier, l'écran, la petite croix pour fermer la fenêtre, la corbeille, etc., c'est Xerox qui l'a inventé.

Xerox, qui avait été méprisée par IBM et était devenue une société indépendante.

Voilà sans doute le plus grand ratage de l'histoire de la Silicon Valley. Xerox a développé la machine et le logiciel qui ont rendu Apple et Microsoft riches à millions… et elle n'en a rien fait. Parce qu'une idée révolutionnaire, bien souvent, est indiscernable d'une idée débile. C'est précisément pour cette raison que Larry Ellison, le patron et fondateur d'Oracle, répète à ses employés cette phrase : « Si on ne vous a pas traités de fous, c'est que vous n'avez pas innové ! »

Quand les ingénieurs du Palo Alto Research Center inventèrent la souris, ils se trouvaient dans une entreprise qui avait grandi très vite. Avec, d'un côté, les créatifs de la Valley qui, à l'instar d'Alan Kay, monument de l'informatique personnelle, ne crachaient pas sur un petit buvard d'acide de temps à autre, et, de l'autre côté, les financiers de la côte Est qui ne juraient plus que par le bas de bilan, étaient interchangeables, faisaient cinq ans chez Xerox avant de passer chez Pepsi ou Exxon, et ne s'intéressaient absolument pas au produit. La légende rapporte que le sort de la souris[1] s'est joué lors d'un comité exécutif, où l'objet passa de main en main avant qu'un dirigeant ne se lève et lance : « Vous n'imaginez quand même pas que Xerox va considérer un produit qui s'appelle "la souris" ? » Peu importe

1. John Markoff, *What the Dormouse Said*, Penguin Books, rééd. 2006 ;

Adam Fisher, *Valley of Genius : The Uncensored History of Silicon Valley (As Told by the Hackers, Founders, and Freaks Who Made It Boom)*, Hachette UK, 2018.

que cette phrase ait été prononcée au mot près ou pas : ce qui importe, c'est que la souris semblait ridicule. Avec des masters de mathématiques de Harvard, que me ramenez-vous une souris ! Fin de l'histoire.

En réalité, non, ce n'est pas la fin. Steve Jobs, dont la toute jeune boîte vient alors d'être financée sur un quasi-coup de tête par Mike Markkula, ancien de chez Fairchild Semiconductor, entend parler de ce machin ridicule qui s'appelle la « souris », se dit intéressé et se rend au Palo Alto Research Center de Xerox.

Le siège de la côte Est, trop content, sans mauvais jeu de mots, de se débarrasser de ce rat mort, lui fait ouvrir grand les portes. Les témoins de l'époque, dont Steve Wozniak, diront qu'ils avaient l'impression d'être Attila devant un village sans défense, prêt à piller, brûler et dévaster : Steve Jobs prend tout. Les employés du PARC essaient bien de cacher un maximum d'éléments mais, chaque fois que Steve Jobs s'aperçoit qu'on lui dissimule quelque chose, il file à la cabine téléphonique et appelle l'autre bout des États-Unis pour se plaindre : « On ne me montre pas tout, donnez-leur l'ordre de tout me montrer ! » Le top management de Xerox a pris un fusil de chasse, s'est tiré dans le pied, et toute la jambe est partie avec. Comme l'a dit le politologue britannique Paul Kennedy, les empires meurent bien souvent par suicide[1]. Et au fond, d'une part, Xerox s'était aussi bien inspiré du chercheur de Stanford Douglas Engelbart pour la souris ; d'autre part, Jobs avait eu l'idée géniale de proposer que ses clicks ouvrent non pas un contenu

1. Voir notamment son livre *Naissance et déclin des grandes puissances*, Payot, 1989.

mais un programme, proposant rien moins que le concept d'application, orientée utilisateur[1].

Puis on dit que Bill Gates a tout piqué à Steve Jobs. C'est vrai, mais ce n'est qu'un petit bout de la vérité. Bill Gates a certes pris à Apple, mais Apple venait tout juste de prendre à Xerox. Gates le dira d'ailleurs très bien : « La vraie histoire, c'est que Steve et moi avions un riche voisin, Xerox, qui était parti en vacances en laissant la maison grande ouverte. Steve a pris la chaîne hi-fi, moi j'ai pris la télé[2]. » Xerox avait en effet le *hardware*, qui fera la fortune d'Apple, et le *software*, qui fera la fortune de Microsoft. Elle-même n'en avait rien fait, comme IBM ne fera rien de leur « xérographie », c'est-à-dire de la photocopie, jugeant à l'époque qu'elle n'était pas pertinente pour une société qui s'appelait « International Business Machine ».

Mieux encore : quand Bill Gates, Steve Ballmer et Paul Allen arrivent chez IBM dans les années 1980 pour proposer le légendaire Disk Operating System – qu'ils n'ont même pas encore en main, et qui est en réalité issu de QDOS (Quick and Dirty Operating System) –, il leur est rappelé que, selon la firme, « il n'y a pas d'argent à se faire dans le logiciel ». C'est là tout le problème : un logiciel ce n'est pas matériel et, pour la plupart des gens, cela ne peut donc pas représenter de véritable richesse parce que notre cerveau est paresseusement ancré dans le tangible, et que s'élever

1. Hunter Muller, *Leading the Epic Revolution : How CIOs Drive Innovation and Create Value Across the Enterprise*, John Wiley & Sons, 2013.

2. Adam Woog, *Bill Gates*, Lucent Books, 1999, p. 70.

vers l'intangible lui demande un effort constant auquel il n'est pas habitué.

Si une idée n'est pas passée par le ridicule, c'est qu'elle n'est pas vraiment révolutionnaire. Évidemment, la réciproque n'est pas vraie : une idée débile n'est pas nécessairement révolutionnaire et tout l'enjeu, pour le preneur de décisions, c'est-à-dire pour l'humanité tout entière, est de réussir à distinguer une idée géniale d'une idée dont la stupidité est chimiquement pure.

Les soufis disent que le rubis est plus petit que la mine – à quoi on a d'abord envie de répondre « merci d'être venus ». Mais c'est tout à fait juste, surtout sur le plan philosophique : le rubis, c'est l'idée révolutionnaire dans une mine d'idées sans avenir. Si vous voulez trouver un rubis sans mettre les mains dans la mine, il faut aller chez le bijoutier, mais alors ce n'est pas vous qui gagnerez de l'argent. Celui qui fait fortune dans le rubis, c'est justement celui qui le sélectionne alors qu'il est encore indiscernable d'un simple caillou, qui casse sa gangue, qui le taille, le sertit et le vend à l'acheteur final. Il en va de même pour les révolutions : ceux qui profitent réellement des idées révolutionnaires sont ceux qui sont allés les chercher quand elles étaient encore indiscernables des idées stupides.

L'importance de la « mignonitude »

Le concept de « mignonitude » existe bel et bien en anglais sous le vocable *cuteness*. Et il a une importance cruciale dans l'application concrète de la loi de Schopenhauer, comme dans toute l'économie de la connaissance. Le principal message d'un être mignon est qu'il n'est pas dangereux. Il dit : « N'aie pas peur ! Je ne peux pas te blesser, je ne peux te faire aucun mal. » Mais il dit aussi : « Occupe-toi de moi, prends soin de moi, reste avec moi, donne-moi, en fait, du temps et de l'attention. » Or, comme nous le reverrons dans le détail, tout est là : le temps et l'attention sont les deux denrées les plus vitales, les plus fondamentales de l'économie de la connaissance.

Dans l'évolution, la raison d'être de la mignonitude est de créer un couplage fort, fiable et surtout gratifiant entre l'être mignon et un donneur d'attention à qui il devra sa survie. Si certains organismes garantissent leur survie par une carapace, des crocs et des griffes, d'autres, au moins à certains stades de leur existence, garantissent leur succès évolutif grâce à une apparence totalement désarmante. De plus, et c'est là tout l'enjeu face à la loi de Schopenhauer, mignon signifie : « Adopte-moi ! »

Or les révolutions souffrent toujours du syndrome du vilain petit canard : elles sont les futurs cygnes entourés de canards bas de plafond, qui ne les comprennent pas et les rejettent en cancanant à tout-va. Pour faciliter leur adoption, elles se doivent donc d'être mignonnes. Retenez bien cela : une révolution n'est jamais adoptée lorsqu'elle marche, mais lorsqu'elle cesse de faire peur.

Une étude[1] a clairement montré que la mignonitude, aussi bien chez les jeunes que chez les adultes qui en

1. T. Laohakangvalvit, I. Iida, S. Charoenpit, et M. Ohkura, « A Study of Kawaii Feeling using Eye Tracking », *International Journal of Affective Engineering*, 16(3), 2017, p. 183-189.

conservent certains traits caractéristiques, permettait de capter l'attention et le temps. On sait aussi[1] que, toutes choses égales par ailleurs, les animaux domestiqués tendent à demeurer mignons plus longtemps que les autres : le chat sauvage ne ronronne pas à l'âge adulte, mais *Felis domesticus*, si. Un animal domestiqué dépendant essentiellement de son maître pour survivre, plus il reçoit de son attention et de son temps, plus il a de chance d'être nourri, soigné en cas de maladie, et protégé de la rencontre d'un prédateur.

L'adoption par le public de la robotique et de la cobotique suit la même règle : on confiera plus volontiers des couteaux de cuisine à un robot mignon qu'à un androïde martial. Suivant la loi de Schopenhauer, il ne suffit pas à une nouvelle technologie de fonctionner pour être adoptée : lorsqu'elle cesse d'être ridicule, elle entre de plain-pied dans le dangereux.

Dans mon doctorat[2], j'ai spécifiquement étudié ce phénomène, postulant qu'une innovation maximise son adoption lorsqu'elle est à la fois mignonne et puissante. Si elle n'est que mignonne sans être puissante, elle fait sourire. Si elle n'est que puissante sans aucune « mignonitude », elle fait peur.

Un exemple de technologie puissante mais sans aucune mignonitude est le système d'exploitation Linux

1. James A. Serpell, « Anthropomorphism and Anthropomorphic Selection – Beyond the "Cute Response" », *Society & Animals*, 10. Jg., Nr. 4, S. 437-454, 2002.

2. « Neuroergonomie et biomimétique logicielle pour l'économie de la connaissance : Pourquoi ? Comment ? Quoi ? », École polytechnique, alors membre de l'université Paris-Saclay, 2016.

– ses parts de marché sont là pour en témoigner. Plus une distribution Linux a été rendue mignonne, comme la variante Ubuntu, plus elle a été adoptée.

Un contre-modèle existe dans l'histoire de l'aviation supersonique civile avec le Concorde, puissant mais très martial. Les autorités des États-Unis n'ont eu aucune difficulté à le présenter comme un danger et lui interdire l'atterrissage à New York, détruisant instantanément son marché : le Concorde n'a jamais gagné d'argent de toute sa carrière ! On pourrait objecter que les lois de l'aérodynamique interdisaient de toute façon au Concorde d'être mignon. Mais la renaissance actuelle de l'aviation civile supersonique, tout au moins sur le papier, propose au contraire des projets aux designs fluides, arrondis, dans l'esprit justement de cette *cute adoption*. Même dans le négoce B2G (*business to government*) du tramway de Casablanca, c'est le projet le plus mignon, et de loin, qui a été choisi.

À l'inverse, un produit mignon mais sans grande puissance est, par exemple, le robot Nao d'Aldebaran Robotics, société qui a été acquise par le japonais Softbank group sans jamais dégager de bénéfice.

Enfin, le site de l'administration fiscale est typique du produit qui n'est ni mignon ni puissant : il existe uniquement par nécessité, mais avec le minimum vital d'attention et de temps porté aux détails.

Les produits Apple et Tesla sont, eux, à la fois mignons et puissants. Le message « N'aie pas peur » vaut plusieurs centaines de milliards de dollars, et Apple est passé maître dans l'art de le communiquer.

Ses produits, en effet, commencent toujours par dire : « Je ne peux pas te faire de mal », « Je ne suis pas contondant », un message immédiat pour le cerveau, dont le corollaire biologique vital est : « Tu peux me mettre dans les mains de tes enfants. » La loi de Schopenhauer prédit que, dans l'adoption d'une révolution, c'est là une des meilleures stratégies possible.

D'un point de vue neuroscientifique, ce message ne s'adresse pas qu'au néocortex, et c'est là tout son intérêt : il est pénétrant, et ne fait que peu, voire pas du tout, intervenir l'esprit critique, permettant au cerveau de statuer en une fraction de seconde, plus rapidement peut-être même qu'il ne reconnaît un visage.

Le biais de l'ingénieur, et en particulier de l'ingénieur de tradition française[1], est de croire que la mignonitude ne fait pas partie des caractéristiques techniques d'un objet. Que le design ou l'apparence n'est pas un critère à prendre en compte, car il serait moins décisif que les spécifications des composants. Cela est faux. Le design fait bien partie des caractéristiques techniques car c'est à l'homme d'utiliser l'outil. Quand l'outil, grâce à son apparence et son ergonomie, fait un pas vers l'homme, celui-ci l'utilise mieux et davantage, devenant par là même plus productif. Si une machine est belle et qu'elle stimule l'affect de son opérateur, celui-ci lui donnera davantage d'attention et de temps, et elle tombera moins en panne. La barrière d'entrée de son utilisation sera plus basse, en même temps que celle de sortie sera plus haute, ce qui augmentera aussi

1. La France étant un des rares et derniers pays où le métier d'ingénieur fait l'objet d'un titre délivré par l'État.

bien le plaisir et le bien-être de l'opérateur que sa productivité. Cela réduira aussi les risques d'accidents, qui sont souvent liés à un problème d'attention dans la relation à la machine, quand, au contraire, la mignonitude maximise celle-ci… de même que des vaches laitières donnent plus de lait s'il leur est attribué un nom plutôt qu'un simple numéro, comme l'ont démontré Simon Douglas et Peter Rowlinson de l'université de Newcastle[1].

Le caractère mignon, donc, est une innovation de l'évolution qui a pour résultat de créer un couplage attentionnel fort. L'exemple type du mignon est le bébé humain, avec sa petite frimousse et ses grands yeux. Or si les bébés n'étaient pas mignons, s'ils n'obtenaient pas des adultes de l'attention et du temps, l'espèce humaine aurait disparu.

Le crâne d'un gorille présente une crête osseuse, le long de laquelle sont implantés les muscles qui permettent à l'animal d'être un des plus puissants mordeurs sur terre – avec l'ours polaire, tenez-le-vous pour dit ! C'est que le gorille n'est que très exceptionnellement bipède, et que sa survie dépend de sa capacité à délivrer une morsure puissante ; si puissante, en réalité, qu'elle implique un compromis mécanique clair : elle réduit la place possible pour le cerveau.

1. C. Bertenshaw, P. Rowlinson, H. Edge, S. Douglas et R. Shiel, « The effect of different degrees of "positive" human-animal interaction during rearing on the welfare and subsequent production of commercial dairy heifers », *Applied Animal Behaviour Science*, 114(1-2), 2008, p. 65-75.

L'être humain, en revanche, est bipède, et n'a pas de muscle au sommet du crâne. Ce caractère a ouvert la voie, chez ses ancêtres, à l'expansion très significative de son cerveau, en même temps que celle du volume crânien, cependant que la bipédie oblige à avoir des hanches beaucoup moins larges que celles du gorille pour courir plus vite en position debout. Gros cerveau et hanches petites, voilà qui pose un problème d'ingénierie que le vivant a résolu en livrant chez l'être humain un cerveau très incomplet à la naissance. Comme une part décisive du développement cérébral humain a lieu post-partum, le membre juvénile de notre espèce reste très longtemps vulnérable, plus longtemps en moyenne que chez toutes les autres espèces connues. Il a donc besoin d'attention et de temps pendant une très longue période de sa vie.

La mignonitude, enfin, est désarmante, et c'est l'un de ses traits les plus utiles en politique. La Chine, par exemple, lorsqu'elle doit réaliser une communication policière à grande échelle, placarde une image très mignonne, presque enfantine, de ses forces de maintien de l'ordre, pour inciter ses citoyens à obtempérer. Al Capone prêchait, dit-on, que l'on obtient beaucoup plus avec un mot doux et un revolver qu'avec un mot doux tout seul, mais l'inverse est également vrai : on obtient beaucoup plus avec un revolver et un mot doux qu'avec un revolver tout seul. La Chine cherche donc à cultiver son *soft power* jusque dans son maintien de l'ordre.

Ne pas avoir peur

Techniquement, la première machine à vapeur connue remonte à l'Égypte ptolémaïque : elle est imaginée par Héron d'Alexandrie au premier siècle de notre ère sous le nom d'« éolipyle » (la boule d'Éole), et servait vraisemblablement à actionner les portes d'un temple. C'était un chaudron en cuivre fermé, d'où partaient deux tuyaux alimentant une sphère elle-même équipée d'échappements tangents qui la faisaient tourner à mesure que la vapeur se libérait, entraînant une courroie, des poulies, bref un mécanisme complet de transmission… Mais la révolution industrielle n'a pas eu lieu à cette époque, d'une part parce qu'il y avait les esclaves, et d'autre part parce que cette technique semblait trop proche de la magie pour être digne de confiance.

Rappelons, avec les excellents historiens de la Silicon Valley Piero Scaruffi[1] et Arun Rao, quelles furent les opinions de l'académisme ou du dogmatisme arrogant – hélas, toujours pas soigné – sur les révolutions technologiques, y compris les plus récentes :

> « Il n'y a pas de raison pour que qui que ce soit désire un ordinateur chez lui » (Ken Olson, président de Digital Equipment Corp, 1977[2]) ;
>
> « Ce soi-disant téléphone a bien trop de défauts pour être considéré comme un moyen de communication – cet appareil est fondamentalement dénué de valeur

1. Piero Scaruffi, *A History of Silicon Valley : Almost a 3rd Edition*, Create space Independent Pub, 2014.

2. Christopher Kennedy, *The Evolution of Great World Cities : Urban Wealth and Economic Growth*, University of Toronto Press, 2011, p. 127.

pour nous » (mémo interne de la Western Union, 1876[1]) ;

« En tant que vieil ami, je dois vous déconseiller de poursuivre cette théorie, car, en premier lieu, vous ne réussirez pas et, en second lieu, personne ne vous croira » (Max Planck à Albert Einstein, avant 1907[2]) ;

« Mais, bon sang, qui voudrait entendre les acteurs parler ? » (Harry Warner, cofondateur de Warner Bros, 1927) ;

« Les machines volantes plus lourdes que l'air sont impossibles » (Lord Kelvin, 1899) ;

« Avec plus de 50 voitures de fabrication étrangère en vente ici, l'industrie automobile japonaise n'a pas la moindre chance de se tailler une grosse part du marché US » (*Business Week*, le 2 août 1968) ;

« Les avions sont des jouets intéressants, mais ils n'ont aucune utilité militaire » (maréchal Foch, professeur de stratégie à l'École supérieure de guerre, en 1904. Le comble est que la France perpétue la même attitude cent ans plus tard, en 1995, avec le légendaire rapport Théry, selon lequel Internet n'avait aucun avenir commercial. Et qu'elle a donné le nom de Foch à l'un de ses porte-avions de combat !) ;

---

1. Joshua D. Wolff, *Western Union and the Creation of the American Corporate Order, 1845-1893*, Cambridge University Press, 2013, p. 238.
2. Karen C. Fox et Aries Keck, *Einstein : A to Z*, J. Wiley, 2004, p. 242.

« La théorie des germes de Pasteur n'est qu'une fiction ridicule » (Pierre Pachet, professeur de physiologie à Toulouse, 1872[1]) ;

Ce scepticisme, que certains qualifient avec prétention de « zététisme » mais qui n'est dans les faits qu'un fanatisme pseudoscientifique, demeure plus que vivace aujourd'hui. J'ai moi-même pu être témoin d'une resucée de l'argument fallacieux – d'ailleurs faussement attribué au fonctionnaire de l'office américain des brevets, Charles Holland Duell – d'un obscur « zétète », de toute évidence incompétent mais heureux, qui a prétendu, par exemple, que la connaissance ne pouvait être infinie parce qu'une telle infinité contredirait le théorème de Cantor[2]… Un Cantor qui, lui-même, subit en son temps la *furor academicus*[3] de ses pairs, dont bon nombre ont été balayés par l'Histoire.

De même qu'il existe une infinité de procédés brevetables, il existe bien entendu une collection infinie de savoirs, qui forme en mathématiques une classe ou catégorie propre, et qui se démontre ainsi :

1. Tout théorème constitue une connaissance.

---

1. « La théorie des germes de Louis Pasteur est une fiction ridicule », Pierre Pachet, 1872.

2. Considérant un ensemble *a*, l'ensemble des parties de *a* est de cardinalité strictement supérieure à celle de *a*. Ce théorème ne s'applique qu'aux ensembles, qui ne représentent pas tous les objets mathématiques.

3. « Frénésie excessive provoquée quant à un sujet intellectuel », selon l'Oxford Essential Dictionary of Foreign Terms in English. Ce terme, imaginé pour décrire les graves excès de la scolastique médiévale, s'applique d'une façon troublante aux graves excès irrationnels de l'académisme contemporain.

2. Il existe une collection infinie de propositions vraies et démontrables en mathématiques.

3. la connaissance est donc infinie.

Je me permets d'insister sur ce point. D'abord parce qu'il rappelle combien le pseudo-scepticisme – que l'on peut appeler, non sans humour ni justesse, la « fausse sceptique » – est castrateur à l'échelle individuelle et dévastateur à l'échelle des emplois nationaux, mais demeure vigoureux en France où il aime usurper le sens d'« esprit critique ». Et aussi parce que l'infinité de la connaissance est capitale pour la totalité de cet ouvrage, et qu'elle en recèle les conséquences les plus surprenantes.

Une technologie innovante n'est pas adoptée quand elle marche, uniquement quand elle cesse de faire peur, y compris en temps de guerre. En temps de paix, ce ne sont pas les caractéristiques techniques qui la font vendre, mais bien son « adoptabilité ».

Le Tablet PC avait été présenté par Microsoft dès 2001, presque dix ans avant la sortie de l'iPad, pourtant ce dernier était plus simple, plus ergonomique et, surtout, plus rassurant. Que ceux qui méprisent la simplicité se souviennent que c'est en simplifiant le barda compliqué des hoplites grecs, que l'armée romaine a dominé toute la Méditerranée ; la bataille de Cynoscéphales est là pour en témoigner, et ceux qui en ignorent les conclusions tactiques et historiques sont condamnés à en demeurer les éternels perdants.

De même, l'équipement des cuirassiers napoléoniens était bien moins complexe que celui des chevaliers médiévaux. L'élève diligent – c'est-à-dire, plus prosaïquement, conditionné – préférera cependant montrer qu'il a bien fait ses devoirs en surenchérissant dans la complication plutôt que de privilégier le pragmatisme, la pureté et la simplicité, s'encombrant d'un barda intellectuel dont il ne se servira jamais et exigeant des autres qu'ils le suivent dans sa folie furieuse. Bill Gates avait bien compris cela, lui qui disait : « Je choisis une personne paresseuse pour faire un travail difficile, parce qu'elle trouvera un moyen facile de le faire[1]. »

En réalité, l'idée d'un Tablet PC est plus ancienne encore, puisqu'elle avait été présentée par Alan Kay, génie et influence majeure de la Silicon Valley dans les années 1980, pour le projet Dynabook, dont s'inspirera Steve Jobs déclarant en 1983 :

« La stratégie d'Apple est vraiment simple. Ce que nous voulons faire, c'est mettre un ordinateur incroyablement bon dans un livre que vous pouvez emporter avec vous et apprendre à utiliser en vingt minutes. C'est ce que nous voulons pour nous, et ce que nous voulons faire dans cette décennie. [...] Et nous voulons le faire avec une connexion radio dedans, pour que vous ne soyez branchés à rien, et que vous puissiez échanger avec toutes les grandes bases de données ainsi qu'avec d'autres ordinateurs[2]. »

---

1. David B. Yoffie et Michael A. Cusumano, *Strategy Rules : Five Timeless Lessons from Bill Gates, Andy Grove, and Steve Jobs*, Harper Collins, 2015.
2. Hartmut Esslinger, *Keep It Simple : The Early Design Years of Apple*, Arnoldsche Art Publishers, 2013.

Sur le papier, l'iPad avait moins de fonctionnalités que le Tablet PC, mais il était infiniment plus adoptable et réalisé avec une neuroergonomie bien particulière : celle de signifier à son utilisateur qu'il n'était absolument pas dangereux – et donc que ses enfants, soit son cercle familial le plus intime, pouvaient l'adopter eux aussi.

Rappelons en outre que la firme de Cupertino vend aujourd'hui plus de montres que la totalité de la Confédération helvétique, Mecque mondiale de l'horlogerie[1]. Des montres qui ont accès à notre rythme cardiaque, notre glycémie, nos rythmes de sommeil, et cela en plein scandale de la National Security Agency (NSA) !

Nous savons, grâce au courageux sacrifice d'Edward Snowden, que la NSA espionne tout ce qu'il est en son pouvoir d'espionner, de façon systématique et indiscriminée, et que certains de ses agents s'échangent nos photos intimes pour se divertir[2], cela en infraction flagrante à l'article 12 de la Déclaration universelle des droits de l'homme qui garantit le droit à une correspondance privée. Les révélations de Snowden en la matière sont absolument sans appel, et nous savons que les services de renseignement de Washington sont allés jusqu'à pénétrer illégalement dans le téléphone portable d'Angela Merkel !

L'attachement vénal d'Apple au message « N'aie pas peur » présente cependant un grand avantage, en

1. Danny Fortson, « Apple Sells More Watches than the Whole of Switzerland », *The Sunday Times*, 18 février 2018.

2. Michael S. Schmidt, « "Racy Photos Were Often Shared at NSA", Snowden Says », *The New York Times*, 20 décembre 2017.

ce qu'il force la société à se doter des meilleures technologies de cryptage civil au monde et à réaffirmer son modèle économique, qui consiste à gagner de l'argent sur ses machines et sur des abonnements plutôt que sur les données de ses utilisateurs.

Le premier Macintosh avait des bords arrondis, un lecteur de disquette qui ressemblait à un sourire, très peu de boutons et, sur sa publicité, un écran qui disait *hello*. Jusque dans les années 1990, vous trouviez pourtant des gens sérieux, par exemple des informaticiens de Stanford, qui portaient des T-shirts déclarant *user-friendliness is for wimps anyway*, « la simplicité utilisateur, c'est pour les faibles », avec un jeu de mots sur « wimp » qui signifie aussi, en tant que sigle, « Windows, Icons, Menus, Pointer », c'est-à-dire la base de l'interface utilisateur encore en usage aujourd'hui. Si vous pensez vraiment que l'ergonomie est une marque de faiblesse, portez donc la même chaussure au pied droit et au pied gauche, mais n'essayez pas de vendre des ordinateurs au grand public.

Jobs n'était pas informaticien. Pour la France, cela prouvait son illégitimité. Mais dans la vraie vie, qui est la seule chose légitime ici-bas et qui vole loin au-dessus des diplômes et des décorations, c'était une force. Parce qu'il ne savait pas programmer, Steve Jobs a insisté plus que quiconque sur l'importance de la conception la plus simple possible. Quand on disait encore « le design, ça ne calcule pas », il devinait que, si une machine est joliment conçue, elle est utilisée davantage et tombe moins en panne, de la même façon qu'un animal domestique passe plus de temps avec son maître s'il est mignon, minimisant ainsi le risque de se trouver seul face à un prédateur ou une maladie.

Le design fait donc bien partie intégrante des caractéristiques techniques d'une machine, et ce n'est pas parce qu'il échappe à notre règne pathologique de la quantité qu'il doit être méprisé. Toyota l'avait d'ailleurs découvert bien avant Apple, en se rendant compte que des machines agréablement conçues tombaient moins en panne parce que les ouvriers en prenaient davantage soin. Un malheureux epsilon de moins dans la barrière d'entrée à utiliser une machine, c'est, sur des milliers d'employés et des dizaines de mois, une masse de stress en moins et une masse de productivité en plus, même si cela semble difficile à percevoir à l'échelle d'un individu. Cette vérité a même été déployée dans la conception des fusils d'assaut avec les séries Steyr AUG et FAMAS, et la recherche d'un lien émotionnel et rationnel fort entre le fantassin et son fusil. C'est dire si la question du design est *dead serious*, comme on le dit en anglais.

L'obtention d'un design qui dise clairement « N'aie pas peur » est tout l'enjeu de la mise au point d'un produit : ce produit ne doit pas être « flou », il doit être à la fois lisse et précis. Mais, comme nous le verrons en rappelant l'histoire des frères Wright, l'essentiel pour la mise au point est de maintenir un coût de l'échec très bas. Dans l'économie de la connaissance, le coût de l'échec est au moins aussi important que les taux d'intérêt ou les indices de consommation des ménages dans l'économie classique. Si un pays, par sa culture politique, qu'elle soit paritaire – la relation des pairs entre eux – ou autoritaire – la relation de chacun à l'autorité, en particulier scientifique –, maintient un coût de l'échec élevé, il ne peut pas innover, parce que l'innovation est une succession d'essais-erreurs. Certaines cultures, et la culture française d'aujourd'hui est un cas d'école, pénalisent massivement l'échec et la prise de risque, encourageant les gens à ne rien faire plutôt que d'essayer. Apple est aujourd'hui la firme la plus riche et la marque la plus importante au monde, ce qui fait que le coût de son échec est intrinsèquement élevé. Pour corriger cette inflation du coût de l'échec – si vous vous plantez dans un garage tout le monde s'en fiche, si vous vous plantez alors que vous êtes la plus grosse capitalisation boursière au monde, c'est la panique –, Apple maintient une culture du secret absolue, de sorte que le maximum de ses échecs sont internes, donc cachés. Jamais vous ne verrez Apple parler d'un produit s'il n'est pas sur les étagères dans les six mois. Un produit Apple est une immense accumulation d'échecs, mais d'échecs inconnus, en particulier des actionnaires, donc d'échecs les moins chers possibles. Maintenir le coût de l'échec bas en étant la société la plus observée et la plus riche au monde, c'est la raison numéro un pour Apple de cultiver l'opacité à l'extrême.

On parle beaucoup aujourd'hui du rapport entre Tesla et Apple. La première société ne génère pas de profit, même si elle est la plus innovante de toute l'industrie automobile ; la seconde en génère énormément, mais donne l'impression de prendre de moins en moins de risques. Plusieurs analystes, dont Gunter Pauli, ont estimé qu'Apple devrait absorber Tesla, à la condition d'offrir à Elon Musk le siège de P-DG. Difficile cependant d'imaginer plus de défiance de part et d'autre : Musk n'aurait aucune garantie que le conseil d'administration ait la patience de tolérer son style de management dingue et pour le moins unique, et les actionnaires auraient la peur au ventre à l'idée que l'immense trésorerie d'Apple lui serve à multiplier ses essais et erreurs publics.

On sait pour l'heure qu'après sa montre, Apple prépare une nouvelle gamme informatique à fleur de peau, qui prendra la forme de lunettes. Cela, après l'échec long et douloureux des Google Glass qui marchaient très mal, et qui, dès qu'elles ont marché, loi de Schopenhauer oblige, ont fait peur, amenant même les foules à appeler leurs porteurs des *glassholes* ou des « trous du cul à Google Glass ». Un proverbe soufi dit : « Apprenez des frelons par ceux qu'ils ont piqués. » Du Tablet PC aux montres et aux lunettes connectées, c'est là une grande spécialité d'Apple.

En 1984, le jeune Steve Jobs rencontre François Mitterrand qui, comme des générations de présidents français après lui, pose cette question fatidique : pourquoi la France n'a-t-elle pas de Silicon Valley ? Sa réponse, recueillie par Jean-Marc Illouz et présentée par Christine Ockrent[1], résume tout le problème français. Lorsque je présente ce discours de Jobs dans une conférence, je demande en général à l'assistance de bien s'asseoir, si elle ne l'a pas déjà fait, parce que la

1. « Antenne 2. Le Journal de 20 h : émission du 9 février 1984 », Institut National de l'Audiovisuel, Ina.fr.

vérité est souvent difficile à digérer, et que l'administration de notre *start-up nation* actuelle ne l'a toujours pas ne serait-ce que reniflée. « Quand on a raison, on n'écrit pas quarante pages », a dit Talleyrand et, dans tous les livres blancs, les rapports autocongratulés de notre bureaucratie et les commissions Trazibule, personne n'a fait mieux que Jobs en quelques mots dont voici la transcription :

« Il semble qu'en Europe la recherche soit d'un bon niveau. Les problèmes viennent de ses applications concrètes, une étape qui en elle-même est source d'innovation. »

Rien n'est plus vrai que cette simple phrase d'ouverture. La France a découvert l'imprimante 3D, mais ne pèse rien dans son industrie et son commerce mondiaux. La France a découvert le pompage optique – prix Nobel attribué à Alfred Kastler, en 1966 – qui est vital à l'industrie du laser… dans laquelle elle ne pèse rien en parts de marché mondiales ; le CNRS, même après le Nobel de Kastler, fera circuler la blague : « LASER à quoi ? LASER à rien ![1] » Ce serait risible si des milliers d'emplois qualifiés n'avaient pas été tout simplement éradiqués par cette attitude qui consiste à mépriser la recherche industrielle face à la recherche fondamentale.

La France a été un leader mondial en matière de cristaux liquides – prix Nobel attribué à Pierre-Gilles de Gennes, en 1991 –, un succès toujours inversement proportionnel à sa part de marché dans le négoce global

1. *L'Innovation dans l'entreprise*, éditions Techniques Ingénieur, p. 7.

des écrans plats. La France a codécouvert la magnétorésistance géante – prix Nobel attribué à Albert Fert, en 2007 – qui est la base de tous les disques durs dits « Solid State » (SSD) dont elle n'a jamais exporté un seul exemplaire ! Elle est en pointe en matière d'apprentissage artificiel, sans pouvoir empêcher que ses meilleurs éléments, jusqu'à un professeur au Collège de France, soient rémunérés par Facebook. Le mépris français pour le chercheur-entrepreneur est insondable. Mais Napoléon n'avait-il pas dit des Anglais qu'ils n'étaient qu'un « peuple d'épiciers » ?

« Cela, je pense, vient d'un manque de sociétés prêtes à risquer pour entreprendre. Ce que nous appelons le développement vient rarement des grandes sociétés, plutôt des petites et moyennes entreprises[1]. »

Là encore, Jobs met dans le mille. Surtout en France, où toutes les sociétés du CAC 40 ont plus de soixante ans, où la remise en cause de l'autorité est une hérésie absolue et où le rêve le plus profond d'une start-up, d'après les ministères, doit être de se faire racheter par un grand groupe – « Vous imaginez-vous qu'Airbnb ait vraiment rêvé se faire racheter par le groupe Marriott[2] ? » demandera le chroniqueur en technologies Jon Evans.

En France, donc, l'idée même que les petites entreprises soient le moteur de l'innovation semble ridicule.

1. Ina.fr, *op. cit.*

2. Jon Evans, « Vive La France ! Vive La Tech !... But Do These Two Great Tastes Taste Great Together ? », *TechCrunch*, 5 juin 2016.

L'échec est un diplôme !

Et Steve Jobs de continuer :

« Ce qu'il faut, c'est beaucoup plus de petites entreprises avec des étudiants doués, des capitaux à risque plus efficaces entre les mains du secteur privé et aussi des champions que l'on prenne pour modèle en disant "l'innovation, c'est ça"[1]. »

Là encore, ce conseil a été royalement ignoré par la République française depuis trente-quatre ans. Dans les années 1980, en France, quitter Polytechnique pour fonder une société à responsabilité limitée était aussi ridicule que de l'imaginer être un moteur de l'innovation. Aux États-Unis existe aujourd'hui la bourse Thiel, conçue pour encourager les étudiants les plus brillants à quitter l'université sans diplôme s'ils créent une entreprise. Le message y est très clair : les études, la conformité, le diplôme, le respect de l'autorité, c'est bien, mais l'entrepreneuriat, c'est infiniment mieux.

En France, si l'entrepreneur échoue, c'est un charlatan, et s'il réussit, c'est un profiteur. D'où cette fabuleuse histoire des escargots que je tiens d'un grand chercheur français, qui lui-même la tenait – ce n'est pas un hasard – d'un professeur québécois : un homme veut acheter des escargots pour le dîner et, arrivant chez le marchand, il découvre deux bassines, l'une avec un couvercle et l'autre sans. « Pourquoi le couvercle ? demande-t-il. — Eh bien parce que, dans cette bassine, répond le marchand, vous avez des escargots anglais, et les escargots anglais, vous aurez beau faire ce que vous voulez, ils ont un instinct de conservation

1. Ina.fr, *op. cit.*

très fort, et ils vont essayer d'escalader le rebord pour s'échapper. — Mais alors pourquoi est-ce qu'il n'y a pas de couvercle sur l'autre bassine ? Ils sont malades, ces escargots ? demande logiquement le client. — Pas du tout, ils vont très bien. Mais, dans cette bassine, vous avez des escargots français, appellation d'origine contrôlée. Avec eux, vous n'avez pas besoin de couvercle parce que, dès que l'un d'eux essaie d'escalader la bassine, tous les autres lui sautent dessus pour le ramener au fond ! » Aux yeux du marchand, la nature est bien faite. Pour moi, qui ai eu l'honneur de faire l'expérience de cette manie française, cette histoire est tragique.

« Mais il y a quelque chose de plus subtil, c'est le facteur culturel. En Europe, l'échec est très grave. Si, en sortant de l'université, vous loupez votre coup, cela vous suit toute votre vie. Alors qu'en Amérique, dans la Silicon Valley, on passe son temps à échouer : quand on se casse la figure, on se relève et on recommence[1]. »

Voilà la phrase la plus importante, d'une grande sagesse, de Jobs, un homme éprouvé par la vraie vie et que les bureaucrates d'hier et d'aujourd'hui ne pouvaient pas comprendre.

L'actuel locataire du palais de l'Élysée a beau aller à Harvard lancer un poignant *You don't always have to follow the rules, that's bullshit* (« Vous n'avez pas à suivre toujours les règles, c'est de la connerie »), l'échec demeure, aux yeux des élites françaises, rien moins que la marque de la Bête.

1. *Ibid.*

Nous avons troqué la mentalité Jules Verne pour la mentalité Maginot : celle des commissions, des livres blancs, des rapports, de l'absence totale de prise de risque, et de l'aversion pour l'échec. Dans ces conditions, il faudra encore du temps avant que la France cesse de laisser l'application mercantile de son génie lui passer sous le nez. Car l'innovation est comme un cycle de l'eau. Il y a la recherche fondamentale – R pour « recherche » –, qui est comme l'évaporation et forme des nuages de connaissance au-dessus du paysage économique. Et puis il y a la recherche appliquée – D pour « développement » – qui fait pleuvoir ses emplois sur ce paysage… mais peut surtout faire pleuvoir ailleurs. La France est efficace sur le R et catastrophique sur le D, qui voit lui échapper encore et encore les emplois de ses découvertes fondamentales. En matière de macroéconomie de la connaissance, il faut retenir que, pour une nation, la recherche consiste à transformer de l'argent en connaissance, et le développement, de la connaissance en argent. Une nation qui pousse la mesquinerie jusqu'à refuser *de facto* le nom de « chercheur » à un expert du développement, dont les revenus pourraient pourtant alimenter très libéralement les financements de la recherche fondamentale – comme Hewlett-Packard, qui a remis plus de 300 millions de dollars cumulés à l'université de Stanford –, se tire dans le pied à grands coups de calibre douze… Mais cette attitude, aucun président de la République n'a le pouvoir, à lui seul, de la faire changer. Elle persiste, cynique, à travers toutes les élections, et procède ainsi d'un suicide économique, aussi pervers que méconnu et antidémocratique parce que bureaucratique.

« Ce qu'il faut, si vous voulez que l'industrie informatique se développe en France, et surtout en Europe, c'est une solide industrie du logiciel, parce que le logiciel c'est le pétrole des années 1980 et 1990[1]. »

Là aussi, ces paroles sont visionnaires. L'époque n'était pas si lointaine où IBM affirmait tout de go à Bill Gates, Paul Allen et Steve Ballmer, les personnes clés de Microsoft, qu'il n'y avait pas d'argent à gagner dans le seul monde du logiciel. J'ai rappelé qu'il se trouvait aujourd'hui encore des ignorants diplômés par l'État pour affirmer que la connaissance potentielle ne peut être infinie. Que dire pourtant de la collection de tous les logiciels possibles qui est, de toute évidence, une sous-collection de toute la connaissance possible ? Encore une fois, lorsque vous forez un gisement d'hydrocarbures vous finissez toujours par l'épuiser. Mais lorsque vous forez un puits de logiciels, à quel moment en touchez-vous le fond ? À quel moment allez-vous dire « j'ai écrit tous les logiciels possibles » ? « Arrêtez de travailler Oracle, Microsoft, Google, Facebook, tous les logiciels ont été écrits ! » Cette attitude paresseuse et castratrice persiste, hélas, dans le pays qui m'a vu naître.

Cheikh Yamani, qui fut ministre des Hydrocarbures de l'Arabie saoudite en plein second choc pétrolier, eut cette phrase célèbre : « L'âge de pierre ne s'est pas arrêté par manque de pierres, et l'âge du pétrole s'arrêtera bien avant que nous ne manquions de

1. *Ibid.*

pétrole[1]. » Pour l'heure – les guerres des cent trente dernières années sont là pour en témoigner –, les États préfèrent le baril de pétrole au baril de connaissance, et c'est là une bêtise absolue.

« Il faut des centaines de mini-entreprises de logiciels et la France pourrait dominer l'Europe dans l'industrie : elle a les étudiants les plus brillants, une bonne maîtrise de la technologie… Ce que nous devons faire, c'est encourager les jeunes à créer des entreprises de logiciels. Nous, nous ne voulons pas mettre la main dessus, le gouvernement ne doit pas non plus tenter de le faire, elles doivent appartenir à ceux qui prennent des risques[2]. »

D'une part, l'État est en France le premier investisseur et de très loin, d'autre part la prise de risque est découragée. Serge Soudoplatoff, grand chercheur industriel, rapportait cette sentence qu'on lui avait assenée dans la Silicon Valley : « On vous adore, vous les Français, vous êtes brillants, vous avez une grande capacité d'abstraction, et vous n'êtes même pas des concurrents[3] ! » Et Soudoplatoff de rappeler le constat célèbre d'un immigré italien arrivé aux États-Unis : « On m'a dit : "Va en Amérique, les rues sont pavées d'or." J'y suis allé, les rues n'étaient pas pavées d'or,

1. « Committee, Great Britain Parliament House of Commons Environmental Audit », *International Challenge of Climate*, The Stationery Office, 2005.

2. Ina.fr, *op. cit.*

3. « Quand Serge Soudoplatoff nous parle d'Internet », Framablog, 7 janvier 2009.

les rues n'étaient pas pavées du tout et on s'attendait à ce que je les pave. »

Quand Steve Jobs affirme que « dans la Silicon Valley, on passe son temps à échouer », il sait exactement de quoi il parle : la Valley est avant tout le plus grand cimetière de jeunes pousses au monde et, expérience et documentation à l'appui, l'ancien investisseur Dileep Rao recommande, à cet égard, de ne soutenir un jeune projet que dans un cas sur trois mille[1]. « Échoue souvent, échoue tôt », demeure certes le mantra de la Bay Area, qui dissimule aussi un épais cortège de souffrance, de sociétés échouées ou « mortes-vivantes », comme on appelle celles qui se maintiennent sous perfusion d'investissement sans mourir tout à fait. Mais les acteurs économiques et médiatiques valorisent là-bas infiniment plus les succès que les échecs.

Ce que Jobs, comme Bill Gates, son pire rival à la grande époque, nous enseigne ainsi, c'est qu'en matière d'innovation, l'échec est un diplôme ! Si vous n'avez pas ce diplôme remis par l'université de la vraie vie, ce que Léonard de Vinci aurait appelé l'« université de l'expérience », infiniment plus sélective et profonde que toute université fondée par les hommes, vous ne parviendrez jamais à innover.

L'économie de la connaissance est impitoyable avec les conformistes, les bureaucrates et les cyniques. À la fin de la journée, elle ne qualifie et ne récompense que les preneurs de risque, les *mavericks* capables

1. Dileep Rao, « Why 99.997 % Of Entrepreneurs May Want To Postpone Or Avoid VC : Even If You Can Get It », *Forbes*, 29 juillet 2013.

d'affronter toute l'intensité de la loi de Schopenhauer, et laisse derrière elle les frileux et les lymphatiques prompts à juger, prompts à blâmer, mais incapables d'oser quoi que ce soit. La création de savoirs, la vraie, est à ce prix.

Gates dira ainsi : « J'ai failli à plusieurs examens à Harvard [dont il est sorti sans diplôme], mais un ami à moi [dont l'histoire ignore le nom] a réussi tous ses examens. Eh bien cet ami est ingénieur chez Microsoft, et moi, Bill Gates, je suis le fondateur de Microsoft[1]. » Comme le lancera de Gaulle, écœuré par le nombre de polytechniciens qui auront collaboré durant la Seconde Guerre mondiale et qu'un valeureux d'Estienne d'Orves rachètera de justesse : « Le tout n'est pas de sortir de Polytechnique, mais de sortir de l'ordinaire. » Tout est dit. L'échec est un diplôme. Si vous voulez être un praticien de l'économie de la connaissance, n'essayez pas d'être un premier de la classe : on ne fera jamais une Silicon Valley avec vous.

J'aime encore ce constat fait par Serge Soudoplatoff : « Si le fils d'une mère américaine se casse la figure au jardin d'enfants, elle lui dira : "C'est bien, tu as essayé." La mère française dira : "Je t'avais prévenu." »

Or la mère, pour les adultes français, c'est Marianne, la personnification gironde et bienveillante de l'État.

L'impuissance apprise, à laquelle j'ai dédié une grande partie de *Libérez votre cerveau !*, est le tout

1. « Worried About Exam Results ? These Billionaires Didn't Even Finish Their Educations », Gizmodo UK, 4 août 2015.

premier verrou à faire sauter pour fonder une Silicon Valley. Là où cette impuissance persiste, les jeunes pousses ne fleurissent pas. Aux États-Unis, vous faites figurer sur votre CV la création d'une société, même si elle a échoué. En France, vous écrivez que vous avez pris une année sabbatique… Si votre banquier l'apprenait, Grand Dieu, il en ferait une crise cardiaque ! Vous pourriez même être interdit de gestion !

L'amour de son projet

Plus tard, avec toute son expérience et, comme il le dira, les « cicatrices qui en sont la preuve », Steve Jobs se livrera à une analyse très simple et assez froide de l'importance d'aimer un projet pour surmonter les rigueurs de la loi de Schopenhauer ou de l'« effet escargots ». C'est-à-dire pour dépasser la difficulté qu'il y a à affronter une masse de paresseux et d'ignorants dans la conduite du changement alors que, comme l'a si bien dit Churchill, « le succès consiste à aller d'échec en échec sans perdre son enthousiasme[1] ».

« Les gens disent que vous devez avoir de la passion dans ce que vous faites, et c'est tout à fait vrai. La raison en est que la tâche est si difficile que, si elle n'était pas passionnée, n'importe quelle personne rationnelle abandonnerait. C'est ce qui arrive à la plupart des gens, en fait. Ceux qui ont finalement été "couronnés de succès" sont bien souvent ceux qui adoraient ce qu'ils faisaient, de sorte qu'ils persévéraient quand ça devenait très dur. Les autres ont simplement

1. Robert Rhodes James, *Churchill : A Study in Failure, 1900-1939*, Penguin Books, 1970.

abandonné, parce qu'ils sont sains d'esprit, n'est-ce pas[1] ? »

Ce que j'apprécie particulièrement dans ce discours est, au fond, la rationalisation très entrepreneuriale de l'amour en matière de gestion, ou précisément, de « management », c'est-à-dire l'art de réaliser les choses dans ce bas monde. Car, au fond, Jobs parle ici la langue froide de cet art : concrètement, de façon objective et mesurable, l'amour, la passion, ce sentiment que vous êtes prompt à mépriser et à infantiliser vous rendra plus persévérant, il vous donnera ce que les Anglophones appellent le *grit*, la persévérance dans l'adversité, il fera que vous n'abandonnerez pas votre projet en rase campagne pour prendre un emploi stable chez Google. Parce que c'est votre bébé, parce que vous l'aimez et que, par amour, vous allez vous battre beaucoup plus : « Le vrai soldat ne se bat pas par haine de ceux qui sont en face de lui, mais par amour pour ceux qui sont derrière lui[2] », selon l'écrivain anglais Gilbert Keith Chesterton.

Dans l'économie de la connaissance, l'amour est à la fois le plus puissant des dopants et une variable économique qui doit être honorée et comprise dans toute sa dimension concrète et tangible. Dans l'économie de la connaissance il faut parler d'amour, parce que, très objectivement, c'est l'énergie fon-

1. Jordi Canals, *Shaping Entrepreneurial Mindsets : Innovation and Entrepreneurship in Leadership Development*, Springer, 2016. Initialement, conférence D5, en 2007.

2. *Illustrated London News*, 14 janvier 1911.

datrice aussi bien de la recherche que du développement. J'aime beaucoup le portrait que le peintre Philippe de Champaigne fait de saint Augustin : on l'y voit en train de télécharger directement la vérité dans sa tête, en utilisant pour cela son cœur comme un *aimant* – le mot même vient de ce que les aristotéliciens et leurs descendants médiévaux ont longtemps pensé que l'attraction magnétique relevait d'une sorte de sympathie ou d'*amour*. L'aimant le plus puissant pour attirer le savoir, c'est l'amour. Dans cette peinture, saint Augustin piétine même symboliquement les livres, qui ne sont plus rien face à la connaissance de soi et au pur amour du savoir direct.

Nous commençons donc ici à saper le mensonge de Poé : « Produire ou s'épanouir, il faut choisir. » Nous commençons ici à démontrer la gratification qu'il y a à réaliser une tâche par amour plus que par intérêt.

L'histoire des fondateurs d'Airbnb est vue et revue dans la Silicon Valley, mais elle demeure riche d'arguments pour qui veut démontrer que c'est la passion qui crée le plus de valeur économique. Pourquoi est-ce que ce sont eux, d'abord, et non pas la masse anonyme des excellents profils sortis de Stanford ou de Harvard, qui ont réussi ce qui, à l'époque, était pourtant sur toutes les langues : la location de pair à pair ?

De la même façon que Myspace existait déjà lorsque Facebook est sorti, Craigslist était déjà là quand les fondateurs d'Airbnb ont tenté leur coup. Mais Craigslist était pollué par des arnaques et des services illégaux en tout genre, alors que, là encore, le message qu'Airbnb essaiera de cultiver – avec succès – sera : « N'aie pas peur ! »

Vous avez, au départ, deux étudiants de San Francisco, la ville la plus chère au mètre carré de toutes les Amériques, un espace de congrès où trouver une simple chambre d'hôtel est une gageure en haute saison. Ces étudiants se disent qu'ils vont louer un matelas pneumatique – « un *airbed* » – dans leur salon. Et comme, quand même, un *airbed*, c'est le niveau zéro du confort, et qu'on n'est pas des bêtes, ils proposent de partager en plus les œufs et le bacon. Donc : « *airbed and breakfast* », voilà le concept. Ça marche bien, ça vivote par le bouche-à-oreille, mais ce n'est pas encore la multinationale que nous connaissons. Nos étudiants cherchent des investisseurs pour acheter des serveurs, faire de la publicité, recruter des comptes, etc., et arrivent bravement devant les *venture capitalists* pour pitcher leur projet : « On a une super idée, il y a des inconnus qui vont venir dormir chez vous. » Mais le « chez moi » du *venture capitalist*, c'est un penthouse au dernier étage avec pièce séparée pour l'ascenseur : il a forcément du mal à s'imaginer inviter un inconnu. Le projet lui semble donc ridicule et dangereux. Brian Chesky, Joe Gebbia et Nathan Blecharczyk tournent et tournent encore, au degré zéro de la crédibilité.

Ils racontent même s'être trouvés un jour, au petit déjeuner, devant un investisseur qui, en plein milieu de la conversation, laissa son verre à moitié vide et s'en alla sans rien dire… Ils furent tellement éberlués qu'ils crurent d'abord qu'il était allé remettre de l'argent dans le parcmètre. En France, encore une fois, on investit dans les jeunes pousses qui ont bien fait leurs devoirs, écrit de jolis rapports et bien montré à quel point elles étaient sérieuses. Or une révolution technologique, ça a forcément l'air du mélange entre Benny Hill et les Monty Python, et c'est précisément pour cela que, quand un barbu sous acide du nom de Steve Jobs a présenté les premiers ordinateurs personnels, il a fait s'esclaffer la crème de Hewlett-Packard et d'IBM.

Les étudiants de San Francisco prennent des cartes de crédit, se surendettent pour leur projet, et peinent toujours à faire décoller ce quasi-zombie qu'est airbedandbreakfast.com. Et puis un jour, au bout du rouleau, ils décident en quelque sorte d'une « fantaisie finale ».

Le terme est approprié, parce que la série *Final Fantasy* a justement vécu une histoire similaire. La société japonaise Square, fondée en 1983, rêvait d'adapter les jeux de rôle du type *Donjons et Dragons* à l'informatique confinée de son époque. Elle était à deux doigts de déposer le bilan lorsque, plutôt que de rembourser ses créanciers comme un bon petit élève, elle décida d'investir tout ce qu'il lui restait dans sa « fantaisie finale », un projet dont plus de dix-huit épisodes existeront par la suite. Toutes les sociétés qui ont inspiré le monde ont connu leur moment de mort imminente, leur *near death experience*. Square a été de celles-là, Airbnb aussi.

La « fantaisie finale » d'airbedandbreakfast.com consiste à imprimer sur des boîtes de céréales les trombines de Barack Obama et John McCain, l'une en rouge, l'autre en bleu, et de les vendre autour de 40 dollars pièce.

Nous sommes en 2008 aux États-Unis, en pleine élection présidentielle : cela peut nous sembler difficile à comprendre, mais ça marche ! Ils en vendent autour de mille pièces, générant un bénéfice de 30 000 dollars environ. Bien sûr, tout cela est passablement illégal, tant sur le plan des royalties dues aux marques de céréales qu'ils utilisent que sur le plan fiscal.

Mais encore une fois nous sommes aux States, dans la Bay Area, et le droit passe après l'innovation. Les fondateurs sont invités à la télévision, rencontrent de nouveaux investisseurs et leur montrent ces boîtes de céréales. Nous sommes en pleine élection, certes, et surtout en pleine crise des subprimes, et les *venture capitalists* cherchent des opportunités d'investissement qui pourront tenir le coup sur une décennie.

C'est cette persévérance à décorer des boîtes de céréales qui envoie les fondateurs d'Airbnb vers le légendaire incubateur Y Combinator. Moins de 7 % de ses incubés parviennent à créer une boîte viable, certes, mais, quand vous avez supporté toutes les difficultés d'airbedandbreakfast.com, ce qui aurait pu devenir Omaha Beach ressemble à une promenade de santé.

Airbnb subira de nombreux procès et de nombreuses crises – quand, par exemple, l'un ou l'autre de ses clients utilisera un somptueux immeuble new-yorkais pour organiser quelque orgie à l'insu de son propriétaire… Mais la promptitude de l'organisation à dédommager ses clients et à créer, donc, le meilleur climat possible de « N'aie pas peur » assure encore aujourd'hui son succès. La confiance n'a pas de prix, et c'est quand les humains sont immatures en confiance qu'ils supplient maman l'État d'arbitrer en lieu et place de l'autonomie qui leur fait défaut. Les fondateurs diront légitimement que, dans la vie, il faut savoir être un « Cereal Entrepreneur », c'est-à-dire quelqu'un qui est prêt à utiliser des boîtes de céréales pour financer son projet. Là encore, jamais vous ne verrez un major de Polytechnique ou de Harvard – si tant est que l'on peut mettre ces écoles sur le même plan, et on ne le peut en aucune façon – s'abaisser à ce genre de tâche. Comme un épisode des *Simpsons* l'a assez bien dit : « Il y a deux choses que l'on n'apprend pas à Harvard : gérer l'échec et se servir d'un fusil à pompe. »

Dans la Silicon Valley, rien ne paie plus que la persévérance. C'est la loi du *winner-take-all* : celui qui gagne, ce n'est pas celui qui a le meilleur profil ou ce que les bureaucrates appellent du « mérite », mais celui qui a été capable d'encaisser le plus de claques. Et celui-là, c'est celui qui s'est abondamment dopé à l'amour. C'est là la différence fondamentale entre un entrepreneur, un preneur de risques, et un premier de concours. Vous ne verrez d'ailleurs jamais un futur mastodonte digital gagner quelque obscur prix régional de compétitivité parce que, pendant que les futurs anonymes sont occupés à montrer leurs pattes avant à un concours de beauté pour gagner un ruban rose, les vrais changeurs de monde, ceux qui font du ridicule et du dangereux leur pain quotidien, sont beaucoup trop occupés à travailler.

Briser les hiérarchies

N'ayez pas peur de l'inconnu et d'être secoués. « Heureux soient les fêlés, car ils laisseront passer la lumière », disait Michel Audiard. Comme Nassim Nicholas Taleb l'a mieux rappelé que moi : l'antifragilité, c'est-à-dire la capacité à se renforcer dans la difficulté, le « Ce qui ne me tue pas me rend plus fort », est la marque de l'intelligence[1].

J'ai eu l'opportunité d'en faire un nouveau constat à Singapour, où je donnais une conférence pour l'Association progrès du management – un grand diplomate français me transmit, à cette occasion, l'élégante métaphore que voici : « Singapour, c'est Disneyland avec la peine de mort »…

Malgré toutes ses qualités en matière d'environnement, de réconciliation entre cité et nature, Singapour s'est retrouvée complètement perdue pendant les émeutes de Little India, en 2013. Tout était tellement organisé, tellement prévisible, que sa société et ses autorités en avaient presque oublié de gérer l'imprévisible, qui est pourtant le lot même de la vie et l'un des moteurs les plus universels de la création de connaissance. N'oublions pas ces individus étranges dans les fourmilières, qui semblent gêner le travail des autres fourmis et qui pourtant, quand on les en retire, font s'effondrer l'ensemble : ils sont là en effet pour entraîner la fourmilière de l'intérieur, lui donner un avant-goût de l'imprévisibilité du dehors[2].

Un apocryphe célèbre s'est répandu comme une traînée de poudre dans la mythologie militaire américaine : trois citations attribuées d'abord à un général de la

1. Voir notamment ses livres *Le Cygne noir, la puissance de l'imprévisible*, Les Belles Lettres, 2012 ; et *Antifragile. Les bienfaits du désordre*, Les Belles Lettres, 2013.

2. Daniel Charbonneau et Anna Dornhaus, « Workers "Specialized" on Inactivity : Behavioral Consistency of Inactive Workers and Their Role in Task Allocation », *Behavioral Ecology and Sociobiology*, 69, n° 9, 1er septembre 2015, p. 1459-72.

Wehrmacht, ensuite à un « document soviétique », puis à un soldat de l'US Army :

« 1. La raison pour laquelle l'armée américaine s'en sort aussi bien en condition de guerre est que la guerre, c'est le chaos, et que cette armée pratique le chaos quotidiennement.

2. Un des problèmes les plus sérieux pour constituer des plans face à la doctrine US est que les Américains ne lisent pas leurs manuels ou ne se sentent pas obligés de suivre leur propre doctrine.

3. Si nous-mêmes ne savons pas ce que nous allons faire, l'ennemi aura bien du mal à anticiper nos actions futures. »

On mentirait en affirmant que le Pentagone applique systématiquement cette doctrine, mais, toutes les fois où ses forces l'ont en effet appliquée, elles ont donné aux autres d'importantes leçons. À la Défense française, par exemple, ce que la France n'a toujours pas digéré. Ce qui procure aux organisations françaises des troubles majeurs en matière de digestion de la connaissance, c'est la maladie de la psychorigidité hiérarchique, une dégénérescence classique de la bureaucratie nourrie aux concours de conformité. Un des symptômes économiquement et socialement graves de cette maladie est l'incapacité absolue à faire remonter du terrain vers les supérieurs hiérarchiques ce qui fonctionne : une bureaucratie préférera que cela rate avec sa méthode plutôt que cela réussisse avec la vôtre !

Durant l'invasion de la Normandie, lors de la Seconde Guerre mondiale, les forces alliées étaient dotées d'un char, le M4 Sherman, efficace mais incapable de progresser facilement dans le bocage. L'armée conduisit alors un exercice de digestion de la connaissance, dont les forces françaises d'avant 1939 avaient amplement prouvé qu'elles étaient incapables – en laissant par exemple Charles de Gaulle au seul grade de colonel, sous la houlette de généraux superbement décorés, classés, récompensés et reconnus par la République… mais incompétents.

Cet exercice consista à faire remonter les idées, même les plus saugrenues, du bas vers le haut de l'armée afin de résoudre ce problème qui emportait chaque jour de nombreuses vies et ralentissait toute la progression alliée. Il en remonta, en effet, l'idée géniale d'adapter certains obstacles antichars, ressoudés pour l'occasion, en lames de bulldozer à l'avant des véhicules, renommés « chars Rhino ». Aucune arrogance de la part des officiers supérieurs alliés, simplement du pragmatisme et de l'efficacité avec, pour effet, des vies sauvées et une victoire[1].

Si je me permets d'affirmer que la France n'a toujours pas appris la leçon, c'est que j'ai été témoin, en 2016, de la réception des remarquables travaux de Céline Alvarez. Cette professeure des écoles avait obtenu des résultats infiniment meilleurs que ceux de ses supérieurs en apprenant à lire, écrire, compter et, parfois, multiplier et diviser à ses élèves de maternelle dans une zone d'éducation prioritaire (ZEP)[2]. Elle fut poussée vers la sortie et victime de calomnies.

---

1. Jon T. Hoffman, *A History of Innovation : US Army, Adaptation in War and Peace*, Government Printing Office, 2010, p. 97.

2. Elle a tiré de son expérience un formidable livre : *Les Lois naturelles de l'enfant*, Les Arènes, 2016.

Le président américain Woodrow Wilson l'avait clairement affirmé : si vous voulez avoir un maximum d'ennemis, il vous suffira de faire quelque chose de nouveau. À l'inverse, ne prétendez pas avoir fait quoi que ce soit de nouveau si vous n'avez pas d'ennemis, vous ne serez pas crédible.

Feu Calestous Juma, qui fut professeur à Harvard, l'a très bien expliqué dans son ouvrage *Innovation and Its Enemies*[1] (« L'Innovation et ses ennemis »). Ce que l'expérience des chars Rhino prouve, c'est la puissance du principe de subsidiarité pour former une société et une organisation intelligentes. Elle prouve aussi, réciproquement, que plus une organisation s'éloigne de ce principe, plus elle devient bête à manger du foin.

Le principe de subsidiarité, selon les termes de la Confédération helvétique, déclare que la responsabilité d'une action publique doit être dévolue à la plus petite entité capable de résoudre d'elle-même le problème posé : c'est l'inverse absolu du modèle français ultra-centralisé où, par un réflexe malsain de servitude volontaire, le peuple se sent presque insulté si, lorsqu'un problème local survient, il ne reçoit pas immédiatement l'attention d'un ministre.

La Confédération helvétique, qui détient le record du nombre de brevets par habitant, n'est pas sans raison l'un des pays les plus innovants au monde. Elle a un gouvernement sans chef : le Conseil fédéral, qui est constitutionnellement composé de sept conseillers au rang comparable à celui de ministre en France, exerce

---

1. Oxford University Press, 2016 (non traduit en France).

collectivement les prérogatives de l'exécutif. Il n'y a pas de conseiller de l'éducation, ni nationale ni supérieure, parce que la Suisse considère qu'il s'agit là d'une prérogative cantonale ; chaque canton étant libre d'expérimenter de nouvelles pratiques.

Parce qu'elle ne politise pas son éducation, la Suisse est libre d'admettre ses échecs et de promouvoir ses succès, sans se préoccuper de ce qu'ils soient de droite, de gauche ou du centre. Dépolitiser l'éducation abaisse le coût de l'échec, et donc facilite l'innovation et l'évolution. La Suisse, en outre, n'a pas la moindre peur de la sécession malgré ses quatre langues officielles, et elle est d'autant plus libre de laisser ses cantons organiser eux-mêmes leur éducation.

Même la très centralisatrice et autoritaire République populaire de Chine, héritière de cinq mille ans de pouvoir hyper concentré, observe une politique de « 抓大放小 », c'est-à-dire « garder les gros et laisser filer les petits », et consacre donc le principe de subsidiarité dans un des espaces géo-historiques les moins subsidiaires au monde. Avec une confiance telle que les mastodontes Tencent, Baidu et Alibaba – qui sont respectivement les dangereux concurrents de Facebook, Google et Amazon – ne sont pas nationalisés, en dépit d'une pression étatique permanente. Pourquoi ? Parce que cela marche, et que la subsidiarité est un des meilleurs outils de l'économie de la connaissance.

Un dernier exemple : un jeune Afghan a mis au point un système pour nettoyer les nombreuses mines antipersonnel qui infestent encore son pays. Ce *Mine*

Kafon[1], bio-inspiré des buissons virevoltants, ressemble à une énorme boule de ventouses ; il est suffisamment léger pour rouler au vent, et peut résister à plusieurs explosions de mines afin d'être réutilisé : il est très efficace et coûte très peu cher.

Autre invention bio-inspirée : le petit robot capable de nettoyer les dégâts des catastrophes pétrolières qu'a inventé César Harada[2], un génie qui a vécu sur les toits de Londres pendant plusieurs mois dans une yourte en sacs plastique ! Encore une autre ? Pas une mais deux petites poubelles flottantes pour absorber les déchets plastique qui contaminent les mers[3]. De même que notre cerveau fonctionne d'une façon subsidiaire, donnant la priorité au local pour résoudre un problème avant de solliciter l'intégration globale, le cerveau-monde, que nous formons sans bien encore le savoir, doit reconnaître la supériorité fondamentale de l'initiative partant du bas sur l'artifice toxique des hiérarchies et des bureaucraties auto-entretenues. Elles brillent, elles fascinent, elles conditionnent, mais elles détruisent les richesses intellectuelles plutôt qu'elles ne les créent.

La maladie du « reste-à-ta-place », très française mais présente en de nombreux lieux, peut détruire l'innovation et la circulation des savoirs dans une

---

1. « Mine Kafon : Low-Tech, High-Design Tumbleweed Minesweeper », CNN, 2 juillet 2013.

2. « Cesar Harada Shows Us Makerbay, Hong Kong Co-Working Space », *South China Morning Post*, 24 mars 2017.

3. « These Garbage Cans Could Clean up the Oceans for Us », CNET, 29 janvier 2018 ; « Welcome Trashfin, the Water Bodies Cleaner », *Mumbai Mirror*, 7 juillet 2018.

organisation, que cette organisation soit un État ou une simple entreprise. Dans le cas français, le « reste-à-ta-place » peut même détruire les trois termes de la triade républicaine *Liberté, Égalité, Fraternité.* Il est cultivé à outrance par le système néoféodal des grandes écoles, dans lequel la France entière prêche aux uns et aux autres, toute leur vie durant : « Reste à ta place ! »

N'importe quel étudiant de Cambridge, Oxford ou Harvard, même s'il est en formation continue, est Cantabrigian, Oxonian ou Harvardian sans distinction particulière, dans la célébration la plus pratique et concrète de la fraternité. La France, elle, dit à ceux de Centrale qui ont passé un concours en particulier qu'ils sont centraliens, mais pas aux autres étudiants de l'école ; à ceux de Polytechnique qui sont passés par un concours qu'ils sont polytechniciens, mais pas aux autres ; à ceux de Normale sup qui sont passés par un concours précis qu'ils sont normaliens, mais pas aux autres. Comme le dit si bien Serge Soudoplatoff, l'innovation, c'est comme le sexe : moins on en parle, plus on en fait. De même de la fraternité.

J'aime en revanche rappeler que Léonard de Vinci et Ibn Arabi, que l'on appelle le « Doctor Maximus » (Al-Cheikh al-Akbar), ont tous deux étudié à la fois partout et nulle part, ont impérialement méprisé leurs pairs, tous plus pusillanimes, jaloux, malhonnêtes et incompétents les uns que les autres, et ne sont jamais restés à leur place. Léonard, reconnu aujourd'hui comme le plus grand des humanistes, n'a jamais de son temps été reconnu pour tel, parce qu'il ne connaissait ni le latin ni le grec et avait même dû faire appel à un écrivain public pour s'adresser au duc de Milan Ludovic Sforza. *Sic transit furor academicus.*

1519, 2019 : cinq siècles séparent la mort de Léonard de notre seconde Renaissance, peut-être donc la première Renaissance lucide de notre histoire, marquée profondément par l'avènement de l'économie de la connaissance. Non pas seulement dans l'économie matérielle, puisqu'elle y a toujours été, mais dans nos consciences. Pour qu'elle y parvienne, nous devons cependant être conscients des maladies collectives qui brident le potentiel de l'humanité.

Pour les soigner, nous devons nous confronter au ridicule, au dangereux et à l'évident.

Dans l'économie de la connaissance il ne s'agit pas de ne s'y essayer qu'une ou deux fois dans sa vie, mais de le faire en continu, en en cultivant l'habitude. Il est facile de rire de nos ancêtres pour qui les femmes ne pouvaient étudier, et encore moins avec les hommes, il est facile de moquer ceux qui ont eu peur du courant alternatif, n'ont pas cru à l'ordinateur personnel ou ont ridiculisé Léonard ; le véritable effort cognitif, l'entraînement régulier contre les maladies qui sapent le potentiel de l'humanité, exigent de pratiquer souvent le ridicule, le dangereux et l'évident. C'est là le sujet du chapitre suivant, et une bonne thérapie au « reste-à-ta-place » de l'Ancien monde sous-optimal.

2.

La puissance de l'économie de la connaissance

Imaginons un instant une économie dont la ressource serait infinie. Où un et un feraient trois. Où le chômeur gagnerait davantage que le salarié. Imaginons une économie dans laquelle chacun naîtrait avec du pouvoir d'achat et qui, enfin, irait jusqu'à maximiser le pouvoir d'achat des amoureux.

De toute évidence, si vous occupiez un poste de management opérationnel dans une grande organisation, lucrative ou non, et que je me présente à vous en énonçant cette seule idée, vous me prendriez pour un fou, un charlatan, ou un vendeur de foutaises. L'économie de la connaissance vérifie pourtant point par point chacune de ces propriétés, et nous allons le démontrer mathématiquement.

Il faut d'abord bien comprendre que, conceptuellement, l'économie de la connaissance est à l'économie classique ce que la physique quantique est à la physique classique. Elle constitue un changement complet de paradigme, articulant des idées radicalement nouvelles qui, parfois, semblent contredire celles de l'Ancien monde alors qu'en fait elles les dépassent. L'économie de la connaissance porte en elle quelque chose de fondamentalement juste, ou du moins d'équitable, dans la mesure où elle modère spontanément certains excès, cultive naturellement certaines vertus, et transcende enfin certaines des aberrations les plus frappantes et les plus politiquement discutées de l'économie à laquelle nous nous sommes habitués par erreur.

La connaissance est infinie

La connaissance, comme la connerie, est infinie. Dans *Le Petit Prince*, on trouve certes un comptable des étoiles, mais il existe plus de quatre cent mille milliards de milliards d'étoiles dans l'Univers et nous n'avons pas même épuisé la connaissance de notre soleil ou de notre planète : quand saurons-nous tout de chacune des étoiles et de chacune des planètes ? Et si vous commencez à forer un puits de logiciels, quand en toucherez-vous donc le fond ?

À l'échelle macroéconomique, nous l'avons vu, le logiciel vaut beaucoup plus cher que le pétrole. La capitalisation boursière de Facebook le prouve, qui dépasse largement le produit intérieur brut de toute l'Irlande et pourrait même dépasser celui de la Suisse. Bagdad et Apple témoignent, de même, de ce que le négoce du savoir est beaucoup plus profitable que celui des huiles – qui elles-mêmes, d'ailleurs, tirent leur valeur de savoirs.

La sagesse, en tout lieu et en tout temps, tient à la connaissance de soi et elle est infiniment supérieure à la connaissance, à l'information ou à la donnée. Isaac Asimov nous avait mis en garde : le Big Data peut suffire à nous faire retomber dans les pires travers du XXe siècle. Laissons le grand Al-Ghazali ajouter :

« Bien sûr, si le but des savants avec l'acquisition du savoir est l'argent et la notoriété, ils se jalousent, car l'argent est une notabilité du corps. Lorsqu'il passe aux mains de l'un, celles de l'autre s'en trouvent dépourvues. La notoriété est la possession des cœurs. Chaque fois que quelqu'un glorifie un savant, il cesse de glorifier l'autre ou, du moins, le glorifie moins. Là est la cause de la jalousie.

La différence entre le savoir et l'argent est que l'argent ne peut tomber dans une main sans quitter au préalable une autre main. Alors que, lorsqu'un cœur se remplit de joie à la connaissance du Tout-Puissant, cela n'empêche pas qu'un autre cœur se remplisse de la même joie. Quant au savoir, il demeure stable dans le cœur du savant. Il entre dans le cœur d'un autre savant par l'enseignement sans quitter celui du premier. L'argent a une fin : si un individu parvenait à posséder tout l'argent du monde, il n'y aurait plus un centime pour le reste de l'humanité. La science, en revanche, est infinie : nul ne peut imaginer l'acquérir tout entière.

Celui qui s'habitue à réfléchir à la majesté, à la grandeur et au Royaume des cieux et de la terre trouvera cette habitude plus douce que n'importe quelle félicité[1]. »

---

1. Toufic Sabbagh, *Al-Ghazali lettre au disciple (Ayyuha'l-Walad)*, commission libanaise pour la traduction, 1969, p. 61.

La connaissance est infinie, elle est la source fondamentale de toute valeur économique, alors que le pétrole n'est pas infini, pas plus que la bauxite, le gaz naturel, les diamants, le jus d'orange, les filets de poisson surgelés ou les carcasses de porc – qui sont cotées en Bourse. En physique, tout ce qui a une masse est fini. Le pédant le démontrera par le syllogisme suivant : la quantité d'énergie dans l'Univers est fixe – premier principe de la thermodynamique –, toute masse représente une énergie – loi d'Einstein –, donc la quantité de masse dans l'Univers est finie. Et seul l'intuitif comprendra que notre planète est finie, aussi bien en temps qu'en espace, et que, fondamentalement, même ce qui y est renouvelable ne l'est que pour un nombre fini de cycles.

Nous ne pouvons donc avoir sur terre une croissance à la fois matérielle et infinie. D'où cet aphorisme : « Celui qui dit que la croissance infinie est possible est soit un fou, soit un économiste. » Nos réserves halieutiques, ajustées de leur renouvellement naturel, sont aujourd'hui épuisées dès le mois d'août : le bon sens le plus élémentaire suffit à comprendre que ce modèle n'est pas soutenable. Il y a dès lors deux façons de voir le problème : soit l'on considère que rien ne peut être fait, soit l'on considère qu'il existe une série de problèmes et qu'un problème est, par définition, une absence de connaissance ou de sagesse. On peut, à l'image de Gunter Pauli, recommander de ne plus jamais pécher les femelles gravides ; c'est un début qui peut nous emmener très loin.

Car nous ne pouvons ignorer la grande stupidité dont notre économie est parfois capable. Même un savant peut être stupide : « Le savant sait résoudre un problème que le sage n'aurait jamais eu. » L'historien économique Carlo Cipolla a formulé ce qu'il appelle les « cinq lois de la stupidité humaine[1] », qui expliquent comment on pourrait améliorer le monde dans l'intérêt même de ceux que les uns et les autres considèrent comme des ennemis. Croire qu'il y a sur terre une bataille très clairement définie entre les bons et les mauvais n'est qu'une faramineuse foutaise. C'est en démontrant aux casseurs de monde qu'ils agissent contre leur propre intérêt que l'on soignera notre économie.

1. Nous sous-estimons toujours le nombre d'individus stupides en liberté : partir du principe que certaines personnes – et c'est au monde académique que Cipolla fait référence – sont intelligentes du fait de leur statut social est une assomption fallacieuse.
2. La probabilité qu'une personne soit stupide est indépendante de ses autres qualités.
3. Une personne stupide est une personne qui crée des problèmes à autrui sans en retirer le moindre bénéfice personnel.
4. On sous-estime toujours les dégâts que peuvent faire les personnes stupides.
5. Rien n'est plus dangereux qu'une personne stupide.

1. Carlo M. Cipolla, *The Basic Laws of Human Stupidity*, Il Mulino, 2011.

Propager l'économie de la connaissance, c'est, justement, s'attaquer à la stupidité, dont l'un des symptômes est le fait de diviser le monde en deux camps. Desproges a exprimé cette sagesse avec humour : « L'ennemi est con : il croit que c'est nous l'ennemi, alors que c'est lui[1]. »

J'ai beaucoup d'admiration pour le sage soufi Pierre Rabhi – il a, comme de juste, subi les attaques les plus stupides des autorités les plus consacrées, mais il faut savoir porter ses ennemis comme des médailles, car, ainsi que l'a si bien dit Pierre Veber : « Ayez des ennemis ! Vos amis se lasseront de parler de vous, vos ennemis, jamais ![2] » L'agriculteur parle pourtant de décroissance. Cela signifie-t-il que son propos soit en contradiction avec le mien ? C'est mal connaître les soufis, pour lesquels les opposés font le tour d'une même unité. Ce tropisme se manifeste dans son désir d'une vie après la mort, dans ses spéculations intellectuelles et émotionnelles. Si l'être humain cherche à satisfaire son désir d'infinité dans le monde matériel, alors il plonge dans une des pires pathologies : la guerre. Comme l'a rappelé Gandhi, il y a assez de ressources sur terre pour satisfaire tout le monde, mais pas l'ego de tout le monde.

Mais le seul monde qui puisse satisfaire le désir d'infinité de l'homme, c'est celui de la connaissance, de la compréhension et de la sagesse. Un esprit superfi-

---

1. José Artur, *Dictionnaire des pensées humoristiques*, Cherche Midi, 2015, entrée « Ennemi ».
2. *Ibid.*

ciel verra en Rabhi un apôtre de la décroissance pure, alors qu'un esprit plus subtil découvrira chez lui la promesse d'une croissance beaucoup plus vraie, qui est une – en fait, la seule – croissance infinie réaliste : celle de la connaissance et de la sagesse. Celle-ci n'est pas un mirage, car elle est la seule capable d'étancher la soif humaine la plus profonde, son désir intrinsèque d'infini. C'est en détournant le regard de la croissance purement matérielle que nous aurons l'opportunité de nous aventurer dans la croissance immatérielle, infiniment plus gratifiante.

Évidemment, ceux qui, d'une façon ou d'une autre, travaillent dans les matières premières, auront le sentiment que cela ne les concerne en rien. Ils auront tort : ce qui fait la vraie valeur du blé et du pétrole, c'est la connaissance, qui a un impact direct sur leurs modes de production, de transformation et d'usage. Aucune activité n'échappe à l'économie de la connaissance, même si c'est un biais naturel du cerveau humain que de voir en priorité la dimension matérielle et tangible des choses.

Il ne s'agit pas, bien sûr, d'opposer matériel et immatériel. L'économiste de la connaissance ne doit pas les dresser l'un contre l'autre, mais au contraire les habiller l'un de l'autre. Plus nous nous montrerons malins, mieux nous utiliserons la matière, et plus nous dépasserons les problèmes du développement durable même si ces derniers, in fine, ne peuvent être résolus par la seule connaissance et nécessitent aussi de la compréhension et de la sagesse, qui sont les stades les plus heureux et les plus raffinés des transactions immatérielles. Plus nous injectons de savoir dans les choses et de sagesse dans notre être collectif – comme le font des pays tels que la Suisse et l'Islande –, plus nous créons de valeur durable, et plus nous fabriquons une croissance qui peut tendre sereinement vers l'infini.

Le modèle coréen

Une croissance « infinie » serait-elle possible, si elle était basée sur la connaissance ? Certainement, à en juger par la Corée du Sud. Premier pays à avoir instauré un ministère de l'Économie de la connaissance, elle exporte aujourd'hui davantage que toute la Fédération de Russie, alors même qu'elle compte presque trois fois moins d'habitants et possède un territoire 171 fois plus petit.

Que vendent les Coréens ? Des circuits intégrés, des écrans plats – que la France aurait très bien pu fabriquer elle-même, si sa culture socio-scientifique le lui avait permis –, des bateaux pour le fret et le transport de passagers... Et même du pétrole, mais raffiné : donc, encore une fois, un produit de l'économie de la connaissance.

On parle pour la Corée du fameux « miracle sur la rivière Han » : personne, en 1957, ne pouvait imaginer un tel développement pour un pays qui commençait à peine sa reconstruction au lendemain d'une terrible guerre. Un pays sans matières premières ou presque, contrairement, par exemple, au Maroc qui, à la même époque, quittait le joug politique français et détenait les plus importantes réserves de phosphate au monde – 70 % ! Comment expliquer un tel contraste ?

Prenons un exemple concret. Quand la Corée veut faire de la robotique une grande cause nationale, elle ne fait pas rédiger des manuels scolaires – *boooooring*[1], comme dirait Elon Musk à ses actionnaires. Non, elle monte un parc d'attractions, « Robot Land », dont la mascotte est Hubo Einstein. Un signe de l'ouverture culturelle du pays, en complète contradiction avec la défense de l'« exception culturelle française » consacrée en France par le Parlement, et dont le grand écrivain Mario Vargas Llosa dénonçait l'inanité dès 1993 :

« La chose la plus importante que j'ai apprise est que les cultures n'ont pas besoin d'être protégées par les bureaucrates et les forces de police, placées derrière des barreaux, ou isolées du reste du monde par des barrières douanières pour survivre et rester vigoureuses. Elles doivent vivre à l'air libre, être exposées aux comparaisons constantes avec d'autres cultures qui les renouvellent et les enrichissent, leur permettant de se développer et de s'adapter au flot constant de la vie. La menace qui pèse sur Flaubert et Debussy ne vient pas des dinosaures de *Jurassic Park*, mais de la bande de petits démagogues et chauvinistes qui parlent de la culture française comme s'il s'agissait d'une momie qui ne peut être retirée de sa chambre parce que l'exposition à l'air frais la ferait se désintégrer[2]. »

Conséquence de cet état d'esprit, la France a, à l'inverse de toutes les autres puissances technologiques, cherché à enrayer son déclin dans les exportations à forte valeur ajoutée en créant un label « French Tech »,

1. « Ennuyeux », pour rester poli.
2. Mario Vargas Llosa, *Les Enjeux de la liberté*, Gallimard, 1997, p. 342.

dans l'espoir d'évangéliser les autres pays et de les convaincre de son excellence. Comme si, à l'étranger, on était dénué d'esprit critique et incapable d'apprécier soi-même l'excellence française.

Rien ne résume mieux cette arrogance que cette phrase, que j'ai moi-même entendue un jour dans la bouche d'une autorité supérieure de l'École normale : « Dans les classements universitaires internationaux, nous ne sommes pas les premiers, mais c'est parce qu'ils n'ont pas encore compris que nous étions les meilleurs »…

De la même façon que la France est le seul pays à avoir érigé la « défense de l'exception culturelle » en cause nationale, il n'existe aucun label étatique « US Tech », « German Tech », « British Tech » ou « Japan Tech ». Et si la France peut se prévaloir de son label « Haute Couture », c'est parce que celui-ci entérine son excellence effective dans ce domaine, non parce qu'il constitue un vœu pieux *in futurum*. Comme Coluche a pu le dire – phrase qu'on attribue aussi à Churchill lui-même : « Je comprends pourquoi la France a choisi le coq pour symbole, c'est le seul animal qui peut continuer à chanter quand il a les deux pieds dans la merde, et croire que c'est lui qui fait se lever le soleil ! »

Le résultat est qu'aujourd'hui la Corée du Sud exporte davantage que la France. Sur la période 2017-2018, le meilleur mois pour les exportations françaises – décembre 2017, avec 41,762 milliards de dollars – est clairement inférieur au pire mois coréen de la même période – février 2018, avec 44,609 milliards de dollars.

Mais c'est ailleurs peut-être que l'on trouvera le symbole le plus fort de la mutabilité économique coréenne.

C'est-à-dire, comme l'armée romaine en son temps, sa capacité à adopter pour elle ce qui se fait de mieux ailleurs sans considérer a priori qu'elle est supérieure à l'étranger.

Séoul est une des villes du monde, sinon *la* ville du monde, qui compte le plus de cafés par habitant, mais aussi le plus de galeries d'art. On recense au moins sept enseignes de cafés à consonance européenne – belle fortune, au demeurant, pour la modeste boisson des chevriers d'Éthiopie popularisée par les soufis : Paris Baguette, Paris Croissant, Tous les Jours – en français dans le texte –, Caffe Bene, Angel in US, Tom N Toms, A Twosome Place, etc. Les Coréens savent bien qu'il s'agit de marques détenues par des conglomérats coréens – les fameux chaebols –, mais ils y vont tout de même.

L'enseigne française Brioche Dorée y a vu une bonne opportunité pour s'installer en Corée, sûre qu'elle était d'y représenter le véritable savoir-faire français en matière de boulangerie. Peine perdue. Elle est repartie avec son poids en bibimbap, les Coréens achetant en priorité coréen.

Ce patriotisme économique est tellement ancré chez eux, que même Apple a dû attendre 2018 pour pouvoir enfin ouvrir une boutique à son nom dans la péninsule. La Corée cultive une mentalité insulaire : en compétition économique violente avec le Japon, en guerre à peine finissante avec le Nord, défiante à l'égard de la Chine, dans un sentiment de supériorité consommé envers Taïwan et un mépris discret mais résolu envers les forces armées américaines présentes sur son sol, la Corée du Sud ressemble à bien des égards à une île.

La cerise sur le kimchi, si l'on peut dire, c'est qu'elle réussit même à exporter les marques qu'elle a créées en s'inspirant des modèles étrangers. En 2014, la chaîne coréenne Paris Baguette a ouvert un magasin… en plein Paris, près de la station de métro Châtelet. Très bien noté sur Tripadvisor – pour autant que cela signifie réellement quelque chose : on se souvient qu'un restaurant entièrement fictif, The Shed, était devenu la coqueluche du site en publiant d'affriolantes photographies de plats réalisés à base de produits ménagers[1] –, l'établissement ne désemplit pas et se montre très rentable. C'est cela, l'audace coréenne : réussir à vendre de la baguette aux Parisiens, comme on vendrait de la neige aux Eskimos et du sable aux Touaregs !

Si Séoul a pu consacrer politiquement l'économie de la connaissance, c'est d'abord que le savoir est prolifique. En comptabilisant, par exemple, tous les problèmes résolus dans toutes les disciplines, on peut estimer que le savoir double tous les sept ans en quantité brute[2]. Encore cette estimation ne représente-

1. « How Fake Restaurant The Shed Became London's Hottest Reservation », *Fortune*, 10 décembre 2017.

2. En extrapolant à la baisse. Voir David V. Gibson, George Kozmetsky et Raymond W. Smilor, *The Technopolis Phenomenon : Smart Cities, Fast Systems, Global Networks*, Rowman & Littlefield, 1992. D'autres sources évoquent un temps de doublement de cinq ans, notamment en suivant les publications académiques qui ne représentent pas, toutefois, la connaissance mondiale dans son ensemble. Un modèle passionnant reste celui de Richard Buckminster Fuller *in* Albert Meige et Jacque Schmitt, *Innovation Intelligence. Commoditization. Digitalization. Acceleration. Major Pressure on Innovation Drivers*, Lulu.com, 2015, p. 76.

t-elle que la quantité et pas la qualité du savoir, que nous ne savons pas mesurer. Savoir fabriquer une Tesla Model S peut ainsi représenter une centaine de problèmes résolus, et savoir guérir le sida peut-être seulement une dizaine, alors que leurs impacts socio-économiques ne sont en rien comparables.

La connaissance, donc, est prolifique : elle croît d'une façon exponentielle. Les moyens de la transmettre sont pourtant encore largement linéaires. Or il n'est nul besoin d'être un expert en logistique pour savoir que si vous produisez un bien à un rythme exponentiel, mais que vous le livrez à un rythme linéaire, vous serez rapidement confronté à un énorme problème. Si, par exemple, vous produisez du blé exponentiellement et que, pour le fournir, il n'existe qu'une petite route départementale à la largeur constante, vous allez droit vers un embouteillage monstre, avec le risque que tout votre chargement pourrisse sur place.

La connaissance, certes, ne pourrit pas, néanmoins nous en produisons aujourd'hui plus que nous n'en pouvons faire circuler. Ce livre en est le modeste exemple : pour vous transférer plus de savoirs, il faut plus de mots, plus de pages, et le simple fait que cet ouvrage existe aujourd'hui prouve que le problème est très loin d'être résolu ou dépassé.

Il y a pourtant une urgence mondiale à mieux faire circuler le savoir. Bill Clinton et Al Gore avaient, en leur temps, réussi à faire des « autoroutes de l'information » un objet politique clairement transmissible et mobilisateur en promettant de développer les infrastructures d'Internet aux États-Unis, coupant au passage l'herbe sous le pied à une Europe lente et maladroite.

Ce sont aujourd'hui des autoroutes de la connaissance qu'il nous faudrait construire.

Une dernière leçon, symbolique, peut être tirée de la Corée du Sud. Si elle est parvenue à devenir le leader mondial en matière de culture d'algues en pleine mer et de conchyliculture, c'est qu'elle est passée maîtresse en l'art d'irriguer en connaissance son paysage et ses espaces géo-économiques. Sa réussite est une marque de l'inexorable « subversion des pôles » que l'économie mondiale est en train de connaître. De ce glissement d'une Amérique croulant sous le poids et l'hubris de ses dépenses militaires suicidaires vers une Asie pleine de vigueur, via une Europe parfaitement incapable de saisir son destin – avec la fin du fugace moment historique où le PIB américain aura été le plus élevé au monde…

La connaissance peut éclore partout

Outre qu'elle est prolifique, la connaissance est collégiale. Ou, comme l'a très bien expliqué le poète persan Rumi : « La Vérité est un miroir brisé, et chacun en possède un petit morceau[1]. » Le problème est que, comme nous avons un ego, nous pensons que notre morceau de vérité est plus important que celui du voisin : c'est le dogme des chapelles universitaires, ce qu'on appelle le « parochialisme ».

Nous pensons aussi que notre morceau de vérité représente toute la vérité. Et nous pensons enfin que, si nous transmettons notre morceau de vérité, nous perdrons en statut social. C'est cette fois le syndrome de

---

1. Jalāl ad-Dīn Muhammad Rūmī, *Collected Poetical Works of Rumi*, Delphi Classics, 2015, p. 45.

l'hiérophante, ce prêtre qui, dans l'Antiquité grecque, présidait aux mystères d'Éleusis et instruisait les initiés. Combien de fois ai-je entendu des « stupides » – au sens de Cipolla – prononcer une phrase comme « J'ai appris ça en master, moi, ça me ferait mal qu'on se mette à l'enseigner en licence » ?

La collégialité de la connaissance est pourtant une merveilleuse opportunité et explique en partie la corrélation entre capital technologique et capital du vivre-ensemble.

Dans l'économie de la connaissance, moins il existera de contre-pouvoirs au monde académique, plus celui-ci se comportera comme une banque centrale du savoir, seule capable d'influencer des variables dont les conséquences sont bien plus grandes pour les citoyens que ne le sont les taux d'intérêt pour les banques commerciales, et qui plus est, émettrice jalouse d'un papier-monnaie que l'on appelle diplôme, et qu'elle peut dévaluer ou surévaluer à sa seule discrétion.

Il faut décentraliser la connaissance, encourager les universités populaires, les lieux de transmission sans aucun diplôme, la vulgarisation et surtout la création de savoirs par le peuple. Il faut court-circuiter le plus possible les mandarins et promouvoir la « savanture » comme aimait l'appeler Auguste Piccard. Il faut enfin rappeler que tout être humain est par nature un chercheur, et que quiconque veut s'arroger ce titre en exclusivité affaiblit l'aventure humaine, à l'instar des imbéciles qui ont ralenti et ridiculisé aussi bien la Tesla que Charles Darwin ou Mary Anning, cette géniale paléontologue disqualifiée par des pairs jaloux mais qui n'avait guère de diplôme à leur opposer…

Parmi de nombreuses anecdotes, j'aime citer cette improbable découverte sur les répulsifs anti-moustiques – une découverte d'une importance mondiale, puisque le paludisme reste l'une des premières causes de mortalité précoce : en utilisant une fragrance de la marque Victoria's Secret, des chercheurs avaient constaté qu'elle était plus efficace que leurs propres produits[1] !

J'aime rappeler aussi que la redécouverte contemporaine du phosphore est due à l'alchimiste Hennig Brandt, qui essayait de produire de l'or à partir de sept hectolitres d'urine humaine ; qu'en 2013 des scientifiques britanniques ont découvert trois nouvelles espèces de cèpes en analysant des échantillons séchés, achetés au marché[2]. Ou encore que la célèbre Mary Hunt, connue comme « Moldy Mary » – « Mary la Moisie » –, fit en 1943 évoluer la souche qui produira la pénicilline de la Seconde Guerre mondiale à partir d'un vieux bout de melon cantaloup[3].

La connaissance est partout, et nullement dans les seules mains des experts proclamés. Nous sommes tous chercheurs, et si nous avons la fatuité de rendre

---

1. S. D. Rodriguez, L. L. Drake, D. P. Price, J. I. Hammond et I. A. Hansen, « The efficacy of some commercially available insect repellents for *Aedes aegypti* (*Diptera : Culicidae*) and *Aedes albopictus* (*Diptera* : *Culicidae*) », Journal of insect, *Science*, 15(1), 2015.

2. Bryn T. M. Dentinger et Laura M. Suz, « What's for Dinner ? Undescribed Species of Porcini in a Commercial Packet », *PeerJ 2*, 16 septembre 2014.

3. « The Moldy Melon That Saved the World ! (And the Woman Who Found It) », Scholarfox, 4 juin 2018.

exclusif ce simple terme, nous exclurons les Léonard de demain. Histoire d'enfoncer le clou, on rappellera enfin qu'une nécropole de l'âge du bronze a été découverte à quelques kilomètres de Stonehenge par un… blaireau[1]. Et que c'est à un obscur « technicien » – selon la terminologie de l'époque – du nom d'Oleg Losev, sans aucun diplôme, que nous devons la diode électroluminescente, les amplificateurs, les récepteurs superhétérodynes et les oscillateurs à résistance négative[2] !

Le rêve de Jimmy Carter

Si l'économie de la connaissance a toujours existé, un moment politique assez précis permet de fixer son avènement dans les consciences modernes : celui des chocs pétroliers de la fin des années 1970. À cette époque, le président américain Jimmy Carter esquisse un calcul d'économie politique tout à fait visionnaire, mais assez peu suivi d'effets. Son idée est simple : si le dollar est la monnaie des matières premières, son potentiel est immense, certes, mais il est limité. Alors que si le billet vert devient la devise de référence de la connaissance, son potentiel sera proprement infini.

Aujourd'hui encore, toutes les matières premières dans le monde s'échangent contre des dollars. Cette situation agace d'ailleurs profondément le groupe des BRICS – Brésil, Russie, Inde, Chine, Afrique du Sud –,

---

1. « Bronze Age Burial near Stonehenge Discovered by Badger », BBC News, 9 février 2016.

2. John W. Orton, *The Story of Semiconductors*, OUP Oxford, 2004, p. 277.

qui cherchent à constituer leur propre panier de devises pour affranchir leurs exportations de la tutelle de la monnaie américaine. Une première tentative, menée médiatiquement du temps de la présidence de Dmitri Medvedev, et approuvée à l'époque par Dominique Strauss-Kahn, visait à créer une monnaie de réserve alternative au dollar en se basant sur un panier de devises et les droits de tirages spéciaux du FMI, d'une façon assez comparable au projet du « bancor » de Keynes, ravivé lui, plus tard, par les cryptomonnaies et une équipe israélienne[1].

Mais on ne remet pas en cause l'hégémonie du dollar aussi facilement. Celui-ci reste aujourd'hui un instrument majeur de la suprématie américaine, car il permet aux États-Unis de financer sans difficulté leurs déficits, mais aussi de financer en apparence « gratuitement » leurs guerres. J'écris « gratuitement » entre guillemets, car rien n'est gratuit en ce bas monde, et surtout pas la connaissance ou les conséquences des actions d'un État ou d'une personne.

L'idée géniale de l'« esquisse Carter » s'appuyait sur le raisonnement suivant : pour que le dollar soit la monnaie mondiale des ressources naturelles, et en particulier des ressources fossiles, il faut disposer d'un large spectre de moyens de pression politiques et militaires sur les puissances exportatrices, à la manière d'un cartel. Il faut aussi une alliance contre-nature avec le totalitarisme saoudien, et il faut pouvoir contrôler l'ancienne route de la soie, devenue la route des hydrocarbures – en donnant à cela l'apparence

---

1. Ferry Biedermann, « Israel's Blockchain Blockbuster », CNBC.com, 16 juin 2017.

de la légitimité. Il faut donc d'immenses dépenses de guerre pour s'assurer que quelques échanges sur toutes les matières premières, du café au pétrole, en passant par le lithium et le cacao, s'effectuent en dollar. Mais un jour, estime Jimmy Carter, le coût de cette stratégie en dépassera les bénéfices. Dans un discours célèbre, qui fait écho à celui du président Eisenhower sur le « complexe militaro-industriel », et qui transcende l'opposition entre démocrates et républicains, Jimmy Carter propose de transformer la crise énergétique en une opportunité de créer ce que l'on peut appeler aujourd'hui un « complexe pacifico-industriel » : une économie basée sur la paix et la connaissance, avec une conversion partielle de l'industrie militaire en industrie civile.

Si l'idée est proprement géniale – donc ridicule, dangereuse, évidente –, c'est que le plus gros effort de forage des gisements de connaissance dans le monde s'effectue alors déjà aux États-Unis. Ce vaste pays qui, à l'instar de notre Bagdad, fait figure de capitale mondiale du vivre-ensemble depuis que la ségrégation y est terminée *de jure* (mais pas *de facto*), et qui constitue même une sorte d'échantillon du monde, aussi bien climatiquement que culturellement et religieusement. Quand on aspire à faire du dollar la monnaie de la connaissance, il n'est plus besoin de contrôler les sites de forage, puisque les meilleures universités du monde sont déjà aux États-Unis, et qu'elles attirent et concentrent les plus brillants cerveaux de la planète. On gagne alors beaucoup plus en dépensant beaucoup moins, à la fois en augmentant son prestige et en étant du bon côté de l'histoire.

Or l'idée de Carter ne sera pas suivie d'effets. Très ironiquement, l'Histoire n'a, au contraire, retenu de lui que la « doctrine Carter », cette stratégie de politique étrangère visant, pour les États-Unis, à contrôler la région du Golfe en y installant des bases militaires afin de sécuriser l'approvisionnement des pays occidentaux en hydrocarbures... Cette doctrine, malgré de nombreux remaniements, prédomine encore à l'heure où j'écris ces lignes. Tous les politiciens possèdent, quelque part, un cimetière d'idéaux morts au combat, mais si on peut tuer les rêveurs, on ne peut pas tuer leur rêve.

L'idée même de la création d'un complexe pacifico-industriel, dans lequel la richesse se crée à l'intérieur d'une capitale mondiale de la connaissance et où la technologie militaire est convertie en une technologie civile, remonte donc à l'époque de Carter.

Et c'est la Silicon Valley qui en est l'acte de naissance. La sulfureuse Palantir, spécialisée dans l'analyse et la science des données, illustre bien la lutte permanente entre le civil et le militaire qui se joue dans la Silicon Valley, le combat qui s'y livre entre ego et sagesse, totalitarisme et liberté. De cette lutte peut naître un ange ou un démon, ou même un mélange des deux. Car l'homme est un isthme entre ces deux mondes : la connaissance est capable d'engendrer le pire comme le meilleur.

La Silicon Valley est devenue réalité en 1984, alors que Carter n'était plus président, et elle a créé beaucoup plus de richesses que toute l'industrie des hydrocarbures. L'« État doré », comme on l'appelle parfois depuis sa ruineuse ruée vers l'or de 1849, a aujourd'hui le même PIB que la France, à lui tout seul.

Depuis est apparu un premier embryon de monnaie basée sur la connaissance ou, pour être exact, sur un mélange de connaissance – reproductible – et d'information comptable – vérifiable après coup, mais non porteuse de prévisibilité. Il s'appelle le « bitcoin ». Vitalik Buterin, un récipiendaire de la bourse Thiel, a contribué à perfectionner et généraliser le modèle du bitcoin pour participer à la création de la plate-forme Ethereum, depuis laquelle n'importe qui peut, en théorie, imprimer sa propre monnaie de casino fiduciaire ou notoriale.

Dans ce que l'on nomme les « *Initial Coin Offerings* », en référence aux *Initial Public Offerings* (introductions en Bourse) désormais datées, d'anciens fondateurs de Firefox et du langage de programmation Javascript ont théorisé un nouveau modèle économique pour les publicités en ligne, appelé « *Basic Attention Token* », qui a levé plus de 30 millions de dollars en vingt-quatre secondes[1]. Que nous en soyons conscients ou non – et la raison d'être de ce livre est de faire en sorte que nous le soyons –, le rêve de Carter est en train de se réaliser, et la monnaie du futur sera fondée sur la connaissance et sur le peuple, sans banque centrale.

Le secrétariat à l'Énergie, créé par Jimmy Carter, dont le premier tenant fut d'ailleurs un républicain, illustre aussi la tension permanente entre civil et militaire, entre

1. Anoushka Shrestha, « Basic Attention Token [BAT]'s Brave, the "Absolute Ad-Free Browser" Passes 3 Million Users », *AMBCrypto*, 14 juillet 2018.

hydrocarbures et connaissance. En théorie, mais très peu en pratique, ce ministère a aussi en charge la défense nucléaire américaine. Il a été occupé soit par de vieux briscards du renseignement et du pétrole, soit par des scientifiques comme Steven Chu, prix Nobel de physique en 1997 avec le Français Claude Cohen-Tannoudji. Fait significatif : même le très « dallassesque » Rick Perry, ancien gouverneur du Texas, qui occupe aujourd'hui le poste alors qu'il avait fait campagne pour son démantèlement, a expliqué sur CNN que « le futur appartiendra aux superordinateurs[1] ».

N'oublions pas, à ce propos, que les analystes étrangers ont longtemps cru que l'État du Texas, fief historique de l'industrie américaine des hydrocarbures mais aussi, à Houston, de l'aérospatiale, allait devenir le plus grand technopôle des États-Unis. N'oublions pas que c'est au Texas, et non dans la Silicon Valley, que les services de renseignement français avaient choisi d'implanter des espions, avec tout le soin d'un cultivateur pour ses orchidées. Ces espions seront du reste démasqués par le contre-renseignement américain en 1990, de la manière la plus embarrassante qui soit[2].

La Silicon Valley est sans conteste l'endroit du monde où, aujourd'hui, le temps est le plus court entre la découverte scientifique et le business, entre Eureka et Cha-Ching, entre le laboratoire et le tiroir-caisse : elle a fait sauter la barrière entre le chercheur et l'homme

1. Rick Perry, « Rick Perry : The Future Is in Supercomputers », CNN, 3 mai 2018.

2. Christopher Dickey, « Parlez-vous espionnage ? », *Newsweek*, 22 septembre 1991.

d'affaires. En Allemagne également, depuis la fin du XIXe siècle, le statut d'entrepreneur est socialement perçu comme supérieur à celui de *doktor-professor*. Mais rien de tel en France où le passage d'un chercheur au monde de l'entreprise est considéré comme une déchéance par ses pairs, jusqu'à signer son arrêt de mort sur le plan scientifique.

L'avenir de l'économie de la connaissance

Le plus triste est que la France avait toutes les capacités technologiques pour développer elle-même les cryptodevises. Mais, de la même façon qu'un humain n'a jamais de pire ennemi que lui-même, une nation n'a jamais de pire adversaire que ses propres névroses collectives.

Le bitcoin, par exemple, n'est qu'un billet de banque dont on n'aurait gardé que le numéro de série, rendu infalsifiable par la tenue d'un livre de comptes copié autant de fois que possible dans le réseau. Parce qu'elle fonctionne et qu'elle est acceptée, comme moyen d'échange et réserve de valeur, par de plus en plus de gens et d'organisations dans le monde, cette monnaie a généré un engouement technologique mondial pour la technologie financière, la « Fintech », qui représente désormais des centaines de milliards de dollars – sans compter toute l'industrie de services, de conseil, d'assurance et de produits dérivés qui fleurit autour des cryptomonnaies.

À l'heure où ces lignes sont écrites, la capitalisation cumulée des dix premières cryptodevises les plus utilisées dans le monde dépasse à elle seule les 300 milliards de dollars. Cela, alors que le bitcoin est dans une période particulièrement baissière – à 8 000 dollars l'unité tout de même, pour une monnaie avec laquelle on pouvait à peine acheter une pizza il y a quelques années.

Cet incroyable succès s'explique par le fait que l'argent est aujourd'hui en crise. Aussi bien dans sa forme imprimée par les banques centrales que dans sa forme la plus fréquente, mais la moins connue du public, qui est la création monétaire par la dette, et bien sûr, les bons du Trésor. Alors que la monnaie est supposée tenir sa valeur de la confiance que les États lui garantissent, qui sait, par exemple, que des milliers de milliards de dollars en bons du Trésor falsifiés ont déjà été saisis en Suisse, dans ce qui n'est que la partie émergée de l'iceberg ?

Qui sait que le 3 juin 2009 – c'était un mercredi – deux quinquagénaires japonais anonymes furent arrêtés aux abords de la commune de Chiasso avec 134,5 milliards de dollars en bons du Trésor ? Soit, dans une valise, les budgets annuels de la Défense, de la Recherche, de l'Enseignement scolaire et supérieur de la République française ? Qui sait que, trois mois plus tard, le vendredi 18 septembre 2009, la Guardia di Finanza interpella deux porteurs de 180 milliards, toujours en faux bons du Trésor ? Qui sait enfin qu'en février 2012 fut menée l'opération Vulcanica, au cours de laquelle les autorités suisses et italiennes saisirent, dans le coffre d'une banque de Zurich, le montant record de 6 000 milliards de dollars de bons contrefaits ? Le comte de Monte-Cristo rencontrant le capitaine Haddock, en somme, le tout sur vélin filigrané d'« excellente qualité », selon un colonel de la police financière comasque[1].

Le fait que la criminalité organisée – car c'est être criminel que de manipuler autant de bons de cette manière, et il faut nécessairement être organisé pour y parvenir – puisse jouer aussi facilement avec l'argent des peuples permet de mieux comprendre la défiance qu'inspirent aujourd'hui les monnaies traditionnelles et, à l'inverse, l'engouement mondial que suscitent les cryptomonnaies.

Ces dernières constituent aussi un symptôme marquant du succès de l'économie de la connaissance. Rappelons ce grand principe : toute monnaie n'est qu'un bon d'achat. Le dollar n'est ainsi, après tout, qu'un bon d'achat sur l'économie américaine. À ceci près que, parce qu'il est aussi accepté comme monnaie de référence pour toutes les matières premières dans le monde, il relie artificiellement l'économie américaine à toutes les transactions matérielles sur terre, et contribue à faire des États-Unis la première puissance politico-économique du monde.

Si vous étiez producteur de pétrole, de café ou d'or, vous vous sentiriez un peu floué si, par exemple, en paiement de vos produits, vous receviez des bons d'achat pour un Apple Store. Vous vous sentiriez encore plus floué si vous appreniez que, pour financer des opérations douteuses – en l'occurrence pour financer l'Oncle Sam, première fabrique de guerres au monde –, la marque émettrice de vos bons d'achat

1. J. S. Kim, « Strange Inconsistencies in the $134.5 Billion Bearer Bond Mystery », *Seeking Alpha*, 16 juin 2009.

en avait créé à partir de rien et pour des volumes plusieurs centaines de fois plus élevés que le montant réel de vos transactions en or, en pétrole ou en cacao. C'est pourtant ce qui se produit.

Depuis la deuxième guerre du Golfe, les principaux indices de masse monétaire du dollar – dont le M3 – ne sont plus publiés[1] et sont maintenus dans le plus grand secret, alors même qu'on sait, par ailleurs, que le déploiement du Pentagone au Moyen-Orient a coûté plusieurs milliers de milliards de dollars[2].

Sur un billet de banque, les informations les plus importantes sont la banque émettrice et le numéro de série, c'est-à-dire l'identité – quelle banque – et l'unicité – quel numéro de série. Si un numéro de série existe en double, c'est qu'il y a eu contrefaçon. Pourtant comment s'en assurer avec un billet en papier physique ? Un moyen radical serait de tenir ouvert un registre ultra-redondant – c'est-à-dire copié de très nombreuses fois – de tous les comptes, de toutes les mains, de tous les portefeuilles et de tous les bas de laine dans lesquels le billet a circulé depuis sa sortie de l'imprimerie. C'est exactement cela que se propose de faire la chaîne de blocs ou *blockchain* : un registre ouvert qui enregistre toutes les transactions sur toutes les unités monétaires en circulation. Pour un billet de banque classique, en revanche, le moyen

---

1. Toni Straka, « Unpleasant Trend – Fed Counters By Stopping Release of M3 Money Supply Data », *Prudentinvestor*, 12 novembre 2005.

2. Leo Shane III, « Report : Wars in Iraq, Afghanistan Cost Almost $5 Trillion so Far », *Military Times*, 12 novembre 2016.

retenu est une course aux armements virtuellement impossible à gagner, qui consiste à accumuler hologrammes, filigranes, polymères et cent autres mesures de sécurité sur chaque unité papier. Une méthode dont les affaires de Chiasso et de Zurich démontrent bien la vanité finale.

Dans une monnaie que l'on peut « miner » – c'est-à-dire sécuriser par l'activité même du réseau – comme le bitcoin, et qui est basée sur la « preuve de travail » (*proof of work*), la masse monétaire est créée en récompense de l'authentification des transactions par le réseau : plusieurs ordinateurs vérifient qu'un bitcoin a bien été dépensé, donc échangé, de telle manière, et intègrent collectivement ce renseignement à sa chaîne de blocs, de manière à en faire une parole d'évangile comptable. Cette authentification est très coûteuse en énergie et en capacité de calcul. Imaginez, par exemple, que la Banque nationale suisse suive tous les billets de banque qu'elle a mis en circulation : eh bien même cette tâche serait plus simple à effectuer que celle que réalisent les réseaux de « mineurs » de cryptomonnaies. On pourrait cependant, en théorie, géolocaliser tous les billets d'une monnaie par satellite en les équipant d'un dispositif dit d'« Internet des objets », similaire à celui qui équipe déjà les passeports.

À l'heure où ces lignes sont rédigées, la Banque nationale suisse déclare qu'une valeur totale de 76 507 131 570 francs sont en circulation papier, dont 47 313 516 000 en billets de 1 000, soit donc, pour ces derniers, 47 313 516 billets physiques. En comparaison, on dénombre plus de dix-sept millions de bitcoins et presque cent millions d'Ethereum en circulation suivie.

Le « minage » repose sur l'utilisation d'un très grand nombre de cartes graphiques, initialement conçues pour pouvoir représenter des images de synthèse de plus en plus détaillées, c'est-à-dire un très grand nombre de vecteurs et tenseurs indépendants les uns des autres. Ce calcul vectoriel ou tensoriel est très précieux pour l'intelligence artificielle. La demande est telle qu'elle a fait exploser les cours de sociétés comme Nvidia, et crée régulièrement des pénuries de cartes graphiques. Au-delà des seules cryptodevises, il s'agit bien encore d'un « minage » du ciel de la connaissance possible. Des possesseurs ou loueurs d'ordinateurs, de capacités de calcul, « minent » le ciel des savoirs et en tirent une valeur pécuniaire. Or le gisement qu'ils exploitent, le sous-domaine des registres décentralisés et ouverts, ne représente qu'un infime arpent du ciel de tous les savoirs.

Dans cet écosystème, les *Initial Coin Offerings* consistent très exactement à faire la même chose qu'un entrepreneur en casinos qui financerait la construction de ses murs et de ses jeux en prévendant les jetons. Un cryptojeton – comme ceux conçus sur Ethereum, Neo et Stellar, les plus nombreux aujourd'hui – peut automatiser n'importe quel contrat notarié, comme le versement d'une rente ou d'un loyer, une assurance, une chance dans un casino ou le simple fait d'avoir regardé une publicité en ligne. Comme dans toute technologie nouvelle, il y a en cela du vice et de la vertu. L'évolution nous conditionne à voir plutôt le vice – ce qui est probablement une bonne chose, puisque cela nous rend plus exigeants. Mais il y a là aussi beaucoup de vertu, et les Fintech sont à la finance ce qu'Internet a été à l'information : de nouvelles infrastructures qui vont changer le monde en profondeur, tout en passant par les étapes du ridicule, du dangereux et de l'évident.

On pourrait arguer que la création de ces « monnaies étranges » à partir de « rien » – si l'on ne voit que le tangible – est intrinsèquement vicieuse. Ce serait oublier d'une part que les monnaies d'État et la circulation mondiale de la dette procèdent exactement de la même manière, en bien pire, et souvent sur des abus de confiance plus que scandaleux. Il faut comprendre, d'autre part, que le minage de cryptodevises correspond à un service réel, demandé, donc désiré, pour lequel de plus en plus de gens sont prêts à payer. Nous avons toujours tendance à oublier l'interaction du tangible et de l'intangible en économie.

En Corse, par exemple, jusque dans les années 1960, l'immobilier du cœur des terres avait tendance à valoir plus cher que celui du littoral, parce qu'il représentait une meilleure valeur agricole. Les femmes héritaient ainsi souvent de lots côtiers réputés avoir peu de valeur. Puis le tourisme est arrivé, et le fait de voir la mer depuis son salon s'est mis à valoir bien plus que celui de pouvoir faire paître un troupeau. C'est cette interaction subtile entre le tangible et l'intangible, encore très mal comprise dans son fonctionnement général, qui fait toute l'économie. Et qui explique, par exemple, qu'une vigne plus petite qu'un terrain de football, le Clos d'Ambonnay, produise un des champagnes les plus chers du monde, alors que, pour les Romains, la Champagne n'était qu'un terroir ridicule pour la vigne.

Il ne s'agit pas de juger mais d'observer, à la manière de Prufrock dans le poème de T. S. Eliot[1] : « Allons-nous en donc, toi et moi / [...] / Avec l'insidieux propos / De te mener vers une question bouleversante.../ Oh, ne demande pas : "Laquelle ?" Allons plutôt faire notre visite. » Dans la visite de l'économie de la connaissance que nous proposons ici, les cryptomonnaies sont fascinantes parce qu'elles avancent dans la direction du rêve brisé de Carter : fonder une monnaie mondiale des savoirs. Les « cryptos » n'en sont encore que la forme embryonnaire. Mais, si l'on fait taire tout jugement moral a priori, si l'on accepte l'idée que le mal se glisse en tout bien et que le bien sait aussi se glisser en tout mal, on parvient à comprendre cet apparent mystère : comment un jeton Ethereum, appelé simplement *useless token* et dont les émetteurs déclaraient sans ambiguïté que sa levée de fonds ne leur servirait qu'à acheter des biens de luxe, ait pu collecter plus de 300 000 dollars, soit plus de dix-neuf ans de SMIC – en comptant les treizièmes mois[2] ! C'est tout simplement que, si un imprimeur se mettait à émettre un timbre portant la mention « ce timbre ne peut affranchir absolument aucune lettre », il se trouverait forcément, parmi

1. T. S. Eliot, « La chanson d'amour de J. Alfred Prufrock », *La Terre vaine et autres poèmes*, Points/Seuil, 1976 (trad. : Pierre Leyris).

2. JP Buntinx, « The Useless Ethereum Token Crowdsale Netted $300K », NullTX, 11 janvier 2018.

les sept milliards d'êtres humains, quelques individus pour vouloir le collectionner.

Après tout, en philatélie, le légendaire timbre de 24 cents « Inverted Jenny » de 1918, représentant l'avion Curtiss JN-4 à l'envers à cause d'une erreur d'impression, s'est vendu presque un million de dollars en 2007[1]...

1. Associate Press, « Rare 24-Cent Stamp Sells For $825,000 », CBS News, 27 décembre, 2007.

3.

Les règles fondamentales de l'économie de la connaissance

Dans mon livre *Libérez votre cerveau !*, j'avais présenté ce que je considère comme les règles les plus fondamentales de l'économie de la connaissance. Je les rappellerai ici, afin de les approfondir sous un jour original. Nous avons vu que la connaissance était prolifique et collégiale : elle croît rapidement et elle est détenue par tout le monde. Les chapelles et les paroisses intellectuelles sont ses pires ennemis.

Pour pratiquer la loi de Schopenhauer, j'ai encouragé à imaginer une économie dont la ressource serait intrinsèquement infinie dans son potentiel – c'est-à-dire dans ses réserves –, une économie où un et un feraient plus que deux, où le chômeur aurait plus de pouvoir d'achat que le salarié et qui maximiserait le pouvoir d'achat des amoureux. Toutes ces propriétés ne sont que des conséquences naturelles de la façon dont la connaissance s'échange.

Des échanges à valeur positive

Il faut d'abord souligner que les échanges de connaissance sont à somme positive. Si je vous donne 20 euros, ils ne sont plus à moi. On dit que l'échange est à somme nulle : la transmission de 20 euros se note – 20 dans ma comptabilité, + 20 dans la vôtre, et – 20 + 20 = 0. L'écrasante majorité des transactions diplomatiques contemporaines suivent – bêtement – cette logique : si je vous prends vingt kilomètres carrés de territoire, vous perdez vingt kilomètres carrés. Difficile, dans ces conditions, de trouver mieux qu'un compromis instable. Si, en revanche, je vous donne de la connaissance, je n'en suis pas pour autant privé. Si je perdais de la connaissance à chacune de mes conférences, mon auditoire finirait par avoir en face de lui une aubergine *alla parmigiana*. J'espère que ce n'est pas le cas[1].

De nombreux sages ont bien compris que les échanges de savoir sont à somme positive. Le philosophe Al-Ghazali ou l'écrivain Amadou Hampâté Bâ ont théorisé ce que l'on a aussi appelé plus tard la « non-rivalité de biens immatériels » : « Le savoir est la seule chose que l'on puisse entièrement partager sans le diviser en rien[2]. » Parmi toutes les expressions de ce principe, ma préférée est toutefois celle, directe et limpide, que j'appelle la « loi de Soudoplatoff », car c'est Serge Soudoplatoff qui l'a formulée ainsi chez IBM, en 1984 : « Quand on partage un bien matériel,

1. Ô lecteur, je sens en toi une hésitation légitime.

2. Toufic Sabbagh, *Al-Ghazali lettre au disciple (Ayyuha'l-Walad)*, commission libanaise pour la traduction, 1969, p. 61.

on le divise. Quand on partage un bien immatériel, on le multiplie[1]. »

Si je partage une pizza avec cent personnes à parts égales, chaque personne aura un centième de pizza : plus on est de fous, moins il y a de pizza. En revanche, si je partage une pizza de connaissance – comme une conférence – avec cent personnes et si je laisse cinquante autres personnes pénétrer dans la salle – pour peu qu'elles aient assez de place, car le partage de l'espace physique reste à somme nulle –, cela ne fera pas moins de conférence pour les gens déjà présents. Vous ne pouvez donner votre montre qu'une seule fois, parce qu'elle est matérielle. L'heure, qui, elle, est immatérielle, vous pouvez la donner autant de fois que vous le voudrez.

Cette loi peut sembler anodine, mais, si on l'analyse en détail, elle décrit rien moins que l'origine de la violence dans l'histoire naturelle. Ce n'est pas en effet l'humanité qui a inventé la violence organisée : elle était pratiquée par les insectes sociaux des millions d'années avant elle. Or, dans la nature, l'origine de la violence tient à ce que, lorsqu'on partage un bien matériel, on le divise. Un chat crache sur un autre chat s'il s'approche de son territoire, parce que son territoire lui offre un certain nombre d'opportunités de capturer du gibier par jour, et que, si un autre félin s'empare de ces opportunités, sa progéniture et lui en seront privés. Un chien grogne contre un autre s'il s'approche de son os,

1. Nil Sanyas « L'industrie veut créer une économie de rareté sur Internet », NextImpact, 9 mars 2009.

parce que, s'il le lui prend, il n'en aura plus. Remplacez « os » par « réserve d'eau potable », « gisement de pétrole », « territoire » ou « route commerciale » et vous avez la base de tous les conflits que l'humanité a connus depuis la bataille de Megiddo – qui donnera le mot « Armageddon » –, au XVe siècle avant notre ère.

Ce que les sciences de la paix recommandent, c'est de transcender les conflits existants : plutôt que de se battre pour se partager un petit morceau de gâteau tout sec, créer ensemble un gâteau infiniment plus gras et sucré, une aire de coprospérité beaucoup plus riche pour ensuite se la partager, de sorte qu'une seule de ses parts vaille bien davantage que le petit gâteau de départ. C'est précisément de cette manière que le Levant devrait envisager la résolution de ses conflits.

Des échanges qui ne sont pas instantanés

Deuxième principe fondamental de l'économie de la connaissance : les échanges ne sont pas instantanés. Cela constitue un problème, donc un manque de connaissance – mais comme l'avait dit Churchill, l'optimiste est celui qui voit une opportunité dans chaque problème, le pessimiste est celui qui voit un problème dans chaque opportunité.

Le problème, d'abord. Les échanges de propriété sont virtuellement instantanés : signer un chèque de 20 euros ou de 20 millions prend le même temps et la limite légale des transactions financières à haute fréquence est la nanoseconde, ce qui fait que l'on peut échanger un sac de riz un milliard de fois par seconde sur les marchés financiers. Ce n'est pas le cas des savoirs. Lire ce livre prend du temps, et je ne peux vous transférer en une seconde l'ensemble de ce qu'il contient.

Pour quelqu'un comme Elon Musk, ce problème est essentiel parce que, avec l'intelligence artificielle, les machines commencent à aborder, lentement mais sûrement, le domaine de la connaissance et que, si elles l'investissent plus rapidement que nous, elles constitueront rapidement une menace. Musk souhaite résoudre ce problème en implantant du silicium dans le cerveau des êtres humains : c'est tout l'objet de sa société Neuralink.

J'essaie, au contraire, de défendre la neuroergonomie non invasive pour pallier ce problème. Il nous faut des « autoroutes de la connaissance » comme il y a des « autoroutes de l'information ». On peut désirer, avec Musk, qu'elles s'implantent directement dans notre crâne. On peut démontrer, à l'inverse, que notre appétit naturel pour la connaissance est sous-employé, et largement suffisant pour absorber notre surproduction de savoir d'une façon intelligente – c'est-à-dire, bien sûr, sans tenter vainement de tout retenir par cœur, comme l'école du passé nous l'a appris.

Si l'on raisonne ainsi, la prolificité et la durée de transmission des savoirs deviennent non plus seulement un problème, mais aussi une opportunité. Un avantage économique, en particulier : si vous parvenez à faire circuler les savoirs ne serait-ce qu'une fraction de seconde plus vite, vous pouvez devenir riche et/ou changer le monde.

Google a largement capitalisé sur cette opportunité. À une époque où toutes les pseudo-autorités écrivaient que l'Internet était trop compliqué pour l'Américain moyen, et qu'il fallait donc un portail bien organisé avec d'un côté la météo, de l'autre les gros titres et plus loin les résultats du football, les Google Boys sont partis d'une seule barre de recherche, sur fond blanc. Surtout, ils ont éliminé toute publicité de leur page d'accueil, une totale hérésie à l'époque. Ce faisant, ils ont permis à leurs utilisateurs d'accéder plus rapidement à leurs résultats et, au lieu de vendre un certain nombre de pixels de bannière publicitaire générale sur sa page d'accueil, Google vend des publicités ciblées grâce aux millions de séries de mots-clés que tapent ses utilisateurs chaque jour. C'est la vente de ces mots et de ces séries de mots qui fait aujourd'hui encore la fortune de la firme de Mountain View.

Chaque fois que l'on accélère la circulation des savoirs, même d'un iota, on se donne l'opportunité de changer le monde en profondeur. Aujourd'hui, par exemple, quand un internaute crée un nouveau compte utilisateur, on lui demande presque toujours de passer ce que l'on appelle un « test de Turing » : il doit démontrer d'une manière ou d'une autre qu'il n'est pas une machine. La façon la plus répandue de délivrer ce test a été le CAPTCHA (*Completely Automated Public Turing Test To Tell Computers and Humans Apart*). Celui-ci consiste en général en une série de caractères aléatoires et distordus, que l'utilisateur doit taper clairement pour s'enregistrer. Des caractères aléatoires nous sommes passés, par exemple avec la société reCAPTCHA, à des mots ayant un sens, comme « citron » et « château ». Le premier mot sera issu de la numérisation réussie d'un ouvrage par Google Books, de sorte que, quand vous écrivez « citron », le logiciel teste votre fiabilité. Le second sera issu de l'image d'un mot dans un livre numérisé, mais qui n'a pas pu être reconnu automatiquement par la machine, de sorte qu'en écrivant « château », vous numériserez gratuitement un mot pour Google Books.

Pour information, nous saisissons autour de trois cents millions de CAPTCHA par jour dans le monde, soit l'équivalent de 1 300 torahs, 1 300 évangiles et 1 300 corans. Cet élégant principe a été développé par Luis von Ahn, de l'université Carnegie-Mellon. On lui doit aussi l'application d'apprentissage des langues Duolingo, dont le modèle d'affaires – puisqu'elle est gratuite à l'usage – est de proposer à ses utilisateurs de niveau « moyen » de se perfectionner en traduisant collectivement les textes de ses clients, comme des sites Internet. Les CAPTCHA sont aujourd'hui davantage utilisés pour entraîner les intelligences artificielles, en demandant, par exemple, de cocher sur une image toutes les cases qui contiennent une voiture, ou d'identifier le nom d'une rue.

Rappelons que la matière première la plus fondamentale de l'économie de la connaissance, ce sont justement les problèmes, qui sont comme des moules à savoir, des appels à y verser de l'innovation afin d'obtenir un produit fini qui ait une valeur. Pour améliorer la logistique de la connaissance, pour comprendre ce qu'est un baril de savoir, il faut donc comprendre la logistique des problèmes. Nous ne disposons pas encore d'une logistique globalisée de tous les problèmes humains, d'un atlas constamment mis à jour, pas plus que nous n'avons un code-barres sur chaque problème. Quelques tentatives pour constituer un inventaire mondial des problèmes commencent à apparaître avec ce que l'on appelle les « phylomémies », ces cartes de la connaissance issues de l'observation automatique de la littérature scientifique. C'est bien sûr très loin d'être suffisant, mais c'est un excellent début. Ce qu'il faut retenir, c'est que là où il y a un problème, il y a de la valeur. Et que l'idéal serait une logistique capable d'identifier de la même façon, et de verser dans la même base, un problème de recyclage de batteries chez Tesla Motors et le pansement d'une blessure en Sierra Leone. Une logistique universelle des problèmes du monde changera profondément le destin de l'humanité, mais personne n'a encore inventé le container de la connaissance.

Des combinaisons de savoirs non linéaires

Troisième propriété de l'économie de la connaissance : les combinaisons de savoirs ne sont pas linéaires. En matière purement comptable, les combinaisons de propriété sont linéaires, tout du moins pour ce que l'on appelle un bien fongible, c'est-à-dire interchangeable : si vous avez 20 euros sur un compte et 20 sur un autre, au total vous avez 20 + 20 = 40. De même, si vous mélangez un kilo de riz avec un autre kilo de riz, vous obtenez deux kilos de riz.

Pour les biens fonciers les choses sont déjà un peu différentes, parce que les mètres carrés ne sont que rarement fongibles : dans le projet de Campus 2, le « vaisseau spatial » d'Apple à Cupertino, tout aurait été retardé si un lot foncier au centre avait manqué. La valeur de toute la collection des lots n'évolue pas linéairement jusqu'à ce que la collection soit complète.

C'est un des principes d'une collection sur le plan économique : la collection complète vaut plus cher que la somme de la collection incomplète et de l'élément manquant.

La connaissance se comporte comme une collection et, plus précisément, comme une collection d'organismes interféconds, ce qui est encore plus intéressant. À l'échelle macroéconomique, la connaissance tend à se comporter comme un troupeau. En effet, savoirs A et B ensemble représentent en général plus de valeur que savoirs A et B séparément. Ce qui est intuitif avec un troupeau : avec une brebis et un bélier dans le même enclos, la probabilité qu'ils aient tôt ou tard un agneau est plus grande que s'ils se trouvaient dans deux enclos séparés.

La métaphore de l'élevage est d'autant plus juste qu'en biologie on observe parfois un phénomène appelé « hétérosis » ou « vigueur hybride », par lequel le phénotype, c'est-à-dire les caractères observables d'une descendance, est plus vigoureux que celui des parents pris séparément. L'hétérosis est très difficile à prédire en biologie appliquée, et rien n'est capable encore de remplacer l'expérience, c'est-à-dire l'essai-erreur, pour la maximiser.

Sans rentrer dans ce niveau de détail, il est bon de mélanger les savoirs et de les décloisonner, de briser les chapelles académiques et les commissions disciplinaires des universités. Si nous devons choisir entre l'universalité et l'université, le choix d'ailleurs est vite fait. Dans les entreprises, de même, il faut briser les silos, un conseil que, nous le verrons, la nature nous donne tous les jours. L'hétérosis peut être encore plus surprenante lorsqu'elle met en jeu des disciplines apparemment très éloignées : par exemple le design et l'informatique, qui ont fait l'insolente fortune d'Apple.

Si j'écris que la connaissance « tend » à se comporter comme un troupeau d'organismes interféconds, c'est que cela n'est pas vrai tout le temps. Il arrive que les savoirs résonnent entre eux d'une manière destructrice. Il arrive qu'un savoir en transcende un autre, et en capture la valeur tout en le dépassant. Mais, à l'échelle macroéconomique, en particulier pour les cités et les nations, il est bon d'imiter les « grandes bibliothèques » de notre histoire, comme Hermopolis, Alexandrie, Pergame, Xi'an ou Bagdad, qui, en combinant le plus de connaissances possibles en leur temps, ont récolté en quelque sorte les intérêts composés naturels de leur thésaurisation, à savoir une innovation toujours plus abondante. Jusqu'à ce que l'arrogance l'emporte sur l'humilité. Car les arbres ne poussent pas jusqu'au ciel, et tous les technopôles ont une durée de vie limitée, qu'ils le veuillent ou non.

L'importance du temps et de l'attention

La dimension la plus admirable et la plus élégante de l'économie de la connaissance est, à mes yeux, la structure de son pouvoir d'achat. Qu'est-ce au fond qu'acquérir un savoir si, de toute évidence, cela n'est pas l'acheter pécuniairement ? Que paye-t-on exactement, qui s'avère valoir beaucoup plus que de l'argent, quand on lit un livre ? Du temps et de l'attention. Le temps et l'attention sont les deux richesses les plus fondamentales et les plus nécessaires, non seulement pour acquérir un savoir, mais dans toute l'existence humaine.

Il semble étrange, à première vue, d'affirmer que le temps et l'attention ont bien plus de valeur que l'argent pour l'homme. Le temps, pourtant, est sa ressource la plus précieuse, au point que lorsque Gandhi, qui était riche et brillant au regard de la société, abandonna quasiment tous ses biens matériels, il conserva sa montre de poche – sans la chaîne. Les gens riches en argent sont prêts à en dépenser beaucoup pour gagner un peu de temps – c'est ainsi que le Concorde a pu exister. Les pauvres, certes, sont prêts à dépenser beaucoup de temps pour un peu d'argent. Il n'en reste pas moins que le temps peut se convertir en argent, mais pas l'argent en temps. L'autre ressource essentielle est l'attention. Si vous avez du temps mais une attention proche de zéro, vous vous trouvez d'un point de vue médical dans le coma, et on peut difficilement affirmer que vous jouissez pleinement de l'existence.

Le temps est la porte de notre vie physique, l'attention, celle de notre vie mentale. Un sage l'a dit à sa manière, dans une citation si juste qu'elle a été faussement attribuée à Abraham Lincoln : « À la fin, ce qui compte, ce ne sont pas les années dans votre vie, mais la vie dans vos années. » Le modulateur qu'est l'attention permet en effet d'injecter de la vie mentale dans des moments objectivement incompressibles à notre échelle. En cela, on peut dire que le retraité a plus de temps de vie devant lui s'il dépense mieux son attention, et s'il module sa vie physique par l'exercice de sa vie mentale, plus libre, parce que plus riche d'expérience et déchargée des obligations de sa vie professionnelle.

Qu'est-ce que forer une source de connaissance pour notre cerveau ? D'abord dépenser de l'attention et du temps. L'équation la plus simple, la plus fondamentale de l'économie de la connaissance, déclare donc que « la connaissance extraite d'une source est proportionnelle au produit de l'attention et du temps ». Comme tous les modèles scientifiques, cette équation est imparfaite – toute science n'est qu'une tranche incomplète de la réalité. Énumérons rapidement quelques-unes de ses limites. Il est d'abord avéré que, lorsque nous dormons, nous consolidons la connaissance acquise pendant la journée, ce qui n'est pas pris en compte dans l'équation. Il arrive en outre bien souvent que l'acquisition de la connaissance *n* facilite l'acquisition de la connaissance suivante, *n* + 1 : comme une boule de neige dévalant une pente, il peut exister un élan dans l'acquisition des savoirs, ce que ne traduit pas non plus notre équation. Plus généralement, la connaissance nouvelle tend à résonner avec celle déjà acquise, mais elle peut le faire aussi bien de manière destructive – c'est la dissonance cognitive – que de manière constructive – c'est la synergie des savoirs. Cependant, si nous partons de l'axiome selon lequel les échanges de connaissance tendent à être proportionnels au produit de l'attention et du temps, un grand nombre de vérités fascinantes vont découler de l'économie de la connaissance.

Si j'ai utilisé un produit pour représenter la relation entre l'attention et le temps – At et non A + t par exemple –, c'est que le produit présente une propriété bien particulière en mathématiques : la contagion du zéro ; c'est-à-dire que dans le produit de *a* fois *b* fois *c*… jusqu'à *z*, si une seule lettre vaut zéro, le tout vaut zéro. C'est aussi vrai de la connaissance : si vous consacrez une heure à ce livre mais en vous chantant intérieurement un peu de Barry White, il n'y aura que peu de transfert de connaissance. De même si vous lui donnez toute votre attention, mais pendant un temps très court.

Le pouvoir d'achat des savoirs ne se compte donc pas en heures mais en At, c'est-à-dire une heure à attention maximale. L'état d'attention maximale reste intuitivement facile à percevoir, bien que les neurosciences ne sachent pas encore établir la borne supérieure des états altérés de la conscience : c'est l'état qui est le vôtre lorsque vous êtes tellement absorbé par un livre que vous ratez votre station de métro. Appelé « *flow* » en psychologie cognitive, cet état est spontanément atteint chaque jour, souvent par inadvertance. Mais il peut se domestiquer, ce qui prend tout son intérêt quand on veut rappeler que le cerveau humain peut acquérir les savoirs naturellement aussi bien qu'en se faisant implanter du silicium dans le cortex.

Lorsque, au contraire, il n'y a plus aucun couplage entre votre conscience et le support de connaissance, lorsque vous ne cessez de penser à autre chose, on considérera que votre attention est proche de zéro. Un vaste paysage, ainsi, offre une grande diversité de prises auxquelles vous pouvez brancher votre attention pour télécharger de la connaissance d'une façon plus ou moins prévisible. Un téléchargement de savoir peut avoir une résistance, et l'étude de cette résistance permet de mieux désamorcer le mensonge « produire ou s'épanouir ».

Si le pouvoir d'achat fondamental dans l'économie de la connaissance se compte en At, alors le chômeur possède un revenu mensuel supérieur à celui du salarié. L'At ne peut s'épargner ou se mettre à la banque, il se dépense tout seul, qu'on le veuille ou non. Si nous allons au marché avec 20 euros sans rien y acheter, nous revenons bien avec 20 euros en poche. Néanmoins, si nous parcourons une bibliothèque pendant une heure, notre heure s'est dépensée, que nous y ayons lu ou pas. Toutes choses égales par ailleurs, un chômeur ou un retraité dispose de davantage d'At libres mensuels que le salarié, sauf si ce dernier confond, en la matière, sa comptabilité personnelle avec celle de l'entreprise et apprend sur son lieu de travail quelque chose qu'il aurait désiré apprendre sur son temps libre. Ce qui d'ailleurs devrait être encouragé, parce que cela conduit l'employé à dépenser beaucoup d'attention sur son lieu de travail et augmente sa productivité, et aussi parce que cela tend à améliorer son humeur et à développer ce que Michel Munzenhuter et Éric Lemaire appellent désormais la « perfambiance[1] », c'est-à-dire la performance basée sur la bonne ambiance au travail. Un employé épanoui transmet son épanouissement – et sa connaissance – aux autres, et augmente ainsi la sérendipité, c'est-à-dire la découverte fortuite de nouveaux savoirs. Cela peut être aussi bassement

1. Michel Munzenhuter et Éric Lemaire, *Performance-ambiance : l'entreprise qui libère les énergies, le management de Perfambiance*, Signe, 2016.

lucratif : c'est un sous-projet de la société 3M, parti d'un échec dans la production d'une colle forte, qui a donné naissance au Post-it.

De plus, un jeune Somalien, s'il a peu de chances de naître avec 1 000 dollars en poche, naît avec de l'attention et du temps. Il ne s'agit encore que de ressources potentielles. En économie, on distingue légitimement le pouvoir d'achat de l'accès au magasin : si vous avez un million de dollars à la banque et que les banques sont fermées, vous avez un million de dollars… à la banque – pour le fisc, vous les avez, en tout cas. De la même manière, le jeune Somalien a des At mais peu d'opportunités de les utiliser – bien que la pénétration du smartphone en Afrique tende à changer lentement cette situation. Il n'empêche : l'économie de la connaissance a la particularité de garantir à tout individu vivant un pouvoir d'achat dès la naissance, ce qui n'est pas le cas en matière de capital.

La dimension la plus fascinante du pouvoir d'achat en économie de la connaissance est la condition dans laquelle il tend à se maximiser : cette modulation de l'attention, cette « vie dans les années » qui provient sans doute d'Edward Barrett Warman[1]. Comment appelons-nous le phénomène qui consiste à donner le maximum de son attention et de son temps à une personne ? L'amour, bien entendu. Quand nous aimons quelqu'un, notre enfant par exemple, il nous est très

1. Edward Barrett Warman, *Warman's Physical Training, Or The Care of the Body*, A.G. Spalding & bros., 1889.

facile de lui offrir un maximum de notre attention et de notre temps. C'est là la grande différence entre une passion et une corvée. Une passion a une barrière d'entrée très faible et une barrière de sortie très forte. Dans une corvée, c'est l'inverse. Si vous rentrez chez vous après une longue et épuisante journée de travail et que vous avez quelque chose à faire, il y a deux possibilités. Si c'est une corvée, vous devrez produire de gros efforts pour vous y mettre, la barrière d'entrée sera forte. En admettant que vous y parveniez, un coup de téléphone suffira à vous arrêter parce que la barrière de sortie sera très faible : il est facile d'être distrait d'une corvée.

Prenons à présent le cas d'une passion : rentrer d'une grosse journée de travail ne vous empêchera pas de vous occuper tout de suite d'une passion. Ce sera votre bouffée d'oxygène de la journée, et la barrière d'entrée sera tellement faible que l'on pourra parfois la considérer comme négative : vous aurez commencé à y penser avant même d'être rentré chez vous. Il est possible aussi que, si le téléphone sonne, vous ne répondiez pas, parce qu'il sera très difficile de vous distraire. La passion, au regard de cette espèce d'« électricité de l'attention », présente une résistance très faible. Elle est comme un fil d'or ou, plus exactement, comme un fil de mercure sous les 4 °K : zéro résistance, et les plus grandes difficultés du monde pour la faire sortir du circuit. La corvée, à l'inverse, présente une grande résistance : toutes les difficultés, ne serait-ce que pour entrer dans le circuit, et la plus grande facilité à s'en échapper car, en comparaison, tout ou presque devient un meilleur conducteur d'attention. L'économie de la connaissance maximise donc le pouvoir d'achat des amoureux.

C'est un des grands problèmes que rencontre aujourd'hui l'école. Elle peut forcer les heures de présence, mais pas l'attention : on peut séduire celle-ci, pas la violer. Si les élèves sont distraits en classe, c'est qu'il existe, en dehors de l'école, un univers qui se consacre tout entier à leur prendre un maximum d'attention. Un univers qui vit grassement du négoce des At, bien plus juteux que celui des hydrocarbures, et qui s'appelle Facebook, Tencent, Twitter ou Google par exemple. La jeunesse, bien plus intelligente que nous ne le pensons et surtout bien plus adaptée que nous à ce monde, va spontanément entraîner sa résistance attentionnelle à ces sollicitations. Et, à mesure qu'elle se blinde pour survivre dans la vraie vie, à laquelle l'école est pourtant censée les préparer, nous lui demandons de faire entrer son attention dans un circuit qui présente une résistance anormalement élevée, celui de l'éducation. Il y a là un problème fondamental à régler pour nos sociétés. Nassim Nicholas Taleb l'affirme sans ambages quand il s'agit de la médication immédiate de supposés « troubles attentionnels » à l'école : « Les compagnies pharmaceutiques sont meilleures pour trouver des maladies qui correspondent à leurs drogues que pour trouver des drogues qui correspondent aux maladies[1]. »

Or, justement, la prolifération des diagnostics TDAH – trouble déficit de l'attention – et la sur-prescription de

1. Nassim Nicholas Taleb, *The Bed of Procrustes : Philosophical and Practical Aphorisms*, Penguin UK, 2010.

Ritaline® aux élèves trop promptement déclarés « déficients » en attention procèdent, selon l'expert en éducation Ken Robinson, du même principe. N'oublions pas que l'on a lobotomisé purement et simplement plus de deux mille vétérans de la Seconde Guerre mondiale, rien qu'aux États-Unis, pour « traiter » des situations aussi variées que le stress post-traumatique ou l'homosexualité. On aurait tort de croire notre temps épargné par les erreurs des époques précédentes ; la corruption académique est la pire de toutes[1].

Le prix des At tend à augmenter depuis la fin de la Seconde Guerre mondiale. Dans les années 1950 en Europe, il vous suffisait de décrocher votre téléphone pour recevoir l'attention d'une opératrice. Je vous mets au défi aujourd'hui d'obtenir de l'attention humaine quand vous appelez un service après-vente ! Quant aux compagnies aériennes, elles automatisent de plus en plus l'enregistrement des bagages, alors que les classes de luxe offrent au contraire de l'attention humaine porte-à-porte, du seuil de votre domicile à votre point d'arrivée. L'inflation du coût des At semble logique, au regard de l'émergence des classes moyennes partout dans le monde, et elle crée de très nombreuses opportunités d'affaires.

On mesure désormais un authentique produit de luxe à l'intensité d'At qui a été déployée dans sa conception. Un hôtel cinq étoiles va consommer plus d'At pour une seule de ses compositions florales qu'il n'en est dépensé pour toute la chambre d'un hôtel une

1. *Quarterly Review of Psychiatry and Neurology*, Washington Institute of Medicine, 1949, p. 10.

étoile. De façon générale, on observe que l'injection d'At augmente même la valeur de l'expérience utilisateur : si vous dépensez plus d'At dans un bon repas, sa valeur perçue augmentera, et si cette expérience est négative – le repas était mauvais –, une attention élevée dans sa durée la rendra pire encore. Il en va de même des gains et des pertes au casino : si vous êtes ivre, les pertes vous sembleront tout simplement moins douloureuses.

John Beck et Thomas Davenport ont beaucoup étudié l'importance de l'économie de l'attention[1], dans un monde où l'information et la connaissance sont surabondantes et où ce qu'il faut payer pour les obtenir tend, en conséquence, à se raréfier.

Le succès spéculatif de la cryptodevise *Basic Attention Token* avant même qu'elle ne soit opérationnelle vient renforcer leur raisonnement. On pourrait croire que, dans notre société hautement hiérarchisée par l'ombre des sciences – c'est-à-dire par l'académisme scientifique, car aucun individu ni aucune organisation ne peut représenter la science elle-même –, il n'y aurait plus de place pour la reconnaissance sociale des arts. C'est pourtant l'objet de l'expérience esthétique, sinon artistique, que de séduire notre pleine attention. La version la plus courante de ce phénomène rare est le *wow effect*, c'est-à-dire la capacité à gratifier l'individu tout en captant son attention volontaire et, au-delà, sa mémoire à long terme.

1. Thomas H. Davenport et John C. Beck, *The Attention Economy : Understanding the New Currency of Business*, Harvard Business Press, 2002.

Une dépense que les nations doivent encourager, en particulier de la part des ménages dont on suit déjà la consommation, est leur dépense en At. Il faut l'utiliser au mieux, parce que les At constituent une ressource naturelle très précieuse qui, comme toutes les ressources naturelles aujourd'hui, est très mal employée. Il faut déployer des At pour améliorer la façon dont ceux-ci sont utilisés, des At dans les At en somme, car c'est l'injection d'attention et de temps, sur le long terme, qui augmente la valeur des choses en économie.

La force du jeu

Au-dessous de l'amour, il y a l'addiction – tout amour est addictif mais toute addiction n'est pas forcément liée à l'amour. Et il existe un média redoutablement efficace pour capter l'attention et le temps en très grande quantité : le jeu. Il présente une très faible barrière d'entrée – il est facile de se mettre à jouer – et une très forte barrière de sortie – il est difficile d'arrêter. Dans la logistique de l'attention, le jeu est un matériau hautement conducteur, dont il faut encourager le négoce comme le développement intellectuel. La chose est connue depuis l'Antiquité : les Grecs, pour avoir la paix, organisaient les jeux Olympiques entre les grandes cités. Les Romains, de même, captaient les At de leur population grâce aux jeux du cirque : plus le peuple grondait, plus il fallait lui en offrir.

Aujourd'hui encore, lorsqu'une chaîne de télévision doit apporter un maximum d'At à une publicité, elle ne programme pas un cours du Collège de France mais un jeu ou un match de football. Nous sommes bien obligés de constater qu'une finale de Coupe du monde capte en une soirée beaucoup plus d'attention et de temps que tout le monde académique en dix ans – ce qui explique d'ailleurs que le footballeur Neymar soit bien mieux payé que Cédric Villani. Dans le foot, la monétisation des At commence dès les maillots des joueurs, qui portent le nom des sponsors. Et la création d'un stade de quatre-vingt mille places n'est pas dénuée de sens économique, même s'il coûte 200 millions de dollars, parce qu'il peut être amorti en moins de dix ans. Jamais, en revanche, vous ne verrez un architecte, un urbaniste ou un entrepreneur en bâtiment demander la construction d'un amphithéâtre de quatre-vingt mille personnes : il est aujourd'hui impossible de réunir une telle population pour assister à un cours. Envisager que cela puisse changer un jour ? Ridicule, dangereux, évident. Les MOOC (*Massive Open Online Course*) parviennent pourtant déjà à mobiliser des millions d'heures. Des cours en ligne qui ont été directement influencés par le succès des jeux, et en particulier par les MMORPG (*Massive by Multiplayer Online Role-Playing Game*) comme *World of Warcraft*.

Si l'on calcule le nombre d'heures passées sur *World of Warcraft* de 2004 à 2014, on trouve un âge cumulé bien supérieur à celui de la civilisation elle-même – plus de trente-deux mille ans, si on la date des débuts de l'art pariétal. Au cours de ces seuls dix ans, l'humanité a passé plus de sept millions d'années sur le jeu en ligne[1]. Soit vingt-cinq fois plus que toutes les heures travaillées chez Apple depuis sa création, en supposant qu'une heure équivaut à un At – ce qui n'est pas vrai au bureau, évidemment –, en partant de semaines bien tassées de 50 heures de travail – même hors pauses –, et en prenant en compte l'évolution de la firme de Cupertino, passée d'une demi-douzaine d'employés fin 1976 à 123 000 d'aujourd'hui. Pourra-t-on un jour générer le PIB de la Suisse en valeur boursière, rien qu'avec des heures de jeu ? Là encore, loi de Schopenhauer !

L'économiste de la connaissance doit considérer le jeu sans préjugé politique ou pseudo-moral, pour ce qu'il est. C'est-à-dire une technologie d'apprentissage absolument redoutable, une éponge à At, donc un allié de poids dans le développement des infrastructures mondiales des savoirs. Les jeux violents encouragent-ils la violence ? Cela n'a toujours pas été démontré, et la question est aussi vieille que le théâtre : l'école française classique refusait de montrer des trépas sur scène même chez Corneille quand l'école anglaise s'en régalait avec Shakespeare. Deux théories existent, du reste, pour décrire l'interaction de nos passions avec les jeux : la mimétique, pour qui les jeux encouragent les passions, et la cathartique, d'origine aristotélicienne, selon laquelle ils les purgent et

1. Jane McGonigal, *Reality Is Broken : Why Games Make Us Better and How They Can Change the World*, Penguin, 2011. Le chapitre 3 évoque 5,93 millions d'années ; en 2014 les sept millions sont dépassés.

que l'expérience semble aujourd'hui bien davantage étayer[1].

Si le jeu représente une force de frappe essentielle en matière d'apprentissage, c'est aussi qu'il nous corrige souvent. Le bon cognitiviste sait qu'il y a une différence majeure entre la note et la correction, comme entre le clou et la vis, entre le marteau et le tournevis. Vous pouvez enfoncer une vis avec marteau, un clou avec le manche d'un tournevis, mais ce n'est pas de cette manière que le professionnel compétent choisira de travailler. L'enseignement est un phénomène largement immatériel, que notre cerveau peine à bien comprendre, mais il se trouve encore une majorité de professionnels de l'éducation pour enfoncer les vis avec des marteaux.

La correction sert à améliorer la « résolution » d'un comportement, exactement comme on améliore celle d'une photographie, donc son nombre de pixels par centimètre carré. Représentez-vous une compétence – jouer du piano, peindre une toile, chanter, calculer ou faire atterir un avion – comme une sculpture dans un bloc d'argile fraîche. Cette sculpture sera d'autant plus exacte, sa résolution sera d'autant plus élevée, que vous aurez exercé vos At sur elle, à partir d'un modèle sur lequel se basera la correction. Vous travaillerez le bloc d'argile voxel par voxel – le voxel est au volume ce que le pixel est à l'image – jusqu'à

1. C. A. Anderson et K. E. Dill, « Video games and aggressive thoughts, feelings and behavior in the laboratory and in life », *Journal of personality and social psychology*, 78(4), 2000, p. 772.

obtenir, comme avec une imprimante 3D, la compétence que vous souhaitez, c'est-à-dire le geste parfait, avec le moins d'erreurs possibles par milliers de tentatives, comme un pianiste concertiste par exemple. L'impression d'une compétence dans le cerveau humain prend du temps, et son unité d'impression est la correction. Plus vous êtes corrigés, plus la sculpture devient raffinée, plus ses voxels de travail diminuent, plus elle est résolue : vous passez d'une sculpture d'un gigavoxel, mettons, à une sculpture d'un petavoxel, un million de fois mieux résolue. Au début de l'expérience, un voxel peut faire une gigantesque différence. En fin de correction en revanche, puisque vous travaillez avec des voxels de correction un million de fois plus petits, le résultat ne semble plus aussi évident pour l'œil non entraîné. C'est ce qui explique la tendance asymptotique de l'apprentissage : il tend vers une perfection de plus en plus difficile à atteindre. Ou, comme le dit justement Abathur, un personnage du jeu *StarCraft 2* : *Never perfect. Perfection goal that changes. Never stops moving. Can chase, cannot catch*[1] (« Jamais parfait. Objectif de perfection qui change. N'arrête jamais de bouger. On peut le chasser, ne peut pas l'attraper »).

Il faut moins de temps à un pianiste pour apprendre à jouer la *Grande Valse brillante* de Chopin en entier que pour atteindre une interprétation digne d'un récital.

---

1. « Abathur's Perfection Theme », StarCraft II Forums, 28 septembre 2016. Ô lecteur, croyais-tu vraiment que j'allais manquer l'occasion de sourcer une référence pareille ?

Savoir corriger ses erreurs

La correction dans la vraie vie est la plus puissante et la plus difficile de toutes. Selon Richard Francis Burton, elle est le seul et unique but de l'existence humaine, la confrontation à ce *ludus maximus* qu'est l'existence. D'où le slogan de la Silicon Valley : « Échoue souvent, échoue tôt. » Parce que c'est l'intensité corrective, le nombre de corrections par seconde, par semaine, par an, par vie, qui est la variable la plus consistante et la plus puissamment prédictive de l'innovation. De même qu'une fibre optique à 255 teraBaud va nettement plus vite qu'un vieux modem bipant à 56 kilobits par seconde, un apprenant qui se fait corriger souvent apprendra beaucoup plus vite qu'un autre qui reçoit une correction par semaine.

C'est de cette façon que les frères Wright, véritables pionniers de l'aviation, ont écrasé Samuel Pierpont Langley ainsi que tous les polytechniciens, cantabrigiens et professeurs au Collège de France qui étaient infiniment mieux qualifiés qu'eux, sur le papier, mais n'avaient jamais été corrigés par la vraie vie. On pourrait présenter leur succès sur Langley comme une sorte d'entonnoir. Créer une technologie nouvelle revient à tâtonner à l'aveugle contre un mur en espérant y trouver une ouverture, alors que la masse des médiocres et des fats vous hurle que cette ouverture n'existe pas. Lorsque personne ne vous connaît, que vous travaillez au calme dans votre coin comme les frères Wright, le tâtonnement ne vous coûte presque rien – en réputation, en douleur psychologique –, vous êtes donc libre de tergiverser longuement chaque jour. En outre, plus vous tâtonnez, plus votre confiance augmente : chaque essai vous rapproche de l'ouverture et de la réalisation de votre projet. Le paysage de votre expérimentation est ainsi semblable à un entonnoir, qui débouche sur le succès.

Lorsque, au contraire, l'échec vous coûte, chaque tâtonnement vous éloigne davantage de l'apprentissage car chaque échec augmente le coût du suivant. Si vous êtes un mandarin du Collège de France, ainsi, vous n'avez plus aucun loisir d'échouer. Vous êtes semblable à un général en tenue de soirée : au regard du public, de vos pairs et de vos sponsors, vous n'êtes plus habillé pour arpenter les tranchées boueuses et éprouvantes du ridicule et du dangereux, qui sont pourtant le pain quotidien du véritable chercheur. Vous vous éloignez alors davantage de la mobilité et du trou dans le mur. Pour vous, l'entonnoir est à l'envers : chaque essai vous éloigne du succès.

Il est sidérant mais juste de constater que c'est de l'ego du chercheur que dépend cela. Ainsi la vraie vie révèle-t-elle sa subtile élégance dans l'éducation de l'âme : c'est nous qui déterminons notre paysage d'apprentissage, par notre attitude vis-à-vis de la correction. Et c'est pour cette raison aussi qu'un soufi comme Burton affirme : « Il n'y a pas de Paradis, il n'y a pas d'Enfer[1]. » Une sagesse si pénétrante qu'on la retrouve jusque dans un épisode de la série populaire *Lucifer*, commentée en ces termes par le youtuber Larenzo Reid : « C'est votre propre culpabilité qui vous envoie et qui vous garde en enfer ! Et vous savez le plus drôle ?

1. Haji Abdu El-Yezdi, *The Kasidah of Haji Abdu El-Yesdi*, B & R Samizdat Express, 2011.

La porte n'a jamais été fermée ! Vous pourriez sortir à votre guise, mais c'est votre culpabilité qui vous garde là[1]. »

Il est terrible de constater que l'école et l'université cultivent justement la culpabilité et créent des enfers intellectuels qui aboutissent à des scolioses de l'âme, à cause desquelles les intellectuels finissent par générer un maximum de culpabilité les uns vis-à-vis des autres, et par discréditer ceux qui ne cultivent pas leur vice. Plus le pair ridiculise l'échec, plus il détruit la véritable recherche… Le double prix Nobel Linus Pauling – qui aurait pu même en avoir quatre, la découverte de l'hélice alpha en biochimie et celle des bases moléculaires de la drépanocytose en valant encore un chacun – disait simplement : « Le meilleur moyen d'avoir une bonne idée est d'en avoir beaucoup[2]. »

Le système de notes, à l'école, sert à classer, à valider dans le cadre d'un contrôle de qualité. Il est intrinsèquement industriel, et sert en particulier lorsqu'il n'y a pas de place pour tout le monde – dans les concours, par exemple. La correction, au contraire, sert simplement à améliorer le sujet. Léonard ne se serait certainement pas avisé de donner une note à son disciple François Ier, parce qu'il était le roi de France et qu'aucun professeur n'avait à déterminer sa « qualité ». Cela ne l'a pas empêché de le corriger le plus souvent possible.

---

1. Larenzo Reid, « The Show Lucifer : Your Guilt Sends You and Keeps You in HELL ! Funny Thing. The door is never locked », vidéo sur YouTube, 14 novembre 2017.

2. Linus Pauling et Barclay Kamb, *Linus Pauling : Selected Scientific Papers*, World Scientific, 2001.

Lorsqu'une armée doit envoyer ses conscrits au front, que lui importe de les noter ? Tous iront se battre, tous seront confrontés à la sanction de la vraie vie : les noter reviendrait, au mieux, à courir le risque de se faire désavouer par le *ludus maximus*. La seule chose que puisse faire une armée pour former ses soldats en temps de guerre est de les corriger, encore et encore, de la façon la plus intense possible. Les classements de sortie sont faits pour les temps de paix. Comme le dit une des lois militaires de Murphy : « Si ça a l'air stupide mais que ça marche, alors ce n'est pas stupide[1]. » À l'image de l'invasion de la Malaisie et la prise de Singapour par des troupes japonaises à vélo !

Un bon professeur, s'il ne travaille qu'avec son élève et n'a de comptes à rendre qu'à lui-même – ce qui élimine toute éducation bureaucratisée mais décrit parfaitement l'enseignement socratique, comme celui de Verrocchio envers Léonard ou de Léonard envers François Ier –, maniera la correction aussi souvent que possible. Libéré de l'obligation d'utiliser la note comme un moyen de communication envers un tiers administratif qui ne rencontrera souvent jamais l'élève, il la verra pour ce qu'elle aurait toujours dû être, c'est-à-dire comme un instrument de motivation. Le charpentier de l'apprentissage sait alors utiliser ses outils : il sait à quoi ils servent, parce qu'ils sont pleinement les siens.

---

1. Bill Heavey, *You're Not Lost If You Can Still See the Truck. The Further Adventures of America's Everyman Outdoorsman*, Atlantic, 2014.

C'est pour cette raison qu'il n'y a pas de réponse toute faite à la question de savoir s'il faut éliminer les notes à l'école. Si les jeux nous notent, c'est pour nous motiver et accroître entre nous l'émulation. Avant tout, ils nous corrigent, plus de deux fois par seconde pour un jeu vidéo standard.

Comparons cela à une copie d'examen : vingt questions, vingt réponses, mais un seul événement de correction, deux semaines plus tard, hors contexte, quand l'élève ne se souvient même plus de ce qu'il a écrit. Si nous cessons d'être dogmatiques en matière d'éducation – et les meilleurs systèmes éducatifs au monde, comme les systèmes finlandais et suisse ou celui de Singapour, sont justement les moins dogmatiques –, nous verrons enfin l'enseignement comme une technologie cognitive à améliorer constamment. En téléphonie mobile ont existé successivement le GPRS, le Edge, la 3G, la 4G, maintenant la 5G dont évidemment la Corée a été la première à s'équiper ; il nous semble évident qu'il y a eu là un progrès simple, hors de toute considération dogmatique. De même, nous devons considérer l'éducation comme allant de génération en génération technologique. L'intellect est une affaire infiniment plus sérieuse que les données téléphoniques ; mais où est la 5G de notre école ?

Un élève doit désirer recevoir l'attention du correcteur, pas la redouter. Corrigez souvent, et ne dégoûtez jamais un élève de la correction. Dans le cas contraire, vous renforcerez les inégalités entre élèves. Car, de même qu'il est plus facile d'acquérir du capital quand on en a déjà reçu, il est plus facile d'obtenir de l'attention quand on en a déjà reçu. Parce que le professeur se souvient de vous, que son attention s'est déjà couplée à votre personne, vous occupez une place privilégiée dans son espace mental. Ainsi va la distribution de l'attention professorale dans une classe, qui contribue, comme une sorte de lente érosion géologique, à renforcer les inégalités pédagogiques. Plus un élève a détesté recevoir l'attention du correcteur, plus il la détestera par la suite. Plus il a aimé la recevoir, plus il en demandera, et même, plus le professeur aura l'habitude de lui en donner. À la fin d'un cycle, les élèves les plus corrigés seront ceux qui auront le plus appris. Vous voulez réduire les inégalités scolaires ? Redistribuez la correction, utilisez les « bons » élèves pour augmenter le flot de correction en direction des « mauvais », demandez-vous combien de fois vous avez corrigé tel ou tel élève. Faites en sorte, enfin, que tous les élèves aient la passion de la correction, car la peur de la correction est le moyen le plus sûr de ruiner l'apprentissage.

Prenons un jeu vidéo dans lequel il existe une communauté de professionnels, comme *StarCraft 2*, *League of Legends* ou *Defense of the Ancients 2 – Dota 2*. Non seulement le « sport électronique » comme on l'appelle légitimement peut réunir quatre-vingt mille spectateurs physiques dans une arène, mais il génère pour les gagnants de ses *cash prizes* jusqu'à 24,6 millions de dollars, plus de quatre-vingt-dix ans du salaire que touche le président de la République française. Nous pouvons juger cela pathologique, ou prendre la chose pour l'information simple et objective qu'elle est : des êtres relativement rationnels considèrent, depuis plusieurs années, qu'une telle victoire vaut cette somme.

Les e-sportifs forment une population fascinante, parfois en échec scolaire, mais redoutablement compétente en algorithmique. Ils sont notamment courtisés pour entraîner les intelligences artificielles qui essaient chaque année de les battre.

Le projet d'Elon Musk, Open AI, a ainsi réussi en 2017 à battre les meilleurs joueurs de *Dota 2*, même si cette victoire n'est pas aisément reproductible pour le moment. Au départ, les intelligences artificielles étaient entraînées sur le jeu de morpion, dont le nombre de degrés de liberté – le « facteur de branchement » dans l'arbre des possibles – est très faible. Puis ça a été le jeu d'échecs, puis le jeu de go avec la victoire de l'IA de Google, AlphaGo, sur le grand maître Lee Sedol. Le nouvel horizon de l'IA se compose de jeux tels que *Dota 2* et *StarCraft 2*. Leurs éditeurs, comme Activision Blizzard, appartiennent à un vaste complexe cognitivo-industriel qui implique les fabricants de cartes graphiques comme Nvidia, et qui dépasse donc très largement la seule industrie vidéoludique.

Les joueurs professionnels de *StarCraft 2* mènent en moyenne 400 actions par minute, avec un record à plus de 800. Ce sont donc alors plus de 13 actions par seconde : bien plus, par exemple, que dans les *Études d'exécution transcendante* de Franz Liszt. Essayez maintenant de compter mentalement de 1 à 13 en moins d'une seconde. Vous n'y parviendrez pas ; si les joueurs professionnels jouent treize actions par seconde, c'est que la main est plus rapide que l'esprit, ce qui rend d'ailleurs possible les spectacles de prestidigitation, l'illusionniste réalisant à chaque seconde plus d'actions que son audience ne peut en suivre. En supposant que l'arbre des possibilités de *Starcraft 2* est branché partout de la même manière, nous avons, pour une partie type de trente minutes et en supposant un clavier et une souris aussi diversifiés que les touches d'un piano moderne (88), un espace de liberté de l'ordre de 88 à la puissance 400 fois 30 parties possibles… donc 88 à la puissance 1 200, soit plus de 239 suivis de 2 449 zéros ! Bilan, si mathématiquement le morpion est profondément moins complexe que le jeu de go, le jeu de go est encore bien moins complexe que *Stracraft 2* !

Voilà pourquoi il est « stupide », au sens de Cipolla, de disqualifier le jeu vidéo : celui-ci est beaucoup plus complexe mathématiquement que des jeux considérés comme « nobles », et fait progresser aussi bien les sciences dures que les sciences de l'éducation. Il est bien plus difficile pour un ordinateur d'affronter un joueur professionnel de *StarCraft 2* qu'un joueur professionnel d'échecs, de jeu de go ou même de poker[1].

La capacité qu'ont les jeux collectifs à concentrer l'attention de millions d'années humaines semble, elle, assez inutile au regard du potentiel scientifique dont on pourrait la doter. Mais elle revêt elle aussi une importance capitale en matière d'économie de la connaissance. Si nous pouvons utiliser les jeux pour transmettre les savoirs – les chirurgiens qui utilisent

1. M. Bowling, N. Burch, M. Johanson et O. Tammelin, « Heads-up limit hold'em poker is solved », *Science*, 347(6218), 2015, p. 145-149.

des jeux vidéo sont plus performants en chirurgie laparoscopique[1] ; et, sans simulateurs, ni l'aviation civile ni l'aéronautique ne connaîtraient aujourd'hui un tel succès –, nous pouvons aussi les utiliser dans la « savanture » humaine.

Faire circuler les savoirs

Chaque fois que l'humanité a réfléchi au moyen de mieux faire circuler les savoirs, chaque fois qu'elle a dépensé des At dans la science même de ses At, elle s'en est trouvée profondément modifiée. Pour changer le monde il faut, certes, commencer par se changer soi-même. Mais si la méthode s'avère reproductible, le changement prendra une tout autre ampleur. Étudier les moyens de transport de la connaissance, et en particulier les médias, qui ne sont que l'externalisation d'un module de notre vie mentale, offre toujours à l'humanité l'opportunité d'un bond en avant majeur.

Durant le projet Manhattan, qui produisit la première bombe atomique, l'administrateur et chercheur Vannevar Bush fut confronté au problème des polymathes, des généralistes et des intégrateurs – dont Elon Musk estime qu'ils sont les profils les plus précieux de notre société. Coordonnant des mathématiciens, des informaticiens, des physiciens nucléaires, des éléctromagnéticiens, des ingénieurs radio, des économistes, des politiciens et même des philosophes, il tombait régu-

1. J. Lynch, P. Aughwane et T. M. Hammond, « Video games and surgical ability, a literature review », *Journal of Surgical Education*, 67(3), 2010, p. 184-189.

lièrement, dans un mémo, sur un mot ou un domaine qu'il ignorait.

Devant ce problème de logistique de la connaissance, Bush théorisa ce qu'il appela un « MemEx », pour « EXtension de la MÉmoire ». Il le détailla après la Seconde Guerre mondiale dans un célèbre article pour le mensuel *The Atlantic*, intitulé « Comment nous pourrions penser[1] ». Son memex se proposait de résoudre le problème en faisant en sorte qu'à chaque fois qu'un mot inconnu apparaissait dans un texte, il y eût un moyen simple d'accéder à sa définition ou à une note explicative. En posant le doigt dessus, par exemple. Ce que décrivait Bush s'appelle aujourd'hui l'« hypertexte », mais les machines de son époque n'avaient pas même d'écran et étaient encore incapables de le réaliser.

À la fin des années 1980, au Centre européen de recherche nucléaire, le même problème se pose, de façon plus pressante encore. Il est d'autant plus grave que les accélérateurs de particules du CERN sont des ressources mutualisées, utilisables dans un très grand nombre d'expériences allant du militaire au civil, aussi bien en radiomédecine – où il faut pouvoir produire certains isotopes radioactifs dont le prix est exorbitant – qu'en physique des particules –, où les expériences mobilisent des centaines de millions de dollars et peuvent durer et coûter beaucoup plus que prévu.

1. Vannevar Bush, « As we may think », *The Atlantic Monthly*, 176, n° 1, 1945, p. 101-108.

Dans ce cadre, la communication entre silos[1] a une importance stratégique, mais personne ne prend le temps de s'en soucier. À l'exception d'un obscur ingénieur de recherche du nom de Tim Berners-Lee qui, à cette époque, se trouve travailler sur une machine bien particulière : un NeXT Cube, la Lamborghini des ordinateurs personnels, l'ancêtre des PC de classe « pro » auquel Steve Jobs accordera une attention particulière lorsqu'il créera sa nouvelle société après son licenciement d'Apple computers.

« J'ai eu plus d'un million de dollars à l'âge de vingt-trois ans, plus de dix à vingt-quatre et plus de cent à vingt-cinq, mais cela n'a jamais été très important parce que, ce que j'ai fait, je ne l'ai jamais fait pour l'argent[2] », a dit Steve Jobs. Il serait facile d'y voir un mélange de fausse modestie et de pudeur artificielle. Mais il faut y regarder plus près.

Pour Steve Jobs, prouver qu'il avait raison valait, en effet, bien plus que des dizaines de millions de dollars. Il fut ainsi capable, en 1997, de vendre ses actions Apple et d'en faire donc chuter le cours, alors même qu'il avait parié qu'il redresserait la société, et cela simplement pour convaincre le conseil d'administration de licencier Gil Amelio. Parce que dans la Silicon Valley, aussi, le Capitole est proche de la roche Tarpéienne, Steve Jobs est passé du statut de *golden boy*

1. Que l'on appelle, comme on l'a vu, des « chapelles » dans le monde académique. Ce n'est d'ailleurs pas la seule ressemblance religieuse qui y persiste, puisque le chapeau académique lui-même est certainement inspiré de la burette liturgique.

2. Michael B. Becraft, *Steve Jobs : A Biography*, ABC-CLIO, 2016, chapitre 5.

hectomillionnaire conseillant les présidents et faisant la une du *Time Magazine* à celui du licencié le plus infâme de l'axe San José-San Francisco. Au point qu'à cette époque, le fait d'être débarqué de sa propre boîte se disait « se faire stever » ! et que l'on parlait, dans les contrats d'associés ultérieurs, de clause « anti-steving ».

Loin de s'apitoyer sur son sort, Steve Jobs profitera alors d'un affaiblissement de la société Lucasfilm pour acquérir la division qui deviendra Pixar et sera un pionnier de l'animation digitale. Walt Disney, en son temps, avait donné l'impression de pousser sa société au bord de la faillite en insistant pour tourner quelque chose d'aussi ridicule – et donc dangereux – qu'un long métrage d'animation, *Blanche-Neige et les Sept Nains*, dont la légende veut qu'il ait fait pleurer Adolf Hitler lui-même[1]. Plus de cinq décennies plus tard, Pixar fera le même effet en préparant et re-préparant *Toys Story*. Le succès du film permettra pourtant à Steve Jobs de céder Pixar à Disney et de devenir, par la même occasion, le plus grand actionnaire individuel de la société.

En parallèle, Jobs développe NeXT Computers. La société s'évertuera à créer des ordinateurs personnels aux lignes très aiguës : les ancêtres du Mac Pro actuel, dont les bords sont au contraire arrondis. Elle ne générera jamais de profits mais sera acquise par

1. Le directeur de musée norvégien William Hakvaag a déclaré avec certitude que les représentations de nains du long-métrage de Disney, signées « A. H. » et datées de 1940 environ, étaient bien d'Adolf Hitler ! Voir « Did Adolf Hitler Draw Disney Characters ? », *The Telegraph*, 23 février 2008.

Apple, en particulier pour le système d'exploitation NextOS basé sur Unix qu'elle avait développé, et qui permit à Jobs de revenir aux affaires avec le succès que l'on sait. Et c'est grâce à cette aventure que le fameux Tim Berners-Lee, pour revenir à lui, se posera la question de simplifier les échanges d'information et de connaissance au sein du CERN. Car, entre autres technologies d'avant-garde considérées alors comme totalement inutiles, la géniale machine de Jobs disposait de câbles Ethernet.

Le CERN, à cette époque, communiquait essentiellement par fax et par téléphone avec l'Italie, la France et la Suisse. Il fallait expliquer à l'un que l'accès à l'accélérateur que son université sollicitait depuis des mois allait encore être retardé, à l'autre les raisons politiques, économiques ou scientifiques de ce retardement. Berners-Lee, face à cela, décide d'incarner l'hypertexte en créant un protocole de transfert ad hoc : le http, pour *HyperText Transfer Protocol.* Ainsi qu'un langage de programmation : le langage de marquage hypertexte, *HyperText Markup Language*, ou html. Le rêve de Vannevar Bush venait de s'accomplir, tant Jules Verne avait raison de dire que « tout ce que des hommes peuvent rêver, il se trouvera d'autres hommes pour le réaliser ». C'est là toute la puissance de l'intelligence collective de l'humanité. Le protocole de Tim Berners-Lee amorce la création collective de la « Toile mondiale » ou *World Wide Web* (WWW).

Tim Berners-Lee et Steve Jobs sont au sens propre des légendes : en latin *legenda* signifie « qui mérite d'être lu », et leur vie et leur œuvre méritent sans aucun doute d'être parcourues avec attention. Que doit-on retenir d'elles ? Qu'il est excellent de connecter les hommes entre eux, et que le système nerveux de l'humanité est en devenir permanent – avec tous ses défauts et toutes ses qualités.

Le html a tellement évolué qu'il peut aujourd'hui afficher bien plus que du texte interactif : des images, des vidéos, des liens sociaux et surtout, avec la Web Graphics Library, de l'animation en 3D. Le potentiel du Web 3D est immense. Il permettra, en effet, de représenter des collections de contenus dans l'espace, et l'on sait que le cerveau est particulièrement sensible aux contenus en 3D, aussi bien pour leur exploration que pour leur mémorisation. C'est l'objet du projet Chréage auquel j'ai consacré ma thèse à Polytechnique, et qui n'est que l'une des nombreuses initiatives pour rendre le Web plus « écologique » au sens de Jakob von Uexküll : au sens d'un Web-monde, d'un *Umwelt* qui sera un environnement intuitif pour notre cerveau. On parle déjà d'interface naturelle (Natural User Interface), quarante ans après la Graphical User Interface (GUI) qu'Apple avait récupérée de Xerox. De même, les claviers physiques s'effacent peu à peu, au point qu'Apple est proche d'éliminer celui de ses ordinateurs portables et de le remplacer par une surface interactive semblable à son trackpad actuel, qui mimera l'enfoncement mécanique des touches et augmentera la fluidité des interactions homme-machine. Ce mouvement général consacre la victoire de philosophes comme Bergson, Merleau-Ponty, Husserl, Maturana ou Varela, pour qui la cognition tient à l'autonomie et au mouvement, plutôt qu'au sacro-saint langage auquel on a stupidement voulu réduire l'intelligence.

Puisque toute innovation est une désobéissance – ne serait-ce qu'aux « bas de plafond » qui ont affirmé qu'elle ne tenait pas debout, et qui sont en général montés en grade dans la bureaucratie –, la propagation du *World Wide Web*, ridicule lorsque Berners-Lee la théorise, devient dangereuse à partir du moment où elle passe du CERN au monde entier. Il faut se rappeler que cela arrive en même temps que l'effondrement de l'Union soviétique, que la guerre froide semble loin d'être terminée, et que le CERN est l'acronyme de Centre européen de recherche *nucléaire*, avec un *n* comme dans Nagasaki : on l'imagine mal laisser fuiter sa technologie facilement… Qu'importe, le génie est sorti de la bouteille et le WWW est né.

Un W suivant – celui de Wikipédia – va voir le jour, justement parce que, dans ce contexte, plusieurs hommes cherchent à éditer la somme de tous les savoirs, c'est-à-dire une encyclopédie. Bill Gates, en particulier, l'homme le plus riche du monde, prépare alors « Encarta ». Sur le papier, le projet a tout du gendre idéal : beaucoup de financement, une légitimité hors norme et un réseau de distribution mondial. Mais Encarta va échouer, parce qu'elle repose sur le modèle ancien de l'autorité scolastique, dans lequel la connaissance ne peut que couler depuis une source universitaire quasi sanctifiée jusqu'à une masse béate et incompétente. Je caricature à peine.

Un autre homme, au profil totalement ridicule, va s'attaquer au même problème que Bill Gates. Il s'appelle Jimmy Wales, et il est… entrepreneur du porno. Rien d'étonnant à cela. Si la mignonitude facilite l'adoption d'une innovation, le sexe y réussit tout autant, Éros et Thanatos demeurant les deux forces les plus efficaces pour capter l'attention des humains. Dans l'adoption des technologies, le sexe vend, toujours. Qui se souvient, par exemple, du standard de vidéo Betamax ? Promu par Sony, il était plus performant que le VHS sur presque tous les plans. Sauf qu'il n'existait pas de pornographie sous Betamax, alors que sous VHS… *open bar*. Devinez qui a été le plus massivement adopté ?

De même, c'est avec le Minitel rose que le magnat des télécommunications français Xavier Niel a commencé sa carrière. Et c'est tant mieux, car sans lui nous n'aurions pas eu les écoles 42, qui sont les meilleures au monde pour l'enseignement de la programmation informatique. Si le premier mot-clé pornographique à apparaître dans les recherches Google ne figure plus aujourd'hui qu'en vingt et unième position, c'est que les internautes connaissent l'adresse URL qui leur permet d'accéder directement à du contenu coquin.

On peut, en évitant les postures morales, observer une tendance particulièrement intéressante que l'on pourrait appeler l'« effet Pornhub-lasagna », un phénomène dont les implications dépassent largement la pornographie en ligne. En 2015, un certain OGtan pose cette question, dénuée de tout jeu de mots salace, parmi les commentaires d'une vidéo pour adultes sur le site Pornhub : « Est-ce que quelqu'un pourrait m'aider à préparer des lasagnes pour les sept ans de ma nièce ? Mes macaronis n'arrêtent pas de coller. » À quoi il lui est promptement et efficacement répondu par un certain Beater27 : « De l'huile d'olive dans l'eau ! »

Et voilà le travail, plus efficace qu'un forum dédié, parce que Pornhub est fréquenté par des millions de gens à l'heure.

L'effet Pornhub-lasagna montre, de façon assez remarquable, comment l'affluence peut transcender la pertinence. C'est pour cette raison que, sur le Web, les meilleurs designs sont les plus minimalistes, les plus simples, les plus platoniciens pourrions-nous dire, donc les plus à même d'attirer l'âme du plus grand nombre. Certains esprits superficiels y verront un nivellement par le bas, ils seront convaincus que la complexité inutile est une vertu – ce qu'on leur a probablement inculqué dans la douleur – et ils auront l'envie irrépressible de surcomplexifier leurs produits pour bien montrer qu'ils savent leur leçon et qu'ils sont méritants. Mais, dans la vraie vie, tout cela est peine perdue.

À la fin des années 1990, en France, les manuels encourageaient les jeunes entrepreneurs du monde digital, et les PME en général, à s'occuper d'abord du marché régional, puis du marché national, pour éventuellement devenir un grand groupe ou le partenaire d'une entreprise du CAC 40 et obtenir enfin le droit de tenter l'aventure de l'export : « Passe ton bac d'abord », en quelque sorte. Les PME suisses, allemandes, nord-italiennes et autrichiennes n'avaient manifestement pas lu ces manuels, puisqu'elles n'attendaient pas d'être repérées par les grands groupes pour exporter. Le résultat de cette belle logique fut l'échec d'un des premiers réseaux sociaux en ligne au monde, théorisé et exécuté en France : copainsdavant.fr. Le choix d'un nom français parle de lui-même et résume bien cette règle de l'avancée en bon ordre, cet art de prendre un ticket comme tout le monde et surtout de bien rester à sa place… Mark Zuckerberg, lui, a choisi « Facebook » – à ceci près qu'il n'a pas eu lui-même l'idée d'enlever l'article inutile dans thefacebook.com.

Légitimité… Voilà bien un terme essentiel en France, mais qui n'a aucun sens pour un innovateur américain. Cheikh Modibo Diarra a déclaré qu'« en France [il] n'était rien », alors qu'il a dirigé une section entière de la NASA[1] ainsi que Microsoft Afrique. Elias Zerhouni, de même, considéré comme indigne du CNRS et de l'Inserm dans sa jeunesse, s'est exilé aux États-Unis où il a rencontré un immense succès, présidé rien de moins que le National Institute of Health et, ironie du sort, dirigé une commission d'audit sur la recherche française des décennies plus tard.

Pierre Omidyar, le fondateur d'eBay, est un autre symbole de la capacité de la France à écœurer ses propres talents. N'oublions pas que l'École polytechnique et l'École normale supérieure ont étripé Évariste Galois, le plus grand mathématicien français de tous les temps, que Descartes a vécu en exil à Amsterdam et Hugo dans les îles Anglo-Normandes. Si la France n'a pas la moindre chance d'acquérir le leadership de la Silicon Valley, c'est que son antique religion du reste-à-ta-place, sanctionnée par ses concours et sa bureaucratie, préférera toujours la conformité à la vérité,

1. « En France, je n'avais aucune valeur. Aux États-Unis, je me suis retrouvé chef d'équipe à la NASA », interview de Cheick Modibo Diarra, viédo sur Youtube, 21 avril 2017.

et n'aura de cesse d'offrir ses ressources et son autorité à des incompétents sans aucune épaisseur historique. S'il avait voulu monter en France ce qui allait devenir eBay, Omidyar aurait trouvé sur sa route le rapport Théry, selon lequel Internet n'avait pas d'avenir commercial. S'il était tout de même parvenu à convaincre, on lui aurait préféré un polytechnicien bien dans le moule et infiniment mieux connecté, comme Pierre Kosciusko-Morizet. Son site serait donc devenu priceminister.com : un nain en comparaison d'eBay, d'ailleurs acquis par le groupe Rakuten.

Tocqueville a encore mieux expliqué que moi pourquoi la question de la légitimité est futile en Amérique : ce continent n'a pas connu l'époque où il fallait acheter une patente royale ou solliciter l'autorisation de quelque sénéchal pour pêcher, chasser, creuser un puits, ouvrir un four ou un moulin, et même transporter du vin en bouteille. Vous pouvez donc être un entrepreneur du porno complètement dépressif comme Jimmy Wales et tenter le grand écart en vous déclarant encyclopédiste. C'est ça, l'Amérique, et ça n'a rien à voir avec la France.

Sans jeu de mots sur son activité antérieure, Wales appelle d'abord son encyclopédie « Nupedia ». Et elle échoue lamentablement, parce qu'elle fait du sous-Encarta. C'est-à-dire qu'elle paye des experts – qui ne la livrent pas toujours – pour rédiger des pages déjà périmées quand elles sont publiées. En poursuivant ce but dérisoire, non seulement elle ne peut faire mieux que le projet de Bill Gates, mais en plus elle épuise ses liquidités beaucoup plus vite que lui. Alors qu'il est moribond, le projet Nupedia entend parler d'une nouvelle technologie directement dérivée de l'hypertexte : une page collaborative qui n'a pas encore trouvé de raison d'être, et dont le nom vient de l'argot hawaïen signifiant « vite » : *wiki*. « Vite », c'est le mot-clé. On se souvient que DOS, le *Disk Operating System* dont Microsoft avait racheté la licence dans les années 1980, provenait en fait d'un *Quick and Dirty Operating System*, perméable aux bugs et aux virus, mais qui avait le bon goût d'être immédiatement disponible.

En passant de Nupedia à Wikipédia, Wales va faire l'histoire : l'encyclopédie explose très rapidement, aussi bien en nombre de caractères et de références saisies quotidiennement qu'en nombre de pages lues et partagées, pour devenir le mastodonte qu'elle est aujourd'hui. L'effet du Pornhub-lasagna, la supériorité de l'affluence sur la pertinence, écrase Encarta. Rien n'est parfait en ce bas monde, et Wikipédia a bien sûr de très nombreux vices et travers comme le site Wikibuster en fait l'inventaire non exhaustif. Le journaliste Bannani l'a même accusée de « blanchiment de fausse information[1] ». Mais, à l'échelle globale, elle fait très certainement plus de bien que de mal.

Soulignons tout de même certains de ses défauts. Wikipédia est à la connaissance ce que McDonald's est à la nourriture : elle sert le même plat de référence à tout le monde et engendre une grave paresse

1. Yassine Bannani, « Qui veut la peau d'Idriss Aberkane ? », LeMuslimPost, 21 novembre, 2017.

digestive, un appauvrissement nutritif, mais en offrant les repas de connaissance les plus rapides du Web. Malbouffe intellectuelle en échange de la gratuité et de la rapidité : une page Wikipédia est facile à acquérir et rapide à avaler. J'ai souligné que la connaissance était collégiale, que la vérité était un miroir brisé, et qu'il était bénéfique d'exhorter l'humanité à faire le négoce de ces morceaux de vérité. Mais, de même qu'un morceau de bœuf n'est pas un bœuf et qu'un morceau d'humain n'est pas un humain, un morceau de vérité n'est pas la vérité : si vous agrandissez un morceau de l'œil, du sourire ou de la chevelure de la Joconde et que vous réussissez à le faire passer pour la Joconde tout entière, vous êtes un menteur et, pire encore, un menteur qui mène l'art de la falsification au plus haut niveau, donc d'une manière beaucoup plus grave que le simple menteur amateur. De tels déformateurs de vérité, de tels faux-monnayeurs, abondent au plus haut niveau de Wikipédia, et en particulier, ce qui ne devrait plus nous étonner, dans l'édition francophone de l'encyclopédie.

Idries Shah disait : « La connaissance n'est jamais gratuite. Si c'est gratuit ce peut être de l'information, mais la connaissance ne se présente jamais de cette manière[1]. » Il avait également bien compris les vices de l'encyclopédie par collage dans son ouvrage de référence, *Les Soufis*[2], diabolisé à sa sortie par des autorités académiques sans nom alors qu'il est aujourd'hui

1. Idries Shah, *The Commanding Self*, Octagon Press Ltd, 1997, p. 96.
2. Le Courrier du Livre, 2014.

célébré à l'université de Princeton comme une référence mondiale des Sufi Studies au XXe siècle. *Sic transit furor academicus*…

Si vous collez ensemble des morceaux d'humain plus ou moins frais, même en supposant que vous parveniez à leur insuffler du mouvement comme chez Mary Shelley, vous n'obtenez pas un humain, mais un zombie. Les pages zombies existent sur Wikipédia. Sa neutralité est un mythe, puisque l'encyclopédie n'a plus aucun contre-pouvoir que ses propres Ronds-de-cuir sur Internet. Il y est possible à des bureaucrates de s'entendre pour manipuler, déformer, falsifier la vérité, par exemple en boycottant systématiquement toute nouvelle positive, toute information gratifiante vous concernant. À quelqu'un qui maîtrise bien la machine, il est possible, s'il le fait assez discrètement, de massacrer la vérité objective, et de substituer à l'humain véritable un monstre de Frankenstein. Mais, parce que ce processus est immatériel, le cerveau faible peut s'y laisser prendre. J'ai eu moi-même l'honneur de subir cette fraude et de démontrer, par mon propre exemple, quel degré pouvait atteindre la corruption intellectuelle sur le réseau social à vocation encyclopédique.

Tout l'art de la propagande consiste à créer une source aussi fiable que possible pour y glisser une seule information empoisonnée, à l'insu de la population qui a baissé sa garde intellectuelle. Microsoft a subi l'application du Sherman Antitrust Act et a failli être démantelée, mais le monopole de fait qu'occupe Wikipédia aujourd'hui en fait un trust bien plus dangereux

– quoique son statut de fondation le protège encore pour quelque temps. Pour comprendre le mécanisme de la fraude et du blanchiment de fausses informations, il suffit d'avoir joué à la roulette au casino.

La roulette américaine présente des nombres pairs, impairs, ainsi que deux cases supplémentaires : zéro et double zéro. Mathématiquement, il va pourtant de soi que double zéro et zéro constituent le même nombre – c'est un premier arrangement avec la vérité. Mais zéro est aussi un nombre pair, puisqu'il est multiple de deux. Pour augmenter ses chances de plumer le client crédule, le casino américain ajoute donc à sa roulette deux mensonges, petits, subtils, indétectables pour l'œil non entraîné, mais qui changent absolument tout : deux cases supplémentaires, ni paires ni impaires, qui offrent 5 % de chances à la banque de voir la bille ne tomber ni sur du pair ni sur de l'impair. Grâce à ce procédé, la martingale qui consiste à jouer systématiquement les nombres pairs en doublant sa mise à chaque échec jusqu'à rencontrer la victoire n'a plus 50 % de chances de succès, mais 45 %, ce qui change tout et rend la roulette proprement imbattable. En arrangeant un peu les règles, et pour peu que l'on ne soit pas trop gourmand, on peut donc pigeonner un joueur crédule : il suffit de glisser deux cases « vertes », parmi les quarante cases rouges et noires, paires et impaires. Au milieu des paillettes et de la musique du casino, cela passe sans problème. D'autant que l'homme est un *cognitive miser*, c'est-à-dire qu'il essaie, en toute situation, de faire le moins d'effort intellectuel possible et c'est pour cela que la malbouffe intellectuelle existe. De la même manière, quand Wikipédia lui donne la becquée, il a tendance à débrancher son esprit critique. Qui regarde vraiment ce qui compose son Big Mac ?

Pour fonctionner, il est impératif que la fraude « double zéro » ne mélange qu'un peu de foutaise dans la crème glacée (*bullshit in the ice-cream*). Des wikipédiens corrompus qui veulent boycotter toutes les informations positives sur un sujet, trahir la prétendue neutralité de Wikipédia et faire de la politique à l'insu des lecteurs, doivent, comme n'importe quel faux-monnayeur, se faire le plus discrets possible. Cela ne signifie pas qu'ils échoueront. Imaginez une page où la vie de Proust se réduirait au fait – véritable, par ailleurs – qu'il aimait torturer des rats. Une page où Mozart serait défini par ses penchants scatologiques – véritables, eux aussi. Ou encore une page où la fortune de Michael Jackson se limiterait à la légende – mensongère, cette fois – selon laquelle il s'est dépigmenté lui-même la peau. Vous aurez compris ce qu'est la corruption, ce qu'est la fausse monnaie d'une page de type « double zéro » qui, comme l'agent de Ian Fleming, se sent investie du permis de tuer.

Il existe donc une solide mafia d'intellectuels corrompus qui pratique la falsification sur Wikipédia. Mais, de la même façon que les cinq familles de New York ne représentent pas la Grosse Pomme, la corruption intellectuelle, pour abjecte qu'elle soit, n'est qu'un épiphénomène. Elle n'est pas plus fréquente que les zéros et doubles zéros d'une roulette, bien qu'elle soit capable de changer le résultat du jeu tout en se dédouanant de toute responsabilité.

Cependant, si l'on regarde une roulette d'assez loin, on ne voit plus qu'un mélange équilibré de noir et de rouge et, globalement, Wikipédia est une bénédiction, malgré ses quelques cases arrangées pour faire passer du faux pour du vrai et plumer des clients qui payent en attention. Ce que l'encyclopédie en ligne démontre également, c'est que l'on n'est pas allé au bout de la décentralisation. Car ses fraudes viennent de sa hiérarchie, qui est capable de renier ses propres principes et de pratiquer la corruption organisée, justement parce qu'elle est bureaucratique, qu'elle reçoit beaucoup trop de pouvoir, que le pouvoir corrompt, et qu'elle n'a aucun contre-pouvoir en face d'elle. Qu'importe ! De même que l'histoire réelle est infiniment plus grande que l'histoire officielle, que la vraie vie est infiniment plus grande que la vie notée, la vérité est infiniment plus grande que Wikipédia. C'est tant mieux.

Mais si Wikipédia manifeste un jour la prétention d'être la banque centrale de la connaissance mondiale, il faudra avoir le courage de la démanteler comme le trust qu'elle sera devenue, avant qu'elle ne se démantèle elle-même dans son effort vaniteux pour multiplier les « doubles zéros » au détriment de la véritable connaissance.

Mais pour l'heure, derechef, Wikipédia demeure toutefois supérieure à sa corruption, de même que l'Empire romain a laissé des traces plus importantes que celles de sa décadence, de même que New York vaut plus que ses malversations. Le chien aboie, la caravane passe, et le cheminement de l'intelligence collective nous amène au seuil d'un monde où beaucoup des problèmes, jugés aujourd'hui insolubles, deviendront triviaux. Il faudra se souvenir du modèle Wiki, et de ses origines modestes et curieuses, lorsqu'il s'agira d'apporter une réponse systématique au problème des déchets. Cette plate-forme, en effet, est le premier stade d'une infrastructure mondiale dans l'art de transformer ce qui ne vaut rien en quelque chose qui vaut beaucoup. Rappelons cette profonde sagesse : « N'ai-je pas détruit mon ennemi si je m'en suis fait un ami ? »

Faire confiance à l'amour

Enfonçons la dernière aiguille curatrice dans le mensonge Poé, « Produire ou s'épanouir, il faut choisir ». Nous avons établi que l'économie de la connaissance maximise le pouvoir d'achat des amoureux. Nous avons prouvé la supériorité de la passion sur la corvée et souligné la puissance objective du jeu dans l'apprentissage. Il nous faut maintenant, pour désamorcer tout à fait le mensonge selon lequel l'excellence et la souffrance sont indissociables, démontrer la supériorité compétitive de l'amour.

Si Steve Jobs a donné des arguments très objectifs pour expliquer l'intérêt managérial de l'amour, je voudrais théoriser ici une méthode plus générale. Elle consiste à employer l'amour comme un instrument de navigation dans la loi de Schopenhauer elle-même. Les révolutions, nous l'avons vu, semblent ridicules et dangereuses avant de paraître évidentes. Mais peut-on établir une boussole, un guide, plus humain qu'intellectuel, qui permette de prendre des décisions dans un siècle où le passage du ridicule à l'évident va se produire à une fréquence bien plus grande que par le passé ? Schumpeter et Kondratieff avaient bien compris que les révolutions productives subissent une accélération dans leur avènement aussi bien que leur conclusion. La Silicon Valley à elle seule a connu successivement l'oscilloscope, le transistor, le mainframe, le PC, le Network Computer, le post-PC avec les smartphones et les tablettes, le post-post-PC avec les montres et les lunettes, et elle est tentée maintenant de traverser notre peau et nos os avec Neuralink. Et si l'amour, dans tout cela, était le meilleur guide de nos choix managériaux, pas seulement pour les cœurs romantiques, mais aussi pour les esprits les plus froids ?

Dans le règne animal, le jeu est le comportement d'apprentissage le plus performant, quoiqu'il soit immergé dans le monde le plus compétitif et le plus impitoyable que nous connaissions. Il fonctionne pour transmettre des comportements pointus comme, chez les chimpanzés, utiliser un bâton pour aller chercher des fourmis dans une fourmilière ou casser une noix avec les pierres adéquates. Les proies, aussi bien que les prédateurs, jouent : par exemple les espèces juvéniles, chez les gazelles, vont jouer de la façon la plus ostentatoire pour signaler leur bonne santé à leurs prédateurs, et les dissuader ainsi de les pourchasser. Le jeu s'observe aussi lors de la parade nuptiale.

La parade nuptiale du jardinier satiné *Ptilonorhynchus* montre bien comment la passion peut faire exploser la valeur d'une activité. Pour amplifier l'effet de ses plumes irisées, qui sont l'apanage des mâles, cet oiseau, lorsqu'il est amoureux, décore compulsivement son nid de toutes les choses bleues qu'il peut trouver dans son environnement et le peint même en formant un pigment à partir de charbon, de baies et de salive. Il peut recueillir des fleurs, bien sûr, mais aussi des bouchons de bouteille en plastique ou des capuchons de stylos à bille. Ils n'égalent évidemment pas la beauté des fleurs, mais nous permettent de méditer sur la façon dont la Bible a préfiguré le biomimétisme en affirmant que les plus hautes richesses de l'homme ne sont rien face aux splendeurs naturelles les plus simples. Il est ainsi dit, dans le chant de Salomon (II, 1) : « Je suis un simple safran de la plaine côtière, un lys des basses plaines. »

Et Jésus ajoute, dans les Évangiles (Luc, XII, 27) : « Considérez comment croissent les lys : ils ne travaillent ni ne filent ; cependant je vous dis que Salomon même, dans toute sa gloire, n'a pas été vêtu comme l'un d'eux. » Pour les soufis, comme pour les hassidim ou les franciscains, il n'y a pas eu d'homme plus infiniment riche physiquement que le roi Salomon : cette parole affirme ainsi l'infinie supériorité de la richesse naturelle sur les biens de production humaine.

Le jardinier satiné fabrique donc un nid complexe et richement décoré pour amplifier, devant la femelle, sa masculinité. Notons que l'amplification de la masculinité existe aussi chez l'homme. On constate ainsi, en anthropologie du vêtement, que la veste de costume a très peu évolué, restant quasiment la même du Professeur Tournesol jusqu'à nos jours parce que, en amplifiant la carrure en V, elle donne à l'homme une allure d'autorité et de leadership. D'inspiration militaire – avec ses épaulettes extérieures – et médicale – avec ses manches ouvrables initialement, pour libérer les avant-bras du chirurgien –, la veste de costume rappelle que, dans beaucoup de cultures, la carrure en V est synonyme d'attractivité sexuelle : elle dénote un chasseur capable de nourrir et de défendre sa femme et leur progéniture. De même que dans l'armée romaine, l'officier doit garder l'apparence d'un chasseur quand il n'en a plus le physique ; les Romains et les Grecs avaient ainsi la cuirasse musculeuse. Selon le même principe, nous soignons les épaules d'une veste bien coupée. Mais au fond ces épaulettes ne sont aujourd'hui qu'une mousse de plastique... un Wonderbra pour homme, en somme.

Une fois son nid décoré, l'oiseau danse à l'entrée et, s'il est suffisamment convaincant, il aura une descendance avec la femelle ainsi séduite. Ce que cette charmante anecdote naturelle manifeste, ce sont les trois P de l'amour : précision, persévérance, prise de risque. Trois marqueurs naturels de la compétitivité, qui se trouvent amplifiés dans le comportement amoureux de l'oiseau.

Précision : lors de sa parade nuptiale, le jardinier satiné démontre qu'il est capable de dévisser un bouchon de bouteille, ce qu'un nourrisson de moins de douze mois ne sait que très rarement faire. *Persévérance* : si la femelle ne veut pas de lui, l'oiseau tente sa chance avec une autre – j'ai beaucoup appris de ce petit volatile. *Prise de risque* : son nid de parade se trouve au niveau du sol, ce qui tend à sélectionner les mâles les plus audacieux, c'est-à-dire ceux qui auront, toutes choses égales par ailleurs, le plus de chances de parvenir à nourrir leur progéniture.

Précision, persévérance, prise de risque : ces trois vertus rendent plus compétitif celui qui les pratique. Or elles émergent d'une situation qui n'est pas pénible mais, au contraire, enivrante et agréable. Le jardinier satiné est récompensé pour son excellence, et son attachement à sa tâche le rend plus compétitif. Quand nous aimons ce que nous faisons, non seulement nous y dépensons plus d'attention et de temps – ce qui augmente notre précision –, mais nous prenons aussi plus de risques et persévérons davantage – ce qui augmente la résolution de notre apprentissage, parce que nous acceptons d'être corrigés plus souvent. Et cela, en quantité aussi bien qu'en qualité, parce qu'en prenant davantage de risques, nous sommes plus susceptibles de découvrir de nouvelles méthodes. Le génial champion olympique de ski acrobatique, Edgar Grospiron, décrit dans ses conférences comment sa capacité à se corriger plus vite que les autres lui a assuré le succès : impossible de se corriger aussi rapidement si l'on n'aime pas la tâche que l'on pratique[1].

Qu'on se le dise : personne ne devient une référence dans son métier sans avoir, à un moment donné, fait ce qu'il aime. Jamais un prix Nobel ne vous dira qu'il a obtenu sa récompense parce qu'on a tiré à la courte paille dans son équipe, et que c'est sur lui que c'est tombé. Dans l'histoire de l'excellence, la nécessité demeure bien sûr une force puissante : c'est bien elle qui a motivé la découverte de l'antipaludéen le plus efficace au monde, l'artémisinine – ce qui a d'ailleurs valu le Nobel à la professeure Tu Youyou. Mais

1. Edgar Grospiron, *Quand on rêve le monde*, Altal, 2006.

elle ne suffit pas dans l'absolu, en particulier dans une compétition prolongée de type entrepreneuriale.

Les neuro-éthologistes savent que le pic de précision, de prise de risque et de persévérance qui s'observe dans les parades nuptiales a des corrélats nerveux très intéressants. Ceux-ci engagent des neurotransmetteurs de la récompense comme la dopamine – également libérée chez nous quand nous avons un orgasme, que nous gagnons au casino ou, en plus grande quantité, quand nous prenons de la cocaïne. Ces transmetteurs peuvent, comme la sérotonine, être associés au sentiment de bonne humeur. Mais ils peuvent être aussi des marqueurs neuro-endocriniens du stress, comme le cortisol et la noradrénaline, que l'on ne s'attendrait pas à trouver associés à quelque chose d'aussi plaisant que le coup de foudre amoureux et qui permettent, pourtant, d'expliquer ce sursaut de précision et même de sidération dans le comportement.

Il y a, dans le coup de foudre chez l'humain, quelque chose de semblable à la réaction de « fuir ou combattre » (*fly or fight*). Il s'agit en soi d'une situation terrifiante, propre à susciter un stress post-traumatique, analogue au fait d'être acculé et de devoir combattre un tigre à dents de sabre. Votre physiologie joue alors son va-tout en libérant, entre autres, cortisol, adrénaline et noradrénaline. Imaginons un homme hétérosexuel face à la femme la plus attirante de sa vie, dans un café. Physiologiquement, la réaction que cette rencontre suscite est proche de celle que provoque un tigre à dents de sabre. La raison pour laquelle cet homme a statistiquement peu de chances d'adresser la parole à la femme en question, c'est qu'il a mille manières possibles de « fuir sans combattre », alors que, dos au mur, cela n'est pas possible. L'expérience du coup de foudre est pourtant décrite comme positive et désirable. Elle invite à la reproduction dans tous les sens du terme, notamment hormonal – il est vrai que d'autres hormones sont libérées alors, qui ne le sont certainement pas face à un prédateur baveux : l'ocytocine notamment, associée à l'attachement, libérée chez l'enfant et la mère pendant l'allaitement.

On sous-estime encore le rôle économique extraordinaire que peut jouer cette hormone. Pourvu, bien entendu, qu'elle soit correctement dosée. On oublie souvent que la suave fragrance du jasmin est celle d'une molécule, le scatol, qui se trouve naturellement dans les excréments et qui, à forte concentration, donne une inimitable odeur de WC. Quant à l'addictive saveur du massepain, elle est en réalité celle du cyanure pur, qui donne à l'amande son goût si précieux. Si le bien et le mal sont mêlés ainsi dans la science des arômes, imaginez à quel point ils doivent être entrelacés dans le comportement collectif de l'humanité !

L'ocytocine – bien dosée, donc – peut transformer une expérience stressante, quasi traumatique, en quelque chose de gratifiant et d'agréable. Selon un nombre croissant d'études, les villes – où vit aujourd'hui la majorité de la population mondiale – créent chez leurs habitants de l'hypercortisolémie[1] et

1. R. Wallace et D. N. Wallace, « Structured psychosocial stress and the US obesity epidemic », *Journal of Biological Systems*, 13(04), 2005, p. 363-384.

un dérèglement du rythme circadien[1] : nous nous couchons avec un taux de mélatonine bas et un taux de cortisol élevé, et nous nous éveillons avec beaucoup de mélatonine et peu de cortisol. Association qui provoque insomnie, réveil difficile, irritabilité, baisse de productivité, montée de l'agressivité et de la défiance, dépression, maladie cardiovasculaire, hausse du risque d'accident vasculaire cérébral, du taux de suicide et de la criminalité… tout un programme[2].

Rappelez-vous l'opposition stupide entre ville et campagne sur le plan économique, la « fracture de la cité-jardin » ou l'histoire d'Isengard. Le simple fait de caresser un chat ou de monter un cheval peut réduire considérablement les effets négatifs du cortisol dans une population urbaine[3]. L'école d'équitation Fletcher a ainsi réussi une remarquable acupuncture urbaine sur certains quartiers difficiles de Philadelphie, et devrait être reproduite à une plus large échelle[4]. On peut ren-

1. Alain Muzet, « Environmental noise, sleep and health », *Sleep medicine reviews*, 11, n° 2, 2007, p. 135-142.

2. Ljiljana Stošić, Goran Belojević et Suzana Milutinović, « Effects of traffic noise on sleep in an urban population », *Archives of Industrial Hygiene and Toxicology*, 60, n° 3, 2009, p. 335-342.

3. John P. Polheber et Robert L. Matchock, « The presence of a dog attenuates cortisol and heart rate in the trier social stress test compared to human friends », *Journal of behavioral medicine*, 37, n° 5, 2014, p. 860-867.

4. Koenraad Cuypers, Karin De Ridder et Arve Strandheim, « The effect of therapeutic horseback riding on 5 children with attention deficit hyperactivity disorder : A pilot study », *The Journal of Alternative and Complementary Medicine*, 17, n° 10, 2011, p. 901-908.

verser la dépression collective dans une sorte de prise de judo et convertir le stress en amour, sans observer aucune baisse de productivité. De la même façon aussi, on peut transformer en jeu n'importe quel travail, même celui qui semble le plus ingrat, et augmenter de la sorte la productivité tout en accroissant le sentiment de bien-être ainsi que ses marqueurs physiologiques et médicaux.

Précision, persévérance et prise de risque : ces marqueurs de l'excellence se retrouvent aussi sous l'eau. Les poissons-ballons mâles du genre *Torquigener* fabriquent ainsi dans le sable des nids circulaires très complexes, parcourus d'allées semblables à celles d'un jardin zen. Ils sélectionnent même le sable le plus fin pour leur lit d'amour[1], ce qui joue un rôle important dans le choix sexuel de la femelle : si cette création n'est pas offerte délicatement par le mâle, elle refusera tout simplement de frayer avec lui. Ce nid circulaire, digne des jardins à la Le Nôtre, peut dépasser les deux mètres de diamètre, pour un poisson qui n'excède jamais vingt-deux centimètres : toute une salle de bal, qui n'a en outre aucune protection naturelle. De leur côté, les garibaldis se dissimulent dans un jardin de hautes algues et l'entretiennent patiemment, en en écartant la moindre mauvaise herbe et le moindre caillou – si vous laissez tomber une petite pierre dans leur jardin, ils prendront bien soin de l'en retirer –, avant de l'utiliser pour la parade nuptiale.

1. Hiroshi Kawase, Yoji Okata et Kimiaki Ito, « Role of Huge Geometric Circular Structures in the Reproduction of a Marine Pufferfish », *Scientific Reports*, 3, 1er juillet 2013, p. 2106.

Ikigai

Concept japonais signifiant « raison d'être »

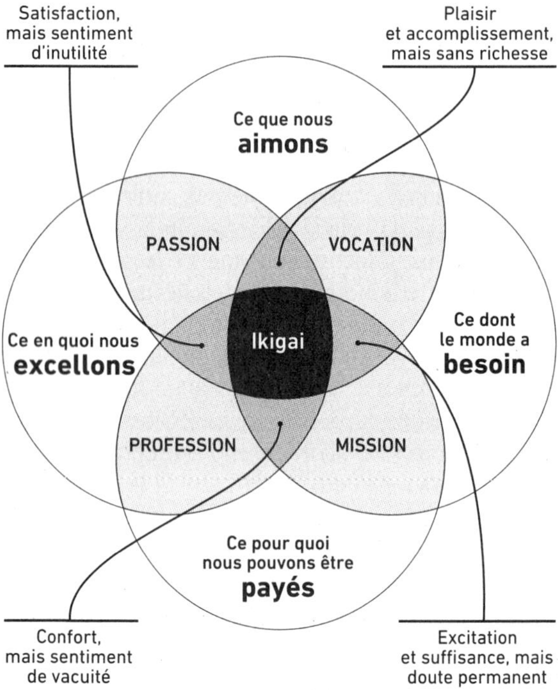

J'aime beaucoup ce concept des sages d'Okinawa dont les Japonais sont de plus en plus friands : l'*ikigai*, ou « raison d'être », que l'on définit comme l'intersection du :

— fais ce que tu aimes,

— fais ce dont le monde a besoin,

— fais ce pourquoi tu peux être payé – parce qu'il n'y a aucune honte à ça,

— fais ce en quoi tu excelles.

Lorsque vous avez trouvé l'activité qui combine pour vous ces quatre critères, vous pratiquez votre *ikigai*. C'est-à-dire ce pour quoi vous vous levez le matin, ce pour quoi vous pouvez vivre et mourir : si votre existence devait s'achever un lendemain d'*ikigai*, vous diriez « je vais embrasser mes gosses et finir mon travail ». L'*ikigai* est à la fois le sommet de la productivité et le sommet de l'épanouissement. Il est donc, tout naturellement, un des derniers clous plantés dans le cercueil du mensonge « produire ou s'épanouir ».

Restons un instant dans la métaphore nipponisante. Pour escalader le Fuji-Yama de l'excellence, vous avez deux chemins possibles : celui de l'épanouissement et celui de la productivité. Au pied de la montagne, les deux faces ont l'air d'être rigoureusement opposées, et l'alpiniste qui attaque l'ascension par la face productive semble très différent de celui qui l'attaque par la face de l'épanouissement. Alors qu'en réalité, quelle que soit la face dont vous êtes parti, vous n'y parviendrez jamais sans passer au moins une fois par la face opposée. Si vous avez commencé par l'épanouissement, mais en ayant la ferme intention d'atteindre le sommet, la fréquentation du flanc productif vous viendra naturellement. Si vous êtes parti du flanc productif, le passage par l'épanouissement pourra vous sembler contre-nature ou nécessaire, selon votre degré de maturité philosophique. Mais il sera, de toute façon, la seule voie possible vers le sommet et deviendra sans doute une épreuve de sagesse.

De même qu'il n'est pas forcément enviable d'être né riche, car alors on ne saura pas apprécier la richesse, il n'est pas nécessairement souhaitable d'être né avec son *ikigai*. Il vaut mieux pratiquer un métier rémunérateur mais non gratifiant, puis un métier épanouissant mais non rémunérateur, pour enfin trouver l'intersection des quatre critères, et les apprécier comme il se doit.

Une nation a tout intérêt à encourager systématiquement son peuple à découvrir son *ikigai*. Une société où tout le monde tendrait vers sa raison d'être serait irriguée d'infrastructures philosophiques et humaines. Des infrastructures immatérielles, donc difficiles à percevoir pour la majorité des gens, mais absolument cruciales : le marqueur des civilisateurs n'est plus aujourd'hui l'accès à l'eau courante, mais l'accès au sens. Là où il n'y a pas de sens, on meurt spirituellement, et un cadavre spirituel est l'une des pires abominations du monde.

L'idée de pousser tout le monde à chercher son *ikigai* semble aujourd'hui ridicule. Et il y aura bien des gens, bas de plafond sur le plan humain mais haut dans la hiérarchie, pour la trouver dangereuse. De la même façon que de nombreuses personnes ont considéré que l'alphabétisation systématique d'un peuple était impossible, puis, si elle devenait faisable, qu'elle n'était pas souhaitable, de même rendre l'*ikigai* accessible à tous sera une révolution soumise à la loi de Schopenhauer. Il faut souhaiter son avènement qui fera exploser les richesses mondiales et transcendera tous les débats sur la pénibilité et la productivité.

Je suis revenu de l'université de Stanford avec la théorie selon laquelle l'amour maximise la productivité, la démonstration de l'intuition de Champaigne sur saint Augustin et l'idée que l'économie de la connaissance maximise le pouvoir d'achat des amoureux. Mais, croyez-le ou non, à CentraleSupélec cette idée ne parlait pas à grand'monde. Notamment pas à la bureaucratie, organisation conçue pour pratiquer l'ablation précoce de la passion. Dans un élan d'innocence, j'ai tout de même essayé de traduire ce concept en termes admissibles pour la France cartésienne : je l'ai donc placé dans un diagramme de Descartes-Fermat-Oresme donnant *y* selon *x*, et j'ai appelé cette théorie du management la « matrice Love Can Do ». Je l'ai déjà évoquée dans *Libérez votre cerveau !*, mais j'aimerais développer davantage ici ses conséquences micro-, méso- et macro-économiques.

La matrice Love Can Do représente sur l'axe des abscisses – *x* – la compétence à réaliser une tâche – Can Do – et, sur l'axe des ordonnées – *y* –, l'attachement et la gratification émotionnelle envers celle-ci – Love. Cet attachement est représenté de façon continue : à côté du grand amour passionnel, il peut simplement distinguer une légère curiosité intellectuelle, ou cette simple excitation qui fait que, au-delà du salaire, un métier vous apporte un je-ne-sais-quoi de plus.

On ne peut pas représenter sur ce diagramme l'anti-savoir-faire, le Can Do négatif, et l'axe des abscisses ne progresse donc que dans les valeurs positives. En revanche on peut tout à fait représenter un anti-amour, qui s'appelle la haine et/ou la peur, et l'on peut donc prolonger la matrice Love Can Do dans des valeurs négatives pour *y*. Dans l'histoire humaine, le Hate Can Do a le malheur de très bien fonctionner lui aussi, et vous trouverez de ce côté de la matrice les pires représentants de l'espèce humaine : ceux qui ont mis leur excellence technologique, leur précision, leur persévérance et leur prise de risque au service de la haine. J'ai pu constater par moi-même à quel point la rage, la haine et, bien sûr, la xénophobie pouvaient porter certaines personnes à exceller dans leur travail de sape ; mais ces gens toujours finissent par se détruire eux-mêmes.

Idries Shah a écrit que l'être humain a une capacité de développement personnel infinie, mais que sa capacité d'autodestruction est tout aussi infinie[1]. Rien, dans la condition humaine, n'est plus abominable que l'autodestruction servie par l'excellence. C'est pour cela que nous devons abandonner l'idée selon laquelle seules la science et la technologie libèrent l'homme : elles nous font progresser sur l'axe du Can Do, mais

1. Idries Shah, *Learning How to Learn : Psychology and Spirituality in the Sufi Way*, Octagon Press Ltd, 1978, p. 149.

sont indépendantes de l'axe des *y*, de l'amour et de la haine. Si le démon de la « science pervertie », comme l'appelait Churchill, a ravagé le XXe siècle, il faut bien se garder de le croire aujourd'hui mort. Les guildes et les groupes qui développent le seul Can Do ne garantissent en rien qu'il soit mis au service de l'amour. Dans la construction même du mot « philosophie », les Anciens nous ont inculqué qu'il n'y a pas de sagesse sans amour – même si certaines âmes mortes réduisent la sagesse au seul jeu des concepts et retirent ainsi son cœur même à l'école d'Athènes…

Puisque l'humain doit trouver son *ikigai*, je suis convaincu que les objets qu'il fabrique portent eux aussi une raison d'être et que, plus cette raison d'être est profonde, plus ces objets illuminent l'Histoire. On peut, d'une façon un peu animiste, faire parler les créations humaines, les objets que nous avons produits, et leur demander : « Petit produit, pourquoi es-tu là ? » À cette question, la majorité des fabrications humaines ne sauraient mieux répondre que : « Parce qu'il y a un marché, connard ! J'existe parce qu'il y a une demande, que l'on connaissait avant même de me fabriquer ! » C'est là le destin de la majorité des produits humains. Dans la matrice Love Can Do, celui qui sait dire que « Je suis là parce qu'il y a un marché » est le « suiveur ».

Les produits très mauvais, les objets mal fichus, diront, eux : « Je suis là parce qu'il le fallait bien. » Ils ne concentrent que peu d'attention et de temps parce que, nous l'avons vu, l'attention humaine est rétive à la corvée. Prenons l'exemple d'une moto soviétique. « Pourquoi l'as-tu fabriquée, camarade ? – Eh bien, parce que le camarade Staline me l'a demandé. Je voulais être vétérinaire, au départ. Mais il m'a dit : "Tu fais des motos." Donc je me suis fait chier à la construire, tu vas te faire chier à la conduire, tout va bien[1]. » N'ai-je pas entendu parfois des professeurs s'exclamer : « C'est normal que les élèves trouvent le cours difficile, vous croyez que je m'amuse, moi ? » Peut-être devraient-ils essayer, justement. Mais, dans l'enseignement supérieur français, les cours sont appelés la « charge »... Dans la matrice Love Can Do, celui qui dit « Je suis là parce qu'il le fallait bien », c'est l'« entrant forcé ».

Les produits extraordinaires de l'humanité, ceux qui illuminent sa condition et son espace habité, ne peuvent pas dire « Je suis là parce qu'il y a un marché ». Ils ne diront pas non plus « Je suis là parce qu'il a bien fallu ». Eux diront « Je suis là parce que papa et maman s'aimaient très fort ». Prenez les cathédrales gothiques en Europe. La première version de l'imposante basilique Sainte-Sophie de Constantinople qui n'est pas gothique donc – bien qu'inférieure à l'édifice actuel, rehaussé après que deux tremblements de terre ont abattu le premier dôme – fut construite en seulement cinq ans et dix mois, contre plus de deux siècles pour la cathédrale Notre-Dame de Paris. De toute évidence, si élever des lieux de culte dans les cités européennes avait été une simple corvée, on y aurait consacré moins de temps et d'attention.

1. J'ai déjà expliqué dans *Libérez votre cerveau !* que ceux qui déploreraient la vulgarité lexicale de cette phrase devraient méditer sur la nature bien plus vulgaire de l'asservissement de l'humain par des projets sans âme.

Il n'y a jamais eu en Europe de bâtiments plus denses en At, de bâtiments ayant mobilisé plus d'attention et de temps humain par mètre carré, aussi bien à l'intérieur qu'à l'extérieur, et aussi bien de la part de leurs concepteurs que de leurs visiteurs, que les cathédrales. Leurs seuls concurrents possibles sont les accélérateurs de particules, mais ils ne mobiliseront jamais la même attention collective de la part de leurs visiteurs, d'où leur trace inférieure dans l'histoire des mémoires du monde. C'est pour cela que nous nous en souviendrons davantage que nos aéroports, nos stades, nos parkings étanches au rêve et à l'attention, tout ce que la logique du « Je suis là parce qu'il y a un marché, connard » aura construit autour de nous. La légende veut qu'au XIVe siècle, sur le chantier de la cathédrale Saint-Laurent de Gênes, un des ouvriers – dont plus personne ne connaît le nom, pas plus que celui de l'immense majorité des architectes qui se sont succédé sur les chantiers des cathédrales d'Europe – ait perdu son chien et ait choisi pour cette raison de le représenter au bas de la façade, à droite de l'entrée. Dans la matrice Love Can Do, celui qui œuvre « parce que papa et maman s'aimaient très fort », celui qui se situe au-delà du marché et au-delà de la nécessité, c'est le joueur « au-dessus de la mêlée ».

Sans bâtir une cathédrale par jour, un entrepreneur, comme n'importe quel homme, peut injecter du sens dans ses œuvres de façon à transcender la seule nécessité et le seul besoin. Cela produira un style de gestion bien particulier que j'appelle « management suprarationnel », parce qu'il semble irrationnel au moment où on l'exerce, mais se révèle rétrospectivement parfaitement rationnel. Il n'est donc ni antirationnel, ni rationnel, ni hétérodoxe, ni orthodoxe, plutôt, comme Serge Soudoplatoff le décrit avec fougue, « hyperdoxe ». C'est-à-dire au-dessus des dogmes : ni pour, ni contre, loin au-delà. J'admire beaucoup l'hyperdoxie, et je suis convaincu, par exemple, que seule une diplomatie hyperdoxe pourra sortir le Moyen-Orient de l'impasse politique où il se trouve.Or il n'y a pas d'hyperdoxie sans amour ; comme le chantait Ibn Arabi, « mon cœur est capable de toutes les formes ».

Le management suprarationnel est une boussole fort pratique pour naviguer dans la loi de Schopenhauer et, en particulier, dans cette loi de Schopenhauer démultipliée qui caractérise le XXIe siècle, où les révolutions s'accélèrent. Il s'agit dans les moments fatidiques, dans les crises – un mot qui vient du grec « décider » –, de suivre la recommandation de Steve Jobs : écouter son cœur et son intuition. On pense, par exemple, à l'échelle de l'Histoire, à l'abolition de l'esclavage dans le treizième amendement de la Constitution des États-Unis, ratifié grâce à Lincoln, que je considère comme le plus grand homme politique de l'aventure humaine. À une échelle beaucoup plus modeste, dans ces objets très imparfaits que sont les entreprises, il existe aussi des décisions suprarationnelles qui ont bouleversé le devenir des organisations assez intelligentes pour les prendre.

Prenons la décision de Jobs, alors CEO par intérim d'Apple – « iCEO », donc –, de lancer sa boîte dans l'aventure des baladeurs numériques alors qu'elle est à deux doigts de la faillite. À cette époque, Apple racle les fonds de tiroir, le fondateur de Dell clame que Jobs devrait liquider la société et répartir le butin entre les actionnaires. Bref, ça va très mal. Au conseil d'administration, que décide-t-on de faire ? Un lecteur MP3, bien sûr ! Apple a pourtant trois excellentes raisons de ne surtout pas se lancer là-dedans. Premièrement, Sony, qui a tout de même inventé le walkman, donne tous les signes de ce que ce marché n'est plus intéressant pour lui. Si le leader mondial d'un marché est en train d'en sortir et que vous n'êtes qu'une petite société moribonde, tous les manuels de management vous conseilleront de passer votre chemin. Deuxièmement, Apple n'a aucune expérience, donc aucune sacro-sainte légitimité, qui lui permette d'influencer de près ou de loin l'industrie musicale. Mais *fuck* la légitimité : on est à Cupertino, pas à Courbevoie !

Troisièmement, il n'y a plus de marges possibles – c'est d'ailleurs peut-être pour cela que Sony se retire –, parce que Taïwan et toute l'Asie du Sud-Est font des baladeurs à 7,50 dollars. Cerise sur la pomme : Apple a signé un contrat très clair avec l'ancienne société des Beatles, qui s'appelait Apple Records bien avant que Steve Jobs n'avale son premier buvard d'acide, et s'est engagée à ne jamais entrer dans l'industrie musicale. Produire le futur iPod est donc l'assurance, pour Apple, de déclencher le procès du siècle, alors qu'elle est à sec. On est donc dans une stratégie à la Foch : « Mon centre cède, ma droite recule. » Situation excellente, j'attaque.

Au fait, Steve, à combien tu vas le vendre, ton baladeur numérique miracle ? 399,90 dollars, évidemment.

L'Asie les sort à 7,50 dollars, il faut bien se démarquer un peu, non ? Sir Alan Sugar, le patron d'Amstrad, affirme en février 2005 : « À Noël prochain, l'iPod sera mort, terminé, parti, *kaputt*[1]. » Apple en a vendu dans le monde plus de quatre cents millions : méfiez-vous des autorités en chaire, méfiez-vous des autorités en académie, méfiez-vous de ces mandarins à la Samuel Pierpont Langley que les chefs d'État convoquent pour rédiger des rapports sur le futur[2].

Naturellement, au conseil d'administration d'Apple, les premiers de la classe ne manquent pas de faire la liste interminable des « contre » dans le projet iPod. À la question de savoir pourquoi il prend une telle décision, Jobs fait cette réponse légendaire, qui définit avec classe le management suprarationnel : « Parce que j'adore la musique et que, si on doit crever demain, autant crever en faisant ce qu'on aime[3]. » Évidemment, on est tenté de poser sur ce style de gestion un panneau clignotant : « Ce tour est réalisé par des professionnels, n'essayez surtout pas de le reproduire chez vous. » On aurait raison, en général. Mais pas lorsque cela concerne des décisions les plus difficiles, dans

1. *Resources, Management Association, Information, Sports Media, Marketing, and Management : Breakthroughs in Research and Practice*, IGI Global, 2018, p. 179.

2. Comme le dit si bien Jean-Yves Portnoff, la seule prédiction sûre que peut produire un futurologue, c'est qu'il y aura encore des gens comme lui à l'avenir. C'est l'un des principes de Clay Shirky : les institutions tendent à préserver les problèmes auxquels elles sont censées être la solution. Voir « The Technium. The Shirky Principle », kk.org, 2 avril 2010.

3. Matt Weinberger, « The Story of How Steve Jobs Saved Apple from Disaster and Led It to Rule the World, in 39 Photos », *Business Insider*, 5 octobre 2017.

l'adoption des nouvelles technologies notamment, ou lorsque cela impose de rappeler l'âme de son organisation. Dans les moments de vérité, « écoute ton cœur » n'est pas un vain cliché.

Ce sont des produits ridicules – donc dangereux – dès le prototypage qui ont fait d'Apple la société insolemment multimilliardaire qu'elle est aujourd'hui, celle dont la capitalisation boursière s'achemine tranquillement vers les 1 000 milliards de dollars. L'iMac ? Il n'a pas de lecteur de disquette, le malheureux ! L'iPod ? Pure folie ! L'iPhone ? Il fera s'esclaffer Steve Ballmer, le patron de Microsoft, selon la bonne vieille logique du « Si vous ne faites pas comme moi, c'est que vous êtes fou ».

Parce qu'il n'y a pas la moindre étude de marché qui la soutienne, la décision d'Apple de se lancer dans le lecteur MP3 est bien prise par amour. Ou par ego, mais quoi d'autre ? Il ne faut d'ailleurs pas oublier qu'il y a deux types de leaders : ceux qui mettent leur ego au service du projet, et ceux qui mettent le projet au service de leur ego. Même si les choses ne sont pas binaires, et que l'Histoire est un entrelacs subtil de bien et de mal, je crois que tant que Napoléon a mis son ego au service de la France, il l'a élevée, et qu'aussi longtemps qu'il a mis la France au service de son ego malade, il l'a détruite, et s'est détruit avec elle. Talleyrand me semble beaucoup plus souvent avoir mis son ego corrompu au service de la France qu'il n'a fait l'inverse, peut-être aussi parce que l'Histoire l'en a empêché.

Il ne fait aucun doute que Steve Jobs avait un ego particulièrement costaud. Mais c'est parce qu'il avait appris à le mettre au service de sa société qu'il a pu s'élever avec elle, imposer le Can Do, amener ses collaborateurs au-delà de leur zone de confort, et au-delà de leur conviction qu'un projet était irréalisable.

Pour exprimer le Can Do légendaire d'Apple à cette époque, l'un de ses anciens employés, Amit Chaudhary, rapporte l'anecdote suivante :

« Quand les ingénieurs qui travaillaient sur le tout premier iPod ont terminé leur prototype, ils ont présenté leur travail à Steve Jobs pour avoir son approbation. Jobs a joué avec l'appareil, l'a scruté, l'a soupesé et l'a rejeté : il était trop gros. Les ingénieurs ont expliqué qu'ils avaient dû réinventer l'art d'inventer pour créer cet iPod, et qu'il était impossible de le rendre plus petit. Jobs est resté silencieux un moment. Enfin il s'est levé, a marché jusqu'à un aquarium et y a laissé tomber l'iPod. Alors qu'il coulait au fond de la cuve, des bulles sont remontées jusqu'à la surface. "Ce sont des bulles d'air, a dit Jobs. Ça veut dire qu'il y a encore de l'espace là-dedans. Faites le plus petit, c'est tout."[1] »

L'anecdote reste sans doute un peu éloignée de ce qui s'est réellement produit. Mais si elle demeure légendaire, c'est qu'en elle-même elle mérite d'être lue.

Dans la matrice Love Can Do, le suiveur est celui qui a bien appris sa leçon, et qui croit que la compétitivité ne se mesure que sur l'axe des *x*. Il ne peut

1. « Why Steve Jobs Drowned the First iPod Prototype », *Cult of Mac*, 18 novembre 2014.

pas comprendre la position du « joueur au-dessus de la mêlée », parce qu'elle contredit ses manuels et que les manuels *sont* à ses yeux la vraie vie. Le suiveur ne peut pas comprendre, par exemple, comment Apple peut, selon l'*Investor's Business Daily*[1], capter 87 % de tous les profits de l'industrie globale des smartphones en ne vendant que 18 % des unités écoulées en 2018, un écart qui s'est d'ailleurs creusé en sa faveur par rapport à 2017. Il ne peut pas le comprendre, parce qu'une telle position concurrentielle, même dans la comptabilité de *Largo Winch*, est inimaginable : elle signifie que Samsung, Huawei, Xiaomi, LG, HTC, Oppo, Asus, Microsoft, Google et Alcatel (pardon) se partagent les 13 % restants… Pourtant elle est bien réelle.

Le suiveur est semblable à l'homme spirituellement endormi dans la caverne de Platon : parce qu'il ne voit pas la dimension supérieure, subtile de la réalité, il n'en perçoit que sa projection dans sa dimension à lui, le savoir-faire, le bon élève à susucre, la salle de classe. Dans la dimension du savoir-faire il n'y a, en effet, que peu ou pas de différence entre lui et le joueur au-dessus de la mêlée. Le disque dur du premier iPhone était d'ailleurs une innovation de chez Toshiba, et Samsung fabrique une très large partie des composants des iPhones aujourd'hui. Ce que le suiveur ne peut comprendre, c'est qu'il existe un axe supplémentaire, caractérisé par l'émotionnel, l'attachement – qui confine à la religion chez Apple, dont les clients les plus fanatiques peuvent passer littéralement des jours

1. Patrick Seitz, « Apple Rakes In 87 % Of Smartphone Profits, But 18 % Of Unit Sales », *Investor's Business Daily*, 28 février 2018.

devant une boutique pour acheter le dernier modèle à sa sortie. Cet axe-là se traduit en inspiration, en culture et, à la petite échelle d'Apple, en marges stupéfiantes. Les Apple Stores, dont toutes les autorités prédisaient l'échec en moins d'un semestre, sont les boutiques les plus profitables au monde par mètre carré d'espace de vente[1] : 5 546 dollars de chiffre d'affaires en moyenne mondiale en 2017 – et beaucoup plus à Shanghai. En 2013, c'était déjà presque le double du numéro deux, à savoir Tiffany & Co. – qui, à 2 951 dollars au mètre carré aujourd'hui, est passé derrière le franchiseur de machines à yaourts glacés Generation NEXT Franchise Brands, 3 970 dollars au pied carré. Tout cela n'est pas logique.

Mais *sic transit*, toujours : on parle déjà d'un *new kid on the block* face à qui Apple passe pour un ringard. Quand vous en êtes à ringardiser Apple, vous savez que vous êtes sur la bonne voie managériale. Il s'agit, bien sûr, de Tesla Motors. Selon certains, la société est la pire bulle économique de son industrie. Pour d'autres, elle est la plus géniale. Son style de gestion est en tout cas un parfait exemple du management supraratonnel. Le résultat est qu'absolument personne ne fait comme elle dans l'industrie, bien que de nombreux joueurs s'y essaient superficiellement. Selon les indicateurs des manuels, Tesla est en faillite, puisqu'elle n'a jamais réussi à générer de profits depuis sa création en 2003 et brûle, selon Bloomberg,

1. Lisa Eadicicco, « Apple Stores Make An Insane Amount of Money », *Time*, 18 mai 2016.

autour de 123 dollars par seconde[1]. Il faut dire que, selon ce critère, l'État français est lui aussi en faillite, qui endette ses citoyens de 2 029 dollars par seconde cette fois, sauf que lui n'a pas le moindre objectif d'inverser cette tendance…

Dans la Silicon Valley, les règles sont très différentes, et les gagnants sont ceux qui surfent sur le ridicule, le dangereux et l'évident pendant que ceux qui n'ont jamais pris de risques s'assoient pour les juger. Combien ont prédit la mort d'Amazon, quand Jeff Bezos est aujourd'hui beaucoup plus riche que Bill Gates. Dans la Silicon Valley, il faut conquérir avant de profiter, établir le standard, rendre le ridicule évident avant de faire du profit. C'est précisément la stratégie que Tesla a adoptée, mais qu'aucune autre société automobile ne peut culturellement se permettre de développer.

L'exemple Tesla

Apple a essayé à plusieurs reprises d'acquérir ou de concurrencer Tesla. Celle-ci a même été prête à se vendre en 2013, avant que le succès de son modèle S ne la fasse changer d'avis. L'outil industriel, ainsi que les méthodes qu'elle a acquises ou est en passe de confirmer – par sa persévérance et une interminable série d'essais et d'erreurs –, stabilisent chez elle un cours plancher qu'il sera très difficile de crever. Si Tesla venait, en effet, à se liquider demain, de très nombreux investisseurs se battraient, soit pour la racheter

1. Dana Hull et Hannah Recht, « Tesla Doesn't Burn Fuel, It Burns Cash », Bloomberg.com, 30 avril 2018.

en entier, avec sa marque et sa base de clients ultra-loyale, soit pour racheter par morceaux son outil industriel, et notamment les fameuses Gigafactories, les plus grandes usines de batteries au monde. Avec Tesla, Elon Musk essaie de devenir le Ford et le Rockefeller d'un âge « nooélectrique », mélange subtil de courant et de savoir. Comme le magnat du pétrole avait fondé la Standard Oil, il essaie, lui, d'établir la Standard Battery. S'il a raison, sa situation actuelle n'est donc qu'un prélude. L'Histoire nous le dira.

L'aventure de Tesla reste une folie qui n'aurait pas dû fonctionner. Pourtant, à l'heure où ces lignes sont écrites, et alors même que le titre Tesla n'a jamais été à ce point *shorté*[1] par les marchés financiers, la capitalisation boursière de la société dépasse les 53 milliards de dollars, soit plus que Renault et Peugeot-Citroën réunis. Lancée en 2003 par le génie Eberhard, la société prend le nom de Tesla en référence au génie Nikola Tesla, le Léonard du XXe siècle – à moins que Léonard ne soit que le Tesla du XVe… Le choix d'un tel nom vise à se raccrocher à une passion, à quelque chose qui justifie la sueur, le sang et les larmes, bref, qui permette de surmonter les claques inhérentes à la fondation et au succès de toute jeune pousse. Au cœur de ce projet, il y a l'ambition de fabriquer une automobile électrique – l'idée n'est pas nouvelle puisque la Jamais-Contente électrique fut, à la fin du XIXe siècle, la première auto à dépasser les cent kilomètres à l'heure. Mais un modèle pour le XXIe siècle, et pour sa classe moyenne mondiale, de Shanghai à Los Angeles.

---

1. C'est-à-dire parié à la baisse.

On savait que la propulsion électrique était beaucoup plus efficace que la propulsion thermique : même les trains au diesel qui circulent encore aujourd'hui s'en servent pour alimenter un groupe électrogène. Elle permet non seulement un meilleur rendement, donc un meilleur coût au kilomètre, mais aussi un couple de démarrage bien supérieur : le nouveau Tesla Roadster a aujourd'hui une accélération supérieure à celle de la Bugatti Chiron. L'idée est de propulser une voiture avec un moteur de train à grande vitesse, un triphasé dont la technologie de base a été brevetée par Nikola Tesla en 1887 et qui est bien connu dans le monde du modélisme : les « p'tits navions » et autres « trains-trains »... Là encore, ce n'est pas logique, et aucun patron de l'automobile ne validerait une telle idée. Sauf que l'on est dans un garage de la Vallée, et que le Love prime sur le Can Do : « L'intendance suivra », comme l'a dit de Gaulle.

La première décision suprarationnelle de l'équipe fondatrice est donc de prendre le nom de sa société à la lettre, et d'insister pour que le principe même de la voiture vienne en droite ligne de Tesla. Et cela, même si ce génie est mort en 1943, soixante ans avant la naissance de Tesla Motors. Même si la technologie de base date du XIXe siècle, et même si c'est une technologie de magasin de jouets !

À l'époque, le développement de la voiture électrique était perçu comme une corvée : dans les grands groupes, un projet de ce type était une punition ou, sans mauvais jeu de mots, une voie de garage.

Dans le métier circulait même cette blague : « Comment devient-on millionnaire dans l'automobile électrique ? En commençant milliardaire ! » Bref, rien n'était réputé coûter plus d'argent en pure perte que le projet envisagé par Tesla. Un premier prototype sort de l'atelier, mais son autonomie est minable. Or le slogan de la société est « la fin des compromis ». De deux choses l'une : il faut soit changer la voiture, soit changer le slogan. Or on ne change pas le slogan. Le premier prototype finit donc à la Steve Jobs : dans l'aquarium, à peu de chose près.

Mais Tesla est guidée par sa passion pour le projet, une passion proche de l'obsession pathologique avec dopamine, sérotonine, cortisol, noradrénaline et ocytocine, et qui est proche sûrement de l'attachement de Nikola Tesla, lui-même, à ses pigeons et ses inventions – un attachement tel que le beau gaillard d'1,88 m[1] n'a eu, selon ses biographes, aucune relation sexuelle de toute son existence ! Et le Can Do qui en résulte, c'est l'idée folle d'utiliser des batteries d'ordinateur, puis de téléphone portable, pour alimenter les voitures. La Tesla, on l'a dit, est propulsée par un moteur de TGV. Or les trains ne roulent évidemment pas sur batterie, et les voitures ne peuvent pas être connectées au réseau électrique durant tout leur trajet. Il s'agira donc de profiter de l'explosion des performances des batteries, et d'être le premier sur le marché quand, enfin, les courbes d'autonomie des réservoirs d'essence et celles des batteries élec-

1. D'une façon purement amusante, c'est aussi la taille d'Elon Musk.

triques embarquées se croiseront dans l'automobile commerciale… Ce qui est en train de se produire alors que j'écris ce livre.

Le problème est cependant que, comme nous l'avons vu, une révolution n'est pas adoptée lorsqu'elle fonctionne, mais lorsqu'elle cesse de faire peur. Les premières voitures de Tesla sont des sportives à deux places au ras du sol, encore trop « Batmobile » et agressives dans leur style. Lorsque l'une d'elles a pris feu, cela n'a intéressé personne de savoir que ce type d'accident arrivait beaucoup moins aux Tesla qu'aux voitures commerciales les plus sûres du marché. Le public avait envie d'avoir peur, et il en a eu pour son argent.

Si Tesla a quitté les mains de son fondateur Martin Eberhardt, et si ce dernier n'adresse plus la parole à Elon Musk, son directeur actuel, c'est que les premières Tesla se sont très mal vendues, précisément parce qu'elles inspiraient la frousse. Pour sauver la société de la liquidation, il faudra la rallonge de Musk ainsi que l'intervention hautement symbolique d'Arnold Schwarzenegger, le gouverneur de Californie, qui acquerra un Roadster avec son argent personnel et l'utilisera tous les jours, incitant les investisseurs à la patience.

Leçon retenue : le modèle suivant, la Tesla S, qui sera à la société ce que l'iMac fut à Apple, aura à cœur de dire : « N'aie pas peur. » Bien qu'il soit le plus avancé technologiquement de l'industrie, ce modèle est bien plus discret en terme de style, et bien moins grisant et agressif que son prix – supérieur à celui d'une

Jaguar ou d'une Maserati – l'aurait laissé penser. La Tesla S est une voiture familiale, aux lignes douces, qui se vante à raison de ses performances en matière de sécurité.

Tesla a cultivé un gigantesque pouvoir d'excitation qui l'a fait sortir des manuels étriqués du management classique, et c'est à ce titre qu'elle est l'exemple le plus frappant du management supraratinonnel. Plus de cinq cent mille précommandes à 1 000 dollars, pour une voiture qui n'est toujours pas livrée six trimestres plus tard ? Ce n'est pas logique. Plus d'un milliard de capitalisation boursière en plus, juste à cause d'un petit tweet annonçant un nouveau produit – qui n'est d'ailleurs pas une voiture : il s'agit de la batterie domotique Powerwall ? Encore moins logique. La simple annonce de ce que le partenaire batteries de la société resterait Panasonic a été capable de faucher 580 millions de capitalisation – en dollars, bien sûr – à Samsung SDI, dont les investisseurs avaient cru qu'elle était l'heureuse élue : on entre carrément dans la quatrième dimension.

Mais étudions plus précisément l'une des décisions supraratinonnelles de Musk pour bien en comprendre la dynamique : l'ouverture de tous les brevets de Tesla à l'*Open Source Movement*, mi-2014. Soyons clairs : aucun manuel de management n'aurait prescrit une telle décision, surtout à la société la plus innovante de toute l'industrie. En 2018, Tesla n'a toujours pas de concurrent. Si vous voulez une berline 100 % électrique avec plus de quatre cents kilomètres d'autonomie sur une seule charge, il y a son modèle, et aucun autre. Vous êtes donc la société A, vous vendez le produit B qui n'a pas le moindre concurrent grâce aux dividendes des risques technologiques majeurs que vous avez pris pendant onze ans, alors que personne ne vous suivait. Réfléchissez bien, que faites-vous de vos brevets ?

1. Vous les enfermez dans un coffre molybdène et titane[1], que vous coulez au fin fond de la fosse des Mariannes.

2. Vous les ouvrez gratuitement à toute la concurrence.

C'est précisément parce qu'aucun manuel au monde n'aurait donné la solution 2 que Tesla n'a pas de concurrent : personne n'est assez fou pour faire ce qu'ils font, pas même Apple. Et ce que fait Tesla ne peut guère survivre qu'en Californie, où la société est pourtant déjà sur le fil du rasoir et atteint des sommets en matière de dissonance cognitive et de haine froide et silencieuse de la part des conformés. En France, la société serait morte depuis longtemps, en admettant qu'elle ait pu même émerger. En Californie, l'État innovant le plus fou au monde, Tesla est tout de même sur la sellette culturelle, politique et financière. Mais je me souviens de ce que me disait mon directeur de thèse Paul Bourgine : « C'est au bord du chaos que se fait l'innovation. » Amen.

Si la décision d'ouvrir les brevets ne s'avère rationnelle que rétrospectivement, c'est d'abord qu'elle présente un fort impact psychologique. Comme la Vieille Garde qui finit de se battre à la baïonnette, comme Tariq ibn Ziyad ou les Hellènes brûlant leurs vaisseaux,

1. « L'alliage infernal », comme dirait Françoise Rosay, pour ceux qui auront compris la référence.

ou comme l'ordre 227 de l'Armée rouge : « Plus un pas en arrière. » Or le cours de l'action Tesla ne s'effondre pas après l'annonce de l'ouverture des brevets. Il passe de 202,3 dollars le 10 juin 2014, à 231,67 sept jours plus tard. Soit une hausse de presque 15 %, en une seule semaine – le CAC40 ne fait même pas ça en un an –, donc dans le contexte de ce qu'un manuel classique aurait anticipé comme une destruction d'actif pure et simple.

La logique de cette décision se dessine rétrospectivement : si Tesla n'avait pas ouvert ses brevets, ses – nombreux – concurrents à venir auraient créé un consortium technologique contre elle et fondé leurs propres standards, notamment pour les stations de rechargement et les batteries. La société se serait retrouvée exclue, aussi bien pour les pièces détachées que pour l'interopérabilité en général. En ouvrant sa propriété technologique, Tesla fait à ses inévitables concurrents une « proposition qu'ils ne pourront pas refuser » : plutôt que d'avoir à payer le prix d'une R&D alternative, absorber la sienne et l'établir comme le standard de toute l'industrie. Sans compter qu'avoir une concurrence est une excellente chose, puisqu'elle légitimera l'intérêt de l'industrie en général. L'automobile électrique est un marché montant que Tesla domine largement : en ouvrant ses brevets, elle utilise ses propres concurrents comme développeurs d'affaires. Elle ne sera plus seule, certes, mais 99 % des automobiles dans le monde seront électriques.

Elon Musk est sans doute l'Alexandre le Grand du management : il donne des leçons à de vieux généraux engoncés dans leurs certitudes et incapables de se mettre à jour. Aucun capitaine d'industrie n'est aujourd'hui capable des mêmes prouesses technologiques, financières et managériales. Musk refuse de recevoir un salaire de Tesla, ou même des stock-options, avant que la société ait dépassé la capitalisation de 100 milliards de dollars – le double de l'actuelle. Ce qui semble parfaitement envisageable. D'une part parce que l'électrique est destiné à occuper une part de marché bien plus importante que le thermique, aussi bien en ville qu'à l'extérieur – et nous parlons d'une part dix à trente fois supérieure, pas simplement doublée. D'autre part parce que Musk a déjà fait ses preuves : entre janvier 2010 et janvier 2018, l'action est passée de 24 à 354 dollars, soit une hausse de presque 1 600 % et une moyenne de plus de 48 % par an pendant sept ans. Si vous aviez investi dans une Renault Zoé chez eux à leur introduction en Bourse, vous auriez eu quatre Porsche Panamera en janvier 2018. Derechef, n'attendez pas un score pareil d'une boîte du CAC 40, malheureux !

Le suiveur lit les manuels, le leader les écrit. Lorsque vous lisez un manuel, vous savez dans quel camp vous êtes : les traités ne tombent pas du ciel, il a bien fallu que quelqu'un les écrive. Difficile de faire comprendre cela en France, où la restitution la plus exacte possible d'une leçon est la vertu suprême.

Musk souhaite également aller sur Mars. Il a vu exploser un très grand nombre de fusées en vol, et paraphrasé le grand homme de son pays d'origine, Nelson Mandela : « Je ne perds jamais : soit je gagne, soit j'apprends. » Aujourd'hui sa société SpaceX sait lancer des fusées, les reposer sur une barge, puis les lancer encore, et rêve de les utiliser comme moyens de transport civils ultra-rapides dans ce que l'on appelle déjà le « Space B2C », c'est-à-dire l'espace pour les consommateurs. Une idée aussi folle, au fond, que l'avait été l'informatique B2C… c'est-à-dire le PC.

Il ne s'agit pas pour autant de disqualifier Arianespace, qui possède encore les lanceurs les plus fiables au monde et sait mettre des constellations en orbite bien mieux que son compétiteur californien. Pour avoir eu l'occasion de visiter l'usine d'assemblage d'Ariane 6, j'ai clairement appris que les prouesses de SpaceX avaient libéré la société plus qu'autre chose, malgré les entraves de ses nombreux partenariats européens et de sa subordination hiérarchique. En France, la SNCF a investi dans le projet ouvert « Hyperloop » de Musk : des trains à très grande vitesse avançant dans des tubes en faisant le vide à l'avant de leur trajectoire, et théoriquement capables de dépasser les mille kilomètres à l'heure. Ce n'est pas que l'Europe n'a pas assez de talents, c'est qu'elle a bien trop de « reste-à-ta-place » et présente tous les symptômes de cette maladie : jalousie, frilosité et bureaucratie.

Management du cœur

Il existe tout de même un très beau cas de management supraratiónnel européen qui ne date pas d'avant-guerre : la décision d'Hermès, le « joueur au-dessus de la mêlée » en matière de luxe, d'arrêter net la commercialisation d'un sac en toile parce qu'il commençait… à trop se vendre. Mon Dieu, on commence à faire du volume, il faut laisser ça à Louis Vuitton ! Une telle décision relève du supraratiónnel, et les sociétés qui n'ont pas eu ce courage l'ont payé cher en leur temps : Lacoste avec sa légendaire banane au début des années 2000, ou Burberry dont la casquette est devenue une icône « Chav » chez les hooligans londoniens – couac dont la société s'est depuis parfaitement remise. La leçon donc : quand on est une société qui a une culture, ce n'est pas seulement parce que ça se vend qu'il faut le faire.

Il existe, à l'inverse, un art de danser avec le changement sans se trouver soi-même dans la salle de bal. Selon l'adage soufi : « Apprenez des erreurs des autres, qu'ils n'aient pas à apprendre des vôtres. » En plus de Xerox et de son génial prototype de PC « Alto », citons Kodak, qui a inventé le capteur mégapixel, mais s'est fait balayer par la photographie numérique. Ou la marque de montre de luxe Omega, qui s'est précipitée sur le quartz parce qu'elle était la montre de James Bond, sans savoir que le quartz allait justement devenir la marque des garde-temps les moins chers du marché. Il est facile de juger rétrospectivement, et il n'y a d'autre recette miracle, en la matière, que d'écouter son cœur avant sa raison – même si cela semble fleur bleue et hors sujet managérial.

Le management suprarationnel est une notion très proche de celle du *Cygne noir*[1] de Nassim Nicholas Taleb : un événement rare, imprévisible a priori, aux conséquences disproportionnées au regard de sa rareté, mais prévisible a posteriori. Les décisions suprarationnelles, en effet, ne sont pas irrationnelles. Elles semblent

1. *Op. cit.*

telles aux esprits conformés et mécaniques, et en particulier aux bureaucrates dont Taleb rappelle qu'ils se caractérisent par leur irresponsabilité, et par leur capacité à se couper de toutes les possibles conséquences négatives de leurs choix. De même qu'a posteriori un cygne noir semble prévisible, de même une décision suprarationnelle semble sensée rétrospectivement. Et ses effets peuvent être gigantesques. Le management suprarationnel, qui est une boussole dans la loi de Schopenhauer, est donc le pendant décisionnel du cygne noir.

Ce principe dépasse de loin, de très loin, le monde de l'argent. Les cathédrales, nous l'avons dit, continueront à illustrer le Love Can Do des siècles après la mort d'Apple. Mais il s'agit bien ici de parler de productivité, et de traduire donc dans les termes du management quelque chose dont il a trop longtemps cru que cela ne le concernait pas : le cœur, ça paie, c'est même ce qui paie le mieux ! Combien de fois m'a-t-on reproché de parler dollars en matière d'écologie et de bien-être au travail !

Mais pour résoudre le problème de la pollution, il faut parler le langage des pollueurs : s'adresser à ceux qui achètent leur quinoa bio avec leur propre bocal réutilisable ne sert à rien, ils sont déjà acquis à la cause. Stratégiquement, il vaut mieux parler le langage du profit : si vous expliquez à un casseur d'écosystèmes qu'il casse aussi ses propres richesses, il vous écoutera. De même que, si vous expliquez à un casseur d'humains qu'il casse surtout son propre compte en banque, il arrêtera le lendemain même. L'erreur a été de croire qu'une telle conciliation était impossible, comme on a cru mordicus que jamais les belligérants de la Grande

Guerre ne pourraient dépasser leurs misérables conflits. Mais les tranchées ne sont pas éternelles, pas plus à Verdun que dans les guerres écologiques d'aujourd'hui.

Faire simple

Le management suprarationnel s'incarne aussi dans la méthode *Kick & Kiss*. *Kiss* signifie *Keep It Simple, Stupid !* : « Fais simple, imbécile ! » C'est un impératif popularisé lors des fameux *skunk works* du fabricant d'armes Lockheed Martin et qui rappelle que plus une technologie est tarabiscotée, plus elle a de chances de rater. Lors de la bataille de Koursk, les nazis ont perdu plus de chars Tigre et Panthère à cause de pannes que sous le feu des Russes. Le désir de bien montrer qu'on est le meilleur en accentuant la complexité de sa création est souvent un ticket pour l'autodestruction. Pour ne pas oublier ce principe : *Kiss*, *Kiss* et *Kiss* encore : faites simple, comme dans le systema des Russes, cet art martial qui préconise le moins de mouvements possible. La vraie sophistication est dans la simplicité.

Kick est un terme que j'ai ajouté à cette dynamique, et qui signifie *Keep It Crazy, Kid !*, « Reste fou, mon enfant ! ». Le terme « enfant » est ici essentiel parce que pour un enfant tout est possible, tout ce qui est ridicule n'attend qu'à devenir évident. Un bébé grandit aujourd'hui entouré de tablettes interactives, quand un enfant né sous Jules César ne connaissait que les tablettes de cire. Pour pratiquer le R de « recherche et développement », c'est sur le *Kick* qu'il faut parier.

Mais il est désespérant de constater que la première chose que la bureaucratie académique a tuée, avec son absurde obligation de publier au minimum un article par semestre, c'est la recherche à très long terme, qui ose pendant des décennies avant d'atteindre le résultat qui tue – comme ceux d'Andrew Wiles ou de Grigori Perelman qui, en mathématiques, sont bien au-dessus de la mêlée. Si de tels esprits sont rarissimes, ce n'est pas, comme on voudrait le croire, à cause de leur détermination génétique, mais parce qu'il faut un caractère exceptionnel pour emmerder ses pairs pendant plus de dix ans et s'élever à grands coups de Love au-dessus du Can Do quotidien.

Si vous voulez transformer votre connaissance en argent, il faudra cette fois pratiquer le *Kiss*, c'est-à-dire simplifier au maximum. C'est la simplicité qui vous permettra de traverser aussi vite que possible le stade du dangereux car, s'il y a bien une propriété fondamentale de la simplicité, c'est l'évidence, son caractère imparable. Sur cette route apparemment aussi simple que sa destination, vous buterez contre l'ego, et contre le désir irrationnel de surcomplexifier le produit pour montrer que vous êtes balèze. Ce désir pourra vous tuer, vous et votre équipe. Pour entrer et sortir du ridicule : *Kick*. Pour l'amener à l'évidence : *Kiss*. Le ridicule a une forte barrière d'entrée et une barrière de sortie tout aussi forte : plus une idée ridicule accumule de cadavres intellectuels, plus vos pairs vous dissuadent d'y entrer et votre terreur d'échouer prend de telles proportions qu'elle en devient autoréalisatrice. C'est pour cela que peu de sociétés ont réussi à reposer puis relancer une fusée, par exemple.

Dans la matrice Love Can Do, plusieurs options. Soit l'« entrant forcé » s'éteint, soit il parvient, dans la douleur, à devenir un suiveur, auquel cas il souffrira beaucoup et ne sera que très peu compétitif. Le suiveur, s'il veut s'élever au niveau du joueur « au-dessus de la mêlée », doit avoir le courage d'admettre que la dimension à laquelle il est habitué n'est pas la seule qui existe. La plupart des hommes résisteront de tout leur ego à cette idée, surtout s'ils se sont amputés eux-mêmes de leurs émotions et de leurs idéaux pour bien se conformer à cette seule dimension.

Rumî n'a pas écrit cette belle phrase qu'on lui attribue, mais elle est fidèle à sa sagesse : « Le problème n'est pas de chercher l'amour, mais d'enlever tous les voiles que tu as mis entre toi et l'amour. » Je fais moi-même l'expérience de cette résistance lorsque j'essaie de ramener des gens conformés à la vérité pourtant si belle, simple et libératrice, que la vraie vie reste supérieure à la vie notée. Le Love Can Do reste de même supérieur au seul Can Do, mais le suiveur ne pourra pas le comprendre tant que, pour lui, la projection du joueur « au-dessus de la mêlée », son ombre sur l'axe des *x*, sera la seule dimension « testable », « tangible », « objective » que son esprit camisolé pourra comprendre. Pour s'élever, il devra se demander *pourquoi* il fait son travail, et dépasser le simple *quoi*.

Comme dans les débuts de Disney, de Tesla, de Google ou d'Apple, le « Silicon Garage » entame son métier par amour et apprend le Can Do sur le tas, dopant sa persévérance par la passion et l'enthousiasme.

Chez lui, le coût de l'échec est faible, et la capacité à mobiliser son attention, très élevée : il y a là un cercle vertueux, puisque son bonheur est maximisé en même temps que sa compétitivité. Il démontre que l'épanouissement est la source de productivité la plus pérenne et la plus efficace qui soit.

Le symbole Wallace Chan

Le dernier exemple que je prendrai sera celui de Wallace Chan. Celui-ci est sans doute le plus grand joaillier vivant. Un pur génie, qui incarne parfaitement la convergence, encore rarissime, de l'épanouissement et de la productivité. Ses mains, sa tête et son cœur créent ensemble une valeur qui pourrait sembler presque surhumaine, et on dirait volontiers de lui qu'il est un Midas s'il n'avait introduit le titane dans la haute joaillerie, au point de rendre l'or et le platine vulgaires. Il est, en tout cas, un homme qui crée d'incroyables richesses en exerçant son être et son bonheur pour les choses. Si Pierre Rabhi a parlé de trouver une « oasis en tout lieu », je voudrais encourager à chercher un « Wallace Chan en tout être », justement parce qu'il est une oasis d'être et d'avoir, de prospérité et de bien-être, dans un désert mondial qui oppose ces deux termes. N'oublions pas que la précession des équinoxes a fait régulièrement verdir le Sahara : viendra une époque, qui nous aura semblé ridicule puis dangereuse, où nous trouverons normal que tout humain soit un Wallace Chan, où l'humanité créera tellement de richesses que l'on n'aura d'autre choix que de les partager naturellement, et qu'elle sera aussi heureuse que productive. Cela semble utopique, bien sûr, mais les plus impénétrables forêts de Sibérie n'ont-elles pas toutes commencé par une simple petite tache verte ? Je n'écrirais pas ce livre si je n'étais convaincu que tout le monde, dans ce qu'il aime, dans ce qu'Idries Shah appelle le « désir de son cœur », pourra un jour transpirer le bonheur, la prospérité et l'inspiration comme Wallace Chan.

La dernière aiguille que je planterai dans Poé m'est donc offerte par ce grand monsieur, dont la vie montre mieux que tout ce livre la réconciliation de l'épanouissement et de la productivité. Dans une conférence du 24 octobre 2017[1], Wallace fait débuter le cheminement de son corps et de sa conscience par cette considération : le monde n'est que changement. Pour les soufis – comme pour les bouddhistes, les franciscains, les hassidim, etc. –, cette considération est absolument essentielle. Burton décrit l'Autre Monde comme celui « où le changement ne surchagera plus jamais l'esprit », l'éternité, la permanence, la totalité sont des choses coextensives.

En 1961, à l'âge de cinq ans, Wallace émigre de Chine vers Hong Kong avec ses parents, dans un bateau si étroit que, dans la tempête, son père doit soulever à tour de rôle ses enfants pour leur permettre de prendre quelques bouffées d'air frais. Là-bas, dans ce New York de la rivière des Perles, Wallace apprend un certain dégoût pour l'école – en l'occurrence une école bruyante et douloureuse, installée sur le toit d'une maison, au-dessus d'un marché, et où sa vie est ponc-

1. Dont je remercie Catherine Yu, via Jonathan Siboni, de m'avoir transmis la transcription pour écrire ce livre.

tuée par les coups de règle des professeurs. Il la quitte à treize ans pour ne plus y retourner, travaille dans une usine de tissus, vend des T-shirts dans la rue, puis, à seize ans, est initié par son oncle à la taille des pierres précieuses, une industrie en plein boom dans le Hong Kong de l'époque. On est en 1973. Steve Jobs a dix-huit ans.

« Si les pierres étaient pleines de changement, l'atelier, lui, ne changeait pas, se souvient Wallace Chan. Après la visite de Nixon en Chine les ateliers croulaient de commandes, mais c'était toujours les mêmes gestes, toujours la même ambiance. Après neuf mois, je me suis lassé de cette vie sans changement. L'atelier était trop occupé à faire de l'argent, il n'y avait pas de place ni pour l'art ni pour l'artisanat. Je quittai donc l'atelier et ma famille était furieuse[1]. »

Avec un petit prêt de ses parents, Wallace s'achète un morceau de malachite, une machine pour tailler et polir, et établit un micro-atelier dans l'escalier de secours de sa maison : deux chaises et une table pliante. Le Hong Kong Garage est en marche, le Love va récolter du Can Do. Bien entendu, d'un point de vue strictement pratique, tout cela est illégal.

Wallace commence par apprendre à copier et à adapter des motifs d'inspiration chinoise, mais ce style toujours identique ne lui convient pas. Il lui manque quelque chose, sans qu'il sache exactement quoi. Parce que, de son propre aveu, l'école n'a pas eu le temps

1. Conférence du 24 octobre 2017, à l'Université de Harvard.

de le dégoûter des livres, il se trouve un jour attiré par l'un d'eux, et en particulier par la grande lettre M qu'il porte en couverture, miroir de son initiale à lui. Il s'agit d'un livre sur Michel-Ange, le grand roi de la torsion aussi bien en peinture qu'en sculpture.

La sculpture, en effet, a suivi un long et fascinant chemin vers la représentation de la torsion, d'abord extérieure puis intérieure. Elle commence par le statique : les sphinx et les dieux égyptiens. Le *Scribe accroupi* nous frappe par sa sérénité et son calme, mais il est déjà un peu plus tendu qu'une caryatide. Le *Discobole* et le *Laocoon*, eux, viennent faire jaillir le mouvement de la pierre en figeant la torsion du corps. Ils introduisent une tendance qui mènera jusqu'au fascinant *Héraklès archer* de Bourdelle et, en passant par Michel-Ange qui aura été pour lui une inspiration majeure, à Rodin : dans *Le Penseur*, dans *Le Baiser*, dans ses études sur Balzac et son buste de Victor Hugo, dit « À l'illustre Maître », Rodin parviendra à figurer la tension extérieure aussi bien qu'intérieure. Wallace, par son amour de la torsion, par sa capacité à capturer le mouvement dans les pierres précieuses, va devenir le Michel-Ange et le Rodin de la joaillerie mondiale : personne aussi bien que lui n'aura fait onduler et se tordre les pierres précieuses.

À partir de cette première rencontre avec Michel-Ange, Wallace développe deux techniques, qu'il fera breveter. La première consiste à sublimer les reflets du jade en s'inspirant de la double exposition en photographie. La seconde est la légendaire Wallace Cut, qui consiste à tailler un portrait dans une pierre pour le laisser se refléter en un bouquet de facettes à la fois pur et complexe. Un très bel exemple de cette technique se manifeste dans son œuvre *Maintenant et Toujours*, le visage d'une femme multiplié par les facettes d'une limpide et gigantesque aigue-marine. Elle tient un peu de Wtewael, un peu de Botticelli, un peu des camées dont raffolaient les Médicis, dans un art personnel qui, comme le leur, devra d'ailleurs beaucoup au mécénat. Le seul défaut que je reconnaisse aux œuvres de Wallace, c'est qu'elles sont souvent trop puissantes pour les esprits pusillanimes qui en oublient, parce qu'elles sont exécutées dans des pierres d'exception, qu'elles sont des œuvres d'art à part entière.

Wallace, suivant la maxime de Michel-Ange *Ancora imparo* (« J'apprends toujours »), confectionne ses propres outils et passe plus de deux ans comme simple apprenti pour améliorer sa technique. Il découvre qu'à trente-six mille tours par minute, même avec les têtes de taille qu'il avait développées lui-même, la pierre chauffe trop pour rester limpide, et il essaie donc de la travailler directement dans l'eau. Mais l'eau déforme les images. Alors il s'entraîne sans relâche à immerger puis sortir la pierre, jusqu'à ce que les lois mêmes de l'optique et de la joaillerie soient si bien intégrées à sa conscience qu'il parvienne en quelque sorte à travailler les yeux fermés. Ses mots pour décrire cette réussite sont d'une poésie touchante :

« Dans la conscience de mon esprit et de mes sens, je pouvais tailler la pierre continûment dans l'eau sans plus avoir à la vérifier toutes les deux ou trois minutes ! Dans ces moments-là, je pouvais sentir la présence même du temps. Le bout du couteau était mon cœur et mes yeux, et la gemme, ma peau. Cela a été la période de travail la plus extatique de ma vie. J'étais complètement perdu dans la magie de la lumière et de l'ombre. Quand je suis finalement sorti de l'atelier, j'étais transformé. On m'avait donné une nouvelle paire d'yeux. Je voyais toutes choses différemment, je percevais de nouvelles dimensions à la vie, et j'étais convaincu, par ma propre expérience, que tous mes rêves étaient possibles. »

Ce sont de « nouvelles dimensions », en effet. Wallace découvre que, transcendé par le Love, le Can Do révèle des aspects de la vie professionnelle et personnelle que beaucoup n'ont pas le courage de manifester. « Toute réalisation doit vous permettre de vous réaliser vous-même », a dit le grand sage Abdellaoui de Concise qui fut, lui aussi, un maître dans l'art d'embrasser le changement.

« Le changement est un thème récurrent dans mes créations. Je change, je change, et change jusqu'à ce qu'il n'y ait plus de place pour le changement », décrit Wallace. Son œuvre *Abysse secret* provient de ses innombrables changements. C'est une création mystérieuse, un quartz au rutile tapissé intérieurement de diamants et d'émeraudes, que Wallace Chan a créée sous le coup d'une inspiration étrange, née devant le tour d'un magicien qui consistait à s'échapper d'une noyade en apparence certaine, et qui lui a rappelé son premier voyage suffoquant vers Hong Kong.

Mille cent onze émeraudes au total, plus de dix ans de travail, trente cristaux brisés : c'est cela, la persévérance sacrée que peut engendrer l'amour.

« Cette création a un nom chinois à référence bouddhiste. Pour la traduire simplement je dirais “vraie vacuité, existence merveilleuse” – 真空妙有. Elle est l'entrée et la sortie de mon âme. Vous pouvez penser que je suis le père de mes créations mais, la plupart du temps, je me sens comme la création de mes propres enfants. »

La délicatesse de Chan va jusqu'à lui faire représenter une cathédrale dans une amétrine bolivienne, utilisant la fumée colorée de cette pierre, chimère naturelle d'une améthyste et d'une citrine, pour figurer un coucher de soleil, le tout dans un poisson orné de perles et de diamants. Mais ce que j'aime le plus, c'est la pudeur cachée de ses pièces.

Un esprit superficiel y verrait une sorte de pornographie, une débauche de luxe, mais il y a chez elles une profonde timidité, une réserve subtile, à l'image de celle de Wallace lui-même. Les joailliers utilisent d'ordinaire le platine et l'or, mais ce sont des métaux très denses. À 19,23 g/ml, l'or est beaucoup plus lourd que le plomb par exemple – 11,34 g/ml – et le platine, encore plus que l'or – 21,45 g/ml. Qui voudrait porter du plomb, même chic et brillant ? À 4,5 g/ml, le titane est plus de 4 fois plus léger que l'or, 4,77 fois plus que le platine, tout en étant beaucoup plus résistant. Seulement, il est beaucoup plus difficile à travailler et fond à 1 600 °C. L'opportunité est là, surtout quand vous avez la persévérance et l'hyperdoxie d'un Wallace

Chan et que, bien que vous travailliez des pierres précieuses, l'échec a pour vous un faible coût parce que votre âme ne se soucie pas du blâme.

L'histoire de Wallace est celle de la sérendipité, de la découverte fortuite, de la prise de décision suprarationnelle et, justement, de la capacité à ne plus craindre ni le regard des pairs, ni l'échec, même quand la matière première vaut des millions de dollars. J'ai eu la chance de porter une de ses œuvres à l'épaule gauche : une torsade de titane supportant une cavalcade de pégases dont la tête était de diamants couleur champagne d'au moins une demi-douzaine de carats chacun. Cette œuvre valait plusieurs dizaines de millions de dollars et le plus marquant, c'est qu'elle était si légère que, pour un peu, je l'aurais oubliée… *Bling* : l'exact opposé de l'art délicat de Wallace.

« En 2012, j'ai amené *Stilled Life* – une cigale de jade sur un bambou de titane – à la Biennale des Antiquaires de Paris. Un monsieur est venu à mon stand et m'a demandé : "Monsieur Chan, voyez-vous, tous les exposants d'ici représentent une longue histoire et un solide héritage. Vous, qu'avez-vous ?" J'ai répondu : "J'ai cinq mille ans, monsieur." Je ne vais pas vous dire que toutes mes créations ne viennent que de moi. Ce serait arrogant et risible de penser que je ne dois rien au monde. Personnellement j'ai le sentiment que, en créant, je me suis endetté auprès de l'Histoire, de la nature et de l'Univers[1]. »

1. *Ibid.*

Une autre technique propre à Wallace, celle peut-être que je préfère, tient à sa transposition à la joaillerie de l'assemblage « tenons et mortaises », que l'on trouvait aussi bien dans le mobilier Ming que dans la construction navale des Égyptiens antiques. Comme saint Augustin piétinant les manuels, Wallace est allé chercher cette vérité directement à la force du cœur et, à grands coups de persévérance, il en a tiré une stupéfiante mise au point. En joaillerie classique, lorsqu'on s'apprête à intégrer à une pièce un diamant de plusieurs millions de dollars, on fait en sorte de le tenir vigoureusement, avec toutes les griffes de sertissage nécessaire : il ne faudrait surtout pas qu'il tombe. Si vous êtes Wallace Chan et avez l'intention d'utiliser une pierre superbe, vous considérez au contraire que ce serait un grand gâchis que de l'enfermer dans des griffes de métal, même avec le plus grand soin.

Les soufis ne disent-ils pas que « c'est dans la nature de la beauté que de désirer la manifestation » ? Si vous avez la pureté de cœur de Wallace, vous faites tenir la grande pierre par l'imbrication subtile mais extraordinairement solide de pierres plus petites. Dans cet art-là, il est passé maître. J'adore cette injonction du chef Alain Passard : « Gomme ton geste ! Gomme ton geste ! » Chez Wallace, on croirait pour un peu que les pierres se sont auto-organisées…

Wallace est l'équivalent humain du jardinier satiné. Lorsque vous injectez de l'amour dans la cervelle de ce petit piaf, vous obtenez un spectacle touchant et digne d'attention, fait de précision, de prise de risque et de persévérance. Quand vous insufflez de l'amour dans les quatre-vingt-six milliards de neurones d'un cerveau humain, vous obtenez Wallace Chan, ses pierres qui chantent et la noblesse d'avoir refusé une vente à plus de 200 millions de dollars. Il ne s'agit plus cette fois de travailler « parce qu'il y a un marché, connard ! ». Les soufis disent que l'Éternel demanda à Salomon s'il voulait le pouvoir, la richesse ou la sagesse. Le Grand Roi choisit la sagesse… et il obtint également la richesse et la puissance, car elles furent la conséquence naturelle de ce choix. Il faut méditer là-dessus, car la seule chose qui soit supérieure à la sagesse dans la condition humaine, c'est l'amour. Si vous visez l'amour, vous aurez sagesse et richesse. Si vous visez la seule richesse, vous n'aurez pas l'épanouissement.

L'épanouissement conduit donc à la productivité, et c'est lui qu'il faut rechercher. La productivité seule est un corps sans âme, elle n'amène ni l'amour ni la sagesse en soi. Je n'ai rien contre la richesse. Certains lecteurs auront même l'impression que je n'ai parlé que d'elle. Pourtant, j'ai surtout cherché à la remettre à sa place : elle est une sorte de sécrétion facultative de l'homme, mais la sécrétion naturelle de l'homme épanoui. La richesse pour la richesse, elle, ne sécrète que le malheur et la dépression. J'ai voulu démontrer aussi que le management par le cœur fonctionne, notamment dans les moments décisifs, même s'il a l'air d'être ridicule et dangereux. Parce qu'il est une clé, qui a la forme de la serrure qu'elle est destinée à ouvrir : la loi de la révolution selon Schopenhauer.

Visez l'épanouissement, vous aurez toute la richesse du monde. C'est la nature qui nous l'enseigne. Wallace n'aurait jamais atteint l'émouvante excellence de ses œuvres sans la nature et il représente d'ailleurs volontiers des chevaux, des poissons ou des cigales. Ceux-ci, dans son art, restent toutefois soumis à la vérité de Luc (XII, 27) : « Salomon même, dans toute sa gloire, n'a pas été vêtu comme l'un d'eux. » Tout est là. Nous avons vu que la leçon de Wallace vient de la nature, ne serait-ce qu'en observant la parade nuptiale d'un oiseau. Mais la nature demeure infiniment plus précieuse que ses œuvres les plus merveilleuses…

Nous avons guéri Poé, nous avons guéri le mensonge selon lequel il faut choisir entre produire et s'épanouir. Devant nous se dresse à présent l'univers éblouissant dont une seule parcelle suffit à guérir Poé : celui de la nature, dont les leçons dépassent toutes les richesses économiques possibles.

À ce monde il nous faut désormais confronter le second mensonge de Noé : « Nature ou emploi, il faut choisir. » Ce mensonge qui résume la relation difficile de l'être humain à sa terre, sa propension cyclique à la gâcher par la noirceur de son âme, à se jeter lui-même hors de l'Éden et, de déluge en déluge, à s'offrir les moyens de sa propre Renaissance. Aventurons-nous, à présent, dans la réconciliation systématique de la nature et de la richesse, puisque Wallace nous en a montré la voie.

II.

BIOMIMÉTISME OU « LA GUÉRISON DE NOÉ »

Ma première histoire était donc : imaginez une économie dont la matière première est infinie. Imaginez une économie où, quand je vous donne quelque chose, cela m'appartient encore ; une économie où le chômeur a plus de pouvoir d'achat que le salarié, où tout le monde est né avec du pouvoir d'achat, et qui maximise le pouvoir d'achat des amoureux. Nous avons vu que cette histoire résout le problème « produire ou s'épanouir », parce que non seulement elle rappelle que, plus nous nourrissons notre terre d'attention et de temps, plus nous en augmentons la valeur, à la manière du modèle agricole abbatial – et que l'amoureux est le plus généreux en attention et en temps –, mais aussi parce qu'il existe finalement deux formes d'excellence : l'excellence amusante, qui est d'argent, et l'excellence amoureuse, qui est d'or.

Ma deuxième histoire est la suivante : imaginez que l'humanité ait vécu pendant des générations dans une pièce, un peu comme une grande salle de classe, et que cette pièce fût couverte d'étagères, sur lesquelles étaient disposées briques, parallélépipèdes rectangles qui avaient, entre autres propriétés, celle de très bien se consumer. Au fil des générations et avec la découverte du feu, nous avons pris l'habitude, donc, de les brûler pour nous chauffer l'hiver.

Imaginez maintenant que nous nous éveillions, en un claquement de doigts, pour découvrir que la pièce dans laquelle nous nous trouvions était une bibliothèque et que, par une logique implacable, ces briques que nous jetions étaient des livres ! Alors on se précipite sur le feu pour essayer de sauver ce qui peut l'être, on tape sur les pages brûlantes et, maintenant que l'on sait lire, on trouve des plans d'architecte, des schémas de la plus haute technologie, des secrets industriels incommensurables, des médicaments, des matériaux, des solutions à des problèmes mondiaux – le recyclage des déchets, par exemple –, des méthodes qui peuvent résoudre des conflits, ou des maladies, sauver au bas mot des milliards de vies, créer des milliards d'emplois, multiplier la richesse mondiale par dix, ou cent, ou mille… Mais nous en avons déjà brûlé la moitié !

Cette bibliothèque, bien sûr, c'est la nature ! Et le mouvement qui en prend acte, c'est le biomimétisme, qui inclut les beaux-arts, la science politique et les arts appliqués – comme l'architecture ou le design – et, bien sûr, les sciences épistémologiques et techniques, pour lesquelles on l'appelle précisément « biomimétique » ou « bio-inspiration ». Le biomimétisme est aussi essentiel à notre époque que l'humanisme le fut à la première Renaissance, et infiniment plus riches en potentiel que le transhumanisme actuellement à la mode.

Une image circulant actuellement sur Internet résume bien l'idée : le mot « ego » plane au-dessus d'une pyramide d'animaux, à la tête de laquelle se trouve l'homme mâle – pardon, la femme est en dessous, aux côtés de la baleine bleue... – ; quant à la racine « éco », elle se situe au-dessus d'un grand cercle d'êtres vivants où tout dépend de tout, et où l'homme et la femme s'intègrent harmonieusement. D'« ego » à « éco », c'est tout un programme : celui de l'égonomie actuelle en pleine crise d'adolescence qui l'amène à l'âge adulte, où elle casse ses jouets, où elle meurt d'avoir été trop gâtée, mais où elle grandit aussi, tant intellectuellement que physiquement, pour devenir l'économie qu'elle a toujours été destinée à être. Si nous entrons dans l'âge de la connaissance, c'est bien que nous avons connu l'âge bête, qui se manifeste, certes, par de nombreuses mauvaises décisions – mais que le sage sait voir avec compassion – et comme l'âge où l'on apprend à assumer la responsabilité de ses actes pour en tirer les meilleures leçons. Notre économie adolescente, qui est donc égonomie, en est exactement là, mais elle progresse et, un jour, elle deviendra authentiquement économique.

Dans l'économie, il s'agit d'étudier la production et la circulation des richesses, en particulier dans le paradigme du jeu à somme positive, car tout l'intérêt de cette circulation est de créer encore plus de prospérité. La prospérité partagée est l'un des objectifs les plus nobles que l'humanité puisse poursuivre dans le sens politique. La nature lui montre justement cette voie, puisqu'elle transforme une terre minérale et infertile en un océan de biens et de services, qu'elle est à l'origine d'une gigantesque diversité d'espèces spécialisées et collectivement résilientes et qu'elle part du désert de sable d'une île volcanique fraîchement sortie du plancher océanique pour en faire une faramineuse Hong Kong de petits commerces ès matières et énergies, qui vont du brin d'herbe au gratte-ciel qu'est un arbre de soixante mètres dans la forêt équatoriale. En matière de création de richesses, de choses désirables et, en l'occurrence, tellement désirables que les créatures sont carrément prêtes à prendre le risque de mourir pour les acquérir, la nature est imbattable. Or, nous la méprisons, nous la violons, et nous la détruisons.

Pourquoi ? Parce que notre génération a quelque chose du phénix, elle est en train de renaître de ses propres cendres, qui la nourrissent justement en connaissance. Elle a essayé, elle a exagéré, elle a été égoïste et ravageuse, comme un adolescent gâté – mais de la gâtine de ses propres actes et de son propre ego, elle tire désormais une sève amère mais profondément saine, de sagesse, de compréhension et de connaissance. Aujourd'hui, nous nous éveillons face à un océan Pacifique écœuré de déchets plastique, face à des ventres d'oiseaux qui vomissent du polyéthylène, à de grands poissons confits dans le mercure, le plomb et l'arsenic ; face à une eau viciée d'hormones et de pissat de médicaments, nous commençons à nous demander : « Qu'avons-nous fait ? » Pourtant, dans les cendres de notre nouvelle Bagdad, qu'est le monde entier, nous voyons aussi pleuvoir quelques gouttes d'espoir, et la promesse d'une relation infiniment plus apaisée avec notre environnement.

Dans cette nouvelle relation, ce sont les anciens ennemis de la nature qui vont devenir les meilleurs alliés de l'humanité, de la même façon que ce sont les anciennes émotions, mal taillées, indomptées, de l'adolescent, qui vont devenir ses meilleurs alliés à l'âge adulte, une fois qu'il saura les canaliser. Si on avait amputé l'adolescent de ces émotions, sans lui donner l'opportunité de les dompter, quitte à tomber encore et encore et à blesser même les passants autour de lui, on en aurait fait un légume. Si l'on considère l'humanité comme un seul homme, le futur d'une relation saine à la nature aura besoin de la rigueur des industriels d'aujourd'hui. Et c'est précisément cette rigueur qu'il s'agit de promouvoir, elle fait partie de nous, elle a été une aventure, avec toutes ses leçons, et elle n'est pas l'ennemi de la nature, elle doit plutôt en être l'élève.

Omar Bradley, le grand général américain qui portait rien moins que le prénom d'Omar Khayyam, avait clairement expliqué que « la seule façon de gagner une guerre nucléaire est de ne jamais la commencer[1] ». Dans la guerre entre écologie et économie, les pires perdants sont ceux qui opposent nature et industrie. L'enjeu n'est pas de condamner les industriels un par un, de les clouer au pilori, voire de les envoyer devant les tribunaux, mais au contraire de les convertir, par la voie qu'ils comprennent, celle de la prospérité. Je ne connais personne pour qui l'égoïsme est une fin en soi ;

1. « Omar Bradley, Armistice Day Address 1948 Boston », *in* Omar Nelson Bradley, *The Collected Writings of General Omar N. Bradley*, 1950, p. 160.

même chez les pires crapules, l'égoïsme est un moyen – un moyen dont les fins sont des rêves pathologiques, qui deviennent des cauchemars collectifs. Si l'on pouvait substituer à ces cauchemars des objectifs infiniment plus riches, comme Ulysse embarquant Orphée pour substituer son chant à celui des sirènes, alors ils seraient poursuivis.

L'objectif de cette partie du livre est donc de rappeler à quel point la nature est riche, plus que Crésus, plus que tout : ce qu'elle touche, elle ne le transforme pas en or, mais en quelque chose qui vaut beaucoup plus cher encore : en résolution de problème, donc en connaissance. Je pense encore à cette phrase que l'on a déjà citée et que l'on attribue à Abraham Lincoln, mais qui venait probablement de l'Antiquité, via l'empereur du Saint Empire romain germanique, Sigismond de Luxembourg : « Quand je m'en suis fait des amis, n'ai-je point détruit mes ennemis ? » C'est ainsi qu'il faut traiter les « ennemis » de la nature au XXIe siècle. Tout autre combat n'est qu'un mirage, qui créera plus de violence et qui fera durer la guerre entre écologie et économie plus longtemps encore. La seule façon de gagner non pas une guerre, mais LA guerre, c'est de la dépasser.

1.

La planète Terre, 4 milliards d'années en R&D

J'ai commencé la première partie de ce livre en revenant sur l'insolente prospérité d'Apple. Cependant, il ne viendrait à l'idée de personne de venir brûler les nouveaux bureaux de la société à la pomme : cela fait quarante-deux ans qu'ils se spécialisent en recherche et développement, ça se respecte ! Eh bien la nature, nous le savons depuis peu, a bien plus de quatre milliards d'années de R&D derrière elle, et dans une intensité infiniment supérieure à celle d'Apple !

Tout d'abord, la nature est intrinsèquement nanotechnologique. Elle est également gigatechnologique si l'on considère que les étoiles sont vivantes – donc cognitives, ce qu'elles sont, plus que probablement, à une échelle qui nous échappe. La naine jaune que nous appelons « Soleil » mesure un peu moins de 1,4 gigamètre en diamètre. Aussi, dans le monde naturel, les procédés se répartissent sur une très grande diversité d'échelles. L'innovation peut ainsi se cacher dans les replis d'une feuille, d'une mousse, d'un récif, ce qui fait que la nature est une chercheuse infiniment plus intense que la richissime Apple parce qu'elle cherche du nano au gigamètre.

D'autre part, l'innovation naturelle est toujours une question de vie ou de mort. Or on sait que c'est dans les situations de guerre totale que l'humanité immature a le plus innové, aussi bien en rapidité qu'en efficacité. En effet, de la même façon qu'une ration de survie qui n'aurait pas plus de goût qu'une patate bouillie[1] aurait l'air savoureuse à une personne mourant de faim, quand on est dos au mur une idée ridicule devient subitement digne d'intérêt. C'est ainsi que même Albert Einstein – qui, en 1932, avait déclaré que l'énergie nucléaire ne pourrait s'obtenir techniquement[2] – soutint dès son origine le projet Manhattan[3]. La nature, parce qu'elle travaille dos au mur en permanence, n'a aucun problème à aborder les idées que notre ego aurait écartées par peur du ridicule. La peur de l'échec, en nature, est nulle : comme tout vit et meurt, le coût de l'échec, aussi, sur le long terme, tend vers zéro. Par conséquent, la nature est incroyablement innovante, en qualité comme en quantité. Bref, elle est un génie, à côté duquel nos meilleurs prix Nobel et médaillés Fields font figure de fragiles nourrissons

1. « Hershey's Field Ration D Bars Did Not Melt in Heat, and Tasted "Just a Little Better than a Boiled Potato" », *The Vintage News*, 28 octobre 2016.

2. Albert Einstein, *Ideas And Opinions*, Crown/Archetype, 2010, p. 122.

3. Premier programme de recherche militaire américain, destiné à la fabrication de la bombe atomique.

illettrés. Si nous avons l'humilité de le reconnaître, nous n'en vivrons que mieux, et ô combien plus riches.

La circulation des connaissances

À chaque époque créatrice de richesses a correspondu le développement de moyens de les faire circuler, car la circulation des richesses, comme celle du sang, est essentielle à la santé économique mondiale. Je préfère d'ailleurs le terme de circulation, qui n'est chargé d'aucune idéologie, à celui de redistribution, qui suppose un redistributeur – qui, hélas, par manque d'imagination et par dogmatisme d'esprits facilement impressionnables, est bien trop souvent centralisateur. La centralisation n'existe pas dans la nature, mais les inégalités, si. Quand une baleine meurt, son cadavre coulé à plus de mille mètres génère un écosystème opportuniste très complexe, qui va durer parfois plus de trente ans, jusqu'à la consommation des lipides osseux de la carcasse par des bactéries sulfophiles. Dans une forêt, qui songerait, à part un humain malade d'esprit, à couper activement et de façon planifiée, les arbres qui dépasseraient une certaine hauteur, pour les réduire en poudre et en nourrir les mousses à leur pied selon un plan quinquennal bien établi ?

Dans la nature, les richesses – qui sont essentiellement basées sur l'énergie, la matière, l'information et la connaissance – circulent très sainement. Dans notre économie, c'est encore loin d'être le cas : les organes de l'humanité stagnent, des caillots s'y forment, les tissus sont trop irrigués ou congestionnés, ils souffrent de différents symptômes. Mais aujourd'hui, dans le monde des humains, dans l'égonomie en cours de mûrissement, l'information circule infiniment mieux, et nous sommes fascinés par les *datacenters* qui assurent sa fluidité, par ses infrastructures de circulation. À l'époque du vin, de l'huile et du garum, il y avait les amphores, les voies romaines et les aqueducs ; à l'époque de la Compagnie néerlandaise des Indes orientales il y avait les flûtes[1] et leurs fonds plats adaptés aussi bien au commerce qu'à la protection des routes commerciales, qui restent l'enjeu éternel de la guerre, à toutes les époques. Puis il y a eu le chemin de fer, le gazoduc, le pipeline, le réseau électrique, le câble coaxial, la fibre optique, en bref, les autoroutes des hydrocarbures puis celles de l'information et, maintenant donc, nous avons besoin de « nooducs », c'est-à-dire des autoroutes de la connaissance.

Dans la nature, le savoir-faire circule très bien, il est porté par le matériel génétique et par son expression régulée par les circonstances, l'épigénétique – un monde fascinant qui pourrait d'ailleurs inspirer nos systèmes juridiques, puisque dans le vivant l'expression de la loi écrite dépend toujours des circonstances. La connaissance circule dans la nature par l'amour, c'est-à-dire par la reproduction : c'est ainsi qu'un simple gène chez la mouche du vinaigre, l'élément P, initialement observé chez une population japonaise, a pu envahir en quelques décennies le génome de la majorité des drosophiles dans le monde. L'autre façon de transférer la connaissance, plus avancée, est la transmission intergénérationnelle, qui est l'une des compétences les plus excellentes d'*Homo sapiens*.

Quand nous voyons un *datacenter* aujourd'hui, il ne nous vient pas non plus à l'idée de le brûler. Ses

1. Navires équipés de trois mâts et optimisés pour le transport de charges lourdes.

composants coûtent cher, ils représentent un savoir-faire et une valeur remarquables, et nous en sommes plus ou moins conscients. Ces grands rayons de processeurs échangent des térabits d'information à chaque seconde, créent de la valeur en étant *serveurs*, c'est-à-dire prestataires automatiques de services, et nous savons que si nous les détruisons, les entités qui bénéficient de ces services en seront les premières victimes. De même, il faut comprendre que la nature est un serveur incommensurable, mais tellement intriqué et abondant qu'il nous échappe très largement. Dans un *datacenter*, en revanche, vous trouverez plus ou moins les mêmes processeurs arrangés sous une forme cristalline, les uns derrière les autres. Dans la nature, ce serait comme si, dans chaque interstice de chaque serveur, et dans chaque interstice de chaque interstice, et ainsi de suite plus de sept fois, se cachaient d'autres serveurs qui n'influenceraient pas seulement leur propre échelle, mais aussi chacune des autres. La nature est un serveur en millefeuille, et ses services vont du soleil à la molécule.

Concrètement, on sait, par exemple, à quel point les vers de terre, dont l'échelle d'existence physique et l'horizon cognitif semblent bien limités, peuvent influencer jusqu'à la géobiologie et la climatologie de continents entiers. Le désastreux *Dust Bowl*[1] des années 1930, une tempête de terre monumentale qui a englouti des pans entiers du Middle West et du Sud des États-Unis, est aujourd'hui largement attribué à l'érosion des sols[2], elle-même influencée par nos modes agricoles contemporains.

1. Littéralement, « bassin de poussière ».
2. Kenneth Pye, *Aeolian Dust and Dust Deposits*, Elsevier, 2015.

À l'échelle des océans, le chercheur John Dabiri et son équipe à Stanford ont récemment isolé une contribution décisive du zooplancton – les krills en particulier – dans la distribution des nutriments océaniques, qui ont des conséquences sur le climat. Par conséquent, on peut clairement appeler ces krills des « vers de mer », parce qu'ils font circuler la matière un peu comme les lombrics dans le sol, par l'accumulation de leurs turbulences collectives[1].

La nature est donc un *knowledge center* en pâte feuilletée, bien supérieur au simple *datacenter*. Elle passe son temps à résoudre des problèmes, c'est-à-dire à combler des trous de connaissance. Ce faisant, elle crée et fait circuler de la valeur, dans une boucle à somme positive, que l'on étudie notamment dans les disciplines humaines de l'écobiologie et de l'écosystémique.

Quand vous pratiquez ce que les Japonais appelleraient un « bain forestier », c'est-à-dire une balade en forêt qui est réputée réduire le stress et les risques d'accident cardiovasculaire[2] – première cause de décès prématurés dans le monde –, c'est bien plus bénéfique pour vous que l'utilisation d'un *datacenter* ou d'un supercalculateur.

---

1. Isabel A. Houghton, Jeffrey R. Koseff, Stephen G. Monismith et John O. Dabiri, « Vertically Migrating Swimmers Generate Aggregation-Scale Eddies in a Stratified Column », *Nature*, 556, n° 7702, 2018, p. 497.

2. Gen-Xiang Mao, Yong-Bao Cao, Xiao-Guang Lan, Zhi-Hua He, Zhuo-Mei Chen, Ya-Zhen Wang, Xi-Lian Hu, Yuan-Dong Lv, Guo-Fu Wang et Jing Yan, « Therapeutic Effect of Forest Bathing on Human Hypertension in the Elderly », *Journal of Cardiology*, 60, n° 6, 2012, p. 495-502.

La nature est toujours la meilleure

La Silicon Valley démontre à quel point la connaissance peut rendre n'importe quel lieu prospère – Bagdad, la Corée du Sud, etc. – et que plus on irrigue une terre de savoir et de sagesse, plus on y récolte des bénéfices immatériels dont la réalité pour le bien-être humain dépasse largement celle des biens « tangibles ». La Silicon Valley porte ce nom parce qu'on y a appliqué à la plus grande échelle l'idée d'un circuit intégré, c'est-à-dire la répartition de transistors directement dans un seul cristal de silicium. Aujourd'hui avec Intel, le leader actuel de la conception et de la réalisation de *central processing units* – CPU, le cœur de nos ordinateurs –, et Nvidia, son homologue en matière de *graphical processing units* – GPU ou carte graphique, vitale aussi bien à l'industrie du jeu vidéo qu'à celle de l'apprentissage artificiel –, la Vallée serait donc l'endroit sur terre qui maîtriserait le mieux le silicium au monde ? Faux !

Les océans maîtrisent la fabrication du verre – oxyde de silicium, que nous savons aujourd'hui produire comme semi-conducteur – à froid, en particulier avec les diatomées[1], et notamment les nanodiatomées, dont le squelette de verre peut faire quelques micromètres de long. Ils peuvent aussi imprimer le silicium dans une précision de quelques nanomètres, qui sont la limite actuelle, conquise de très haute lutte, dans l'industrie mondiale des semi-conducteurs. Outre l'émotion

1. Les diatomées sont des organismes microscopiques et unicellulaires, ils appartiennent à une classe d'algues brunes, les Chromophycophytes.

esthétique immédiate que produit l'observation du squelette d'une diatomée, on ne peut s'empêcher de ressentir également une admiration technologique en considérant combien de transistors la nature saurait empaqueter dans un si petit volume d'espace si le cœur lui en disait.

La nature nous met toujours une paire de claques économiques. La première claque, sur le produit fini. Si quelqu'un venait présenter le squelette de la diatomée la plus nanoscopiquement dentelée à un salon sur les semi-conducteurs, sans dire comment il l'a fabriquée, juste en présentant le fruit de son travail, le lendemain, l'action Intel en prendrait un sacré coup. Mais s'il venait à ajouter qu'il avait produit ce résultat sans une usine – qui peut coûter jusqu'à 14 milliards de dollars –, sans armes, ni haine ni violence, et surtout sans polluer, ce serait l'estocade ! Et là survient la seconde claque : le procédé. Produit, procédé, la nature est meilleure dans les deux cas.

Pour les humains, produire des nanotechnologies de haut vol nécessite une salle blanche, car à cette échelle, un cheveu (100 μm, un dixième de millimètre) qui tombe sur votre semi-conducteur (5 nm), c'est comme si le mont Everest (8 848 km) tombait sur quelque chose de la taille de votre pied. Le procédé est très coûteux en énergie ainsi que sur le plan environnemental. Pourtant, la nature, elle, peut le maîtriser dans un verre d'eau. Dans une goutte d'eau de mer, vous avez à peu de chose près des puces électroniques qui flottent et nous narguent depuis plus de soixante-six millions d'années – depuis que la nature sait denteler du silicium, à froid, sans salle blanche, avec ce niveau de précision. Si nous savions faire comme elle, nous pourrions avoir toutes les capacités de calcul de l'humanité en 2019 en n'encombrant que les recoins microscopiques des fibres de la pile de linge d'un petit pressing…

D'après *Forbes* le nombre total de transistors jamais produits jusqu'en 2014 était de 2 913 276 327 576 980 000 000[1], disons 3 suivi de 21 zéros. Maintenant, prenons un fil T15, c'est-à-dire pesant 15 g/km. Sur une belle chemise de 300 g, il faudra donc 20 km de fil, soit 4 fois 10 à la puissance 12 transitors de 5 nm bout à bout, et si l'on suppose qu'un fil a une circonférence de 2 mm, il s'agit donc de peupler un cylindre de cette dimension, soit 400 000 transistors par tour, donc un total de 1,6 fois 10 à la puissance 18. Vous avez déjà 1/2 000 de tous les transistors jamais produits jusqu'en 2014. Si vous poursuivez l'idée, les diatomées empilent leurs motifs, alors disons 20 couches de 5 nm en couverture tout le long du fil, cela ne fait jamais que 1/10 000 de millimètre d'épaisseur après tout. Par conséquent, vous vous retrouvez avec 1/100 du nombre de transistors total, par T-shirt, et cent T-shirts de 300 g font une lessive de 30 kg. À l'aise, ou à l'aide, ce sera selon.

Pour la petite histoire le supercalculateur TaihuLight de 2016 compte environ 1,3 fois 10 à la puissance 16 transistors, donc un seul de nos T-shirts multicouche, avec 3 fois 10 à la puissance 19 transistors, en compte plus de 2 000 fois plus.

1. Jim Handy, « How Many Transistors Have Ever Shipped ? », *Forbes*, 26 mai 2014.

Par ailleurs, ce genre de machine, qui est infiniment moins performante, en qualité et en quantité, que notre cerveau, consomme plus de 20 MW, soit un million de fois plus que le kilo et demi de chair qui se trouve entre nos deux oreilles. TaihuLight réalisera un maximum de 9,4 fois 10 à la puissance 16 opérations par seconde. Votre super T-shirt, 2 000 fois plus.

Tous ces calculs ne devraient pas nous étonner : une simple cellule humaine enveloppe habilement un génome qui ferait au moins 2 m de long s'il était pleinement déplié. La jolie petite plante à fleur *Paris japonica* a un génome 50 fois plus long – donc 100 m –, pour 149 milliards de paires de nucléotides, chacune mesurant 0,34 nm, donc moins de 14,9 paires pour un transistor à 5 nm, cela ferait donc 10 milliards de transistors pour chaque noyau de chaque cellule. Juste pour le fun : un noyau pèse moins de 0,3 milliardièmes de grammes, donc 3 kg de cet empaquetage informatique représenteront 10 à la puissance 13 unités, chacune renfermant 10 à la puissance 10 transistors, donc un joli total de 10 à la puissance 23 transistors, c'est-à-dire plus de 33 fois tous les transistors jamais produits jusqu'à 2014.

Oui, la nature est incroyablement douée. Vous en doutiez ?

Les logiciels de la nature

Ajoutez à cela l'excellence naturelle aussi bien en matière de *hardware* que de *software* : les systèmes d'exploitation – les logiciels de la nature – sont en réalité des systèmes dits de « logique floue » et sont infiniment plus intelligents que nos machines les plus sophistiquées. Encore une fois, la nature nous bat sur tous les tableaux. Nous ne savons faire « mieux » qu'elle que lorsque nous isolons un seul malheureux paramètre en particulier. La nature, avec la légendaire « ATP synthase » – l'ATP est la monnaie énergétique du vivant connu, c'est-à-dire la molécule par laquelle nos cellules réalisent leurs transactions énergétiques internes – par exemple, consiste en une superbe dynamo réversible, qui transforme le courant électrique en molécule énergétique dans des dimensions de 20 nm par 10 nm. Ce petit bijou de nanotechnologie va produire 300 molécules d'ATP par seconde, chacune capturant $5{\times}10^{-20}$ J d'énergie, donc délivrer une puissance de $1{,}5{\times}10^{-17}$ W. Sachant que cette molécule pèse 600 000 Da, soit environ $1{\times}10^{-21}$ kg, cela lui confère un rapport poids/puissance de 15 kW par kilo, donc 20 000 ch par kilo, ce qui signifie 5 centièmes de millièmes de kilo par cheval moteur, quand une formule 1 a un rapport poids puissance de 0,8 kg par cheval… Et la fusée Saturne 5, avec son poids de 3 000 t, dégageait une puissance de 160 millions de chevaux, donc un rapport poids puissance de 0,01875 kg par cheval moteur, bref un gros poids mort face au moteur moléculaire le plus brillant du vivant, qui a un rapport poids puissance 375 fois supérieur ! Même si l'on ne prenait que le rapport poids puissance des moteurs seuls, l'ATP synthase écraserait nos meilleures fusées. Et aujourd'hui la plus sophistiquée des centrales nucléaires civiles – à fission actuellement – ne dépassera pas les 10 gW de puissance. 700 t de notre ATP synthase pourront générer une telle puissance : c'est le poids du Christ rédempteur de Rio, ou un tiers de celui du plus grand séquoia au monde, le « Général Sherman », ce qui représente, bien sûr, bien moins que le poids total d'une centrale nucléaire.

Ridicule, dangereux, évident ? Le potentiel des nanomoteurs est si phénoménal que le Centre national de la recherche scientifique (CNRS) a organisé une « course de nanovoitures » en 2016. L'équipe américano-autrichienne des professeurs Tour et Grill a gagné cette compétition avec une molécule parcourant 1 µm sur une surface d'or en vingt-neuf heures, ex aequo avec l'équipe suisse du « nanodragster[1] ». Pour l'instant, même rapporté aux proportions humaines, cela resterait inférieur à la vitesse de nage d'une personne du troisième âge…

La science est en mouvement constant

Nous devons prendre l'habitude de voir la nature comme la banque centrale de la connaissance mondiale, l'endroit où l'on va pour imprimer du savoir et décider de ses taux directeurs. Hélas, aujourd'hui, notre monde financier et notre monde académique sont profondément malades, usant de procédés moralement douteux dans les deux cas, et propageant leur maladie d'une façon systémique dans la communauté humaine.

De la même façon que l'on peut repérer un bigot en religion au fait qu'il croit savoir d'emblée ce qu'est « Dieu » – alors que la spiritualité véritable tient justement à rechercher activement le sens de cet être –, on pourra repérer l'académiste, en tant que faux scientifique pour qui la forme est, dans les faits, supérieure au fond. Pour lui, la science est une chose donnée,

---

1. Guillaume Vives, JungHo Kang, Kevin F. Kelly et James M. Tour, « Molecular Machinery : Synthesis of a "Nanodragster" », *Organic Letters*, 11, n° 24, 2009, p. 5602-5605.

monolithique et figée, qui ne peut revoir et améliorer ses méthodes, ses outils et ses moyens d'investigation ainsi que l'horizon de sa compréhension, et qui peut être représentée par un groupe en particulier, capable d'en réclamer le monopole et, logiquement, le droit d'excommunication.

La science n'est pas une méthode figée, aussi bien intellectuellement que techniquement, c'est à nos outils et à nos idées de s'étendre au réel, constamment. Vous reconnaîtrez l'académiste à ce que dans les moments de vérité il privilégiera ses outils et ses idées au réel, et l'authentique scientifique à ce qu'il privilégiera toujours le réel à ses outils et idées. C'est ainsi que la proposition de la théorie des quanta par Planck s'est vue dramatiquement moquée au départ par les académistes et que la théorie du big bang porte encore le nom que l'éminent professeur de Cambridge, Fred Hoyle, avait trouvé pour la ridiculiser.

J'aime beaucoup le terme que l'on utilisait auparavant, de « philosophie naturelle » pour décrire ce que nous appelons aujourd'hui « science naturelle ». La nature, et l'on doit y revenir, est l'unique banque centrale de la connaissance. Et selon les présocratiques et Socrate lui-même, comme à peu près tous les maîtres de sagesse, la connaissance de nous-mêmes est l'unique banque centrale de la sagesse mondiale. Si l'on admet donc que la nature est la planche à billets de la connaissance mondiale, c'est qu'elle renferme effectivement, dans le repliement de chacune de ses feuilles, de chaque membrane, l'archivage brillantissime de quatre milliards d'années de résolution de problèmes dans un processus pour le moins vivant, qui dure encore.

Chaque fois que l'humanité est confrontée à un problème, il y a de très fortes chances que la nature l'ait résolu avant elle. La nature est high-tech, au point que nous ne savons tout simplement pas la copier. Quand vous ne savez pas « reproduire une technologie » – par définition, le principe de la *tekhnê* est d'être reproductible –, c'est que vous ne la maîtrisez pas. Nous savons vaguement bricoler des cellules en laboratoire, mais nous ne savons même pas en créer une seule à partir de molécules simples, encore moins un organe, encore moins un organisme, encore moins un être vivant, encore moins un écosystème, encore moins verdir une planète entière... Le problème que nous avons face au vivant ne tient qu'à notre cynisme surabondant, qui nous entoure depuis l'apparition de notre conscience de nous-mêmes.

Certes on ne sait pas bien peser la connaissance, et dans le règne de la quantité, c'est un problème. Or justement, le problème, c'est la mesure de base de la connaissance : Google vend des mots, eh bien vendons des problèmes, si nous voulons vendre de la connaissance. Tous les mots n'ont pas la même valeur, tout comme les problèmes. C'est pourquoi il faudrait plutôt modifier notre pensée, nos systèmes, pour les élargir aux dimensions réelles de la connaissance. Pour commencer, nous pouvons parler d'un « baril de connaissance » constitué de problèmes résolus. Pour progresser dans l'économie de la connaissance, nous devons apprendre à qualifier ces problèmes, dont la diversité est infinie.

Géopolitique de la connaissance

Imaginez que nous puissions dessaler l'eau de mer : il s'agirait ici d'un cas très clair de l'influence que peut avoir la connaissance sur la Terre, c'est-à-dire de « noopolitik » : la géopolitique de la connaissance. La connaissance, parce que ses échanges sont à somme positive, peut transcender les conflits, créer une prospérité tellement importante sur un territoire que la répartition de ses anciennes frontières devient futile, face au partage d'une richesse qui vaudra des milliers de fois le prix du kilomètre carré antérieur. Si nous savions dessaler l'eau de mer à moindre coût, en très grande quantité, nous pourrions créer des « rivières inversées », c'est-à-dire des rivières qui prendraient leur source dans la mer et finiraient dans les terres. De cette manière, nous pourrions peupler les déserts et augmenter considérablement leur valeur.

Jules Verne a écrit que « tout ce qu'un homme est capable d'imaginer, d'autres hommes seront capables de le réaliser[1] », ce que Disney a résumé en « si vous pouvez le rêver, vous pouvez le faire[2] » – après tout, nous appelons bien notre capacité à avoir des idées une « conception ». En réalité, il n'y a qu'un collier assez court de problèmes pour en arriver aux rivières inversées et pour combler ces problèmes qui sont comme un marigot entre deux rives fermes. Nous devons essayer et essayer encore, comme les frères Wright avant d'arriver à leur premier vol. Or essayer, c'est précisément

1. Société Jules Verne, *Bulletin de la Société Jules Verne*, La Société, 2001, p. 20.

2. Louise Krasniewicz, *Walt Disney : A Biography*, ABC-CLIO, 2010.

la nature de la nature, cette entité qui ne fait qu'essayer, qu'explorer les lois de la physique pour les peupler de possibles combinaisons. La vie n'est qu'une indomptable force essayeuse.

La nature dessale en effet très bien l'eau de mer. Les palétuviers, différents arbres de la mangrove – qui réduit très sensiblement l'impact d'un tsunami[1] –, savent vivre avec leurs racines plongées dans l'eau salée, en excrétant le sodium sur la face obscure de leurs feuilles.

J'ai appris du professeur Gunter Pauli, dont les travaux seront l'objet principal de la fin de ce livre[2], que lorsque nous enseignons légitimement aux jeunes pourquoi la pomme tombe de l'arbre, nous oublions de les intéresser à la question beaucoup plus complexe de la capacité de l'arbre à l'avoir hissée jusqu'en haut en premier lieu, d'une façon en apparence « opposée » aux lois de la physique.

Les arbres peuvent hisser des fluides jusqu'à des hauteurs importantes, alors qu'ils n'ont pas de cœur, pas de cellules ou d'organes mobiles – à quelques exceptions comme les plantes carnivores qui ne sont pas ligneuses, c'est-à-dire dépourvues de bois, et *Mimosa pudica*. Les deux moyens qu'ils mobilisent à cette fin sont la transpiration de leurs feuilles, qui produit un effet de succion – d'aspiration –, comme dans une paille, et la capillarité, qui leur permet d'absorber naturellement l'eau du sol.

---

1. Kandasamy Kathiresan et Narayanasamy Rajendran, « Coastal Mangrove Forests Mitigated Tsunami », *Estuarine, Coastal and Shelf Science*, 65, n° 3, 2005, p. 601-606.

2. Voir son dernier ouvrage, *Soyons aussi intelligents que la nature !*, L'Observatoire, 2018.

Si parmi les mythologies et les symboles, l'arbre est cet organisme qui relie le ciel et la terre – l'« arbre du monde » est présent dans de nombreux mythes et relie les enfers et le paradis –, c'est que les conditions mêmes de l'existence sylvestre tiennent au dialogue entre ces deux mondes : il faut hisser l'eau depuis le sol jusqu'où elle est nécessaire industriellement, c'est-à-dire là où a lieu la photosynthèse, vers le ciel. C'est donc un problème logistique, et la logistique de l'eau, la nature connaît bien, avec ses conquêtes des milieux les plus froids et les plus secs.

Le monde végétal est d'ailleurs le seul qui soit parvenu à s'émanciper du milieu aqueux pour pratiquer la reproduction sexuée : la pollinisation se fait à l'air libre, là où la fécondation utilise chez les poissons l'eau de mer ou de rivière comme matrice à la rencontre des gamètes, et, chez les mammifères, nécessite l'emport d'un « océan portatif » qui s'appelle l'utérus.

Les arbres, donc, démontrent une capacité à dessaler, stocker, hisser l'eau de mer. Ils savent faire tout le nécessaire pour réaliser nos rivières inversées. Dans leur intérêt biologique, il ne faut en pomper que le strict nécessaire. Pour un arbre, l'eau ne doit surtout pas s'évaporer au niveau du tronc et former des bulles de cavitation qui seraient bien souvent mortelles à la plante ; elle doit passer au cœur des usines à photosynthèse, les feuilles. Eh bien pour nous, les humains, il serait possible de construire de vastes tours, par exemple métalliques – dont la base serait immergée – qui hisseraient l'eau salée par capillarité et aspiration en même temps, ce qui permettrait de l'évaporer tout au long de son parcours pour la récupérer au sommet par condensation – l'évaporation continue permettra d'ailleurs de refroidir l'ensemble, un phénomène déjà utilisé dans la technique du *pad cooling*[1] pour climatiser des poulaillers et des serres en les exposant à de grandes plaques de carton imbibées d'eau.

Les grandes tours solaires, ou châteaux d'eau solaires, pourraient constituer le premier chaînon d'une vaste « hélio-automatique » – c'est-à-dire une automatique entièrement basée sur le soleil, comme l'automatique des montres est basée sur la seule compression d'un ressort. Des cités entières seraient ainsi alimentées par l'énergie surabondante qui tombe du ciel, grâce à laquelle elles pourraient se rafraîchir elles-mêmes. Nous pouvons verdir profitablement les déserts, tout ce qui nous manque pour cela, c'est de l'eau et donc de la connaissance. Même hors du monde végétal, les exemples abondent dans le dessalement : les pingouins, via leur glande supraorbitale[2], sont ainsi capables de dessaler l'eau de mer, ils recrachent le sel, comme les mouettes d'ailleurs, avec une efficacité énergétique remarquable, précisément parce qu'ils doivent survivre dans un environnement où chaque joule compte, et où la seule eau douce disponible est irrémédiablement gelée.

Et une fois nos vastes rivières inversées déployées dans tous les déserts chauds du globe, que pourrions-nous faire de tout le sable ? L'architecte suédois Magnus Larsson a démontré que la domestication de la bacté-

---

1. Edward F. Grant, « Heating and Cooling Pad », *United States US5653741A*, 5 août 1997.

2. Swaroop S. Vattam, Michael E. Helms et Ashok K. Goel, « Nature of Creative Analogies in Biologically Inspired Innovative Design », *Proceedings of the Seventh ACM Conference on Creativity and Cognition*, 2009, p. 255-264.

rie *Bacillus pasteurii* dans les dunes du Sahara pouvait permettre de solidifier celles-ci pour y construire des habitats durables[1]. Nous pouvons donc, par l'application efficace de la connaissance naturelle – de la *physiotekhnê*, aurait dit Aristote – bouleverser, en bien, la géopolitique mondiale et résoudre des problèmes qui nous sidèrent aujourd'hui.

Quand la nature inspire l'architecture

La nature est brillante, et nous le savons depuis longtemps. La tour Eiffel, par exemple, ne pèse que 7 300 t pour sa partie métallique, soit moins que le poids du volume d'eau de deux piscines olympiques seulement. Celles-ci ne font que 3 m de profondeur – contre 300 m de haut pour la tour Eiffel – et ont une emprise au sol de 50 m par 25 m – contre 125 m par 125 m pour la Grande Dame. Le cylindre d'air qui contient la tour occupera donc un volume de plus de 7,3 millions de mètres cubes d'air. Comme la densité de l'air – à 20 °C et 1 atm – est de 1,20 kg/m^3, cela signifie que le cylindre d'air qui contient la tour – sans son antenne – est 20 % plus lourd que toute sa charpente métallique.

Cette prouesse architecturale, sans précédent à l'époque, a marqué la seconde moitié du XIXe siècle, période à laquelle on doit également la structure interne de la statue de la Liberté ainsi que le viaduc de Garabit. La tour Eiffel a été rendue possible par l'ingénieur principal du projet, Maurice Koechlin, qui avait étudié

---

1. Magnus Larsson, « Dune : Arenaceous Anti-Desertification Architecture », *Macro-engineering Seawater in Unique Environments*, 2010, Springer, Berlin, Heidelberg, p. 431-463.

auprès du génial professeur Karl Culmann, à l'École polytechnique fédérale de Zurich – celle d'Einstein, et non celle de Paris que nous devons encore une fois remettre à sa place historique…. –, la structure de l'os humain ! La tour aurait pu s'appeler « tour Koechlin » d'ailleurs : en effet, elle n'a pas été pensée par un Français mais par un Suisse, Eiffel en ayant racheté les brevets, faisant de Koechlin son Tesla à lui. Pour autant, il serait injuste de dire qu'Eiffel lui a volé le crédit de ce génie : donner son nom à la tour était en effet bien plus courageux qu'on ne le croirait aujourd'hui qu'elle est assise dans le confort de l'évidence. La tour Eiffel a reçu tout un tas de critiques, d'abord vue comme ridicule sur le papier, dangereuse une fois acceptée, puis évidente quarante ans après sa construction. Guy de Maupassant affirmait y déjeuner une fois par semaine parce que c'était le seul endroit de Paris d'où il ne pouvait pas la voir[1]. Il a même mené une pétition pour la faire démolir. Lors de la Première Guerre mondiale son rôle d'antenne-relais a contribué à la sauver, même si les cartes postales que l'on envoie aux poilus pour les galvaniser montrent bien plus volontiers Notre-Dame[2] que la tour hideuse…

Les os sont structurellement très parcimonieux. C'est pourquoi Karl Culmann les étudiait et enseignait ses découvertes à Zurich – comme Léonard de Vinci, il se trouvait ainsi « disciple de l'expérience » osseuse précisément : par expérience naturelle, il observe que les

1. Guy de Maupassant, *Œuvres complètes*, Arvensa, 2017.

2. Napoléon trouvait lui-même hideuse Notre-Dame de Paris au point de la décorer en temple grec pour son couronnement en 1805.

tissus ne placent de la matière que là où elle est nécessaire, là où se trouvent tension et torsion, de sorte à être les plus légers et les plus résistants possible, dans une structure spongieuse caractéristique.

Plus de cent ans plus tard, l'architecte Michael Pawlyn publie en 2011 l'excellent *Biomimicry in Architecture*[1], que je recommande à tous comme introduction courte et claire à ce sujet. Dans ce livre figure un diagramme très intéressant montrant l'efficacité en génie civil de ce système ostéo-inspiré. Prenez une poutre pleine, de section carrée, en fer par exemple, qui représentera 100 % de matériau. La même poutre, de section ronde, pleine, aura la même résistance, mais possédera seulement 82 % de matière. Pleine évidée ronde, mais toujours équirésistante, vous tombez à 20 %. De section dioptre – en forme de lentille convexe –, évidée, 14 % de matière seulement, à équirésistance. Dioptre tressée, ce n'est plus que 5 %, et dioptre tressée de tresses elles-mêmes, 2 %. C'est exactement sur ce principe, très abondant dans le vivant, que la tour Eiffel a été conçue.

Dans la nature, un principe fondamental des corps existe : la forme ne coûte pas cher mais la matière coûte cher[2], parce que vous allez la porter toute votre existence. Il faut donc la minimiser, et la méthode de l'essai-erreur, persévérant et guidé, s'est avérée, une fois de plus, la meilleure façon de faire.

Or justement, l'idée que la forme ne coûte pas aussi cher que le matériau est l'une des conséquences

1. RIBA Publishing, 2011.

2. Zhenhai Xia, *Biomimetic Principles and Design of Advanced Engineering Materials*, John Wiley & Sons, 2016.

typiques dans l'industrie de l'impression 3D. Michelin a ainsi produit récemment une roue non pneumatique conçue sur le principe de l'ostéo-inspiration. Imprimée en 3D, elle présente un maximum de matière au centre, là où la torsion est maximale, et un minimum à l'extérieur, là où elle est minimale. Elle n'est plus pneumatique, de sorte qu'elle est increvable et peut encaisser l'impact de certaines mines – comme le dispositif de déminage rustique de Massoud Hafani. De plus, on pourrait théoriquement réimprimer son train de roulement pour l'adapter à la neige ou bien le couvrir de gomme tendre si nécessaire. Le modèle d'affaires d'une telle roue est lui-même intéressant : il pourrait consister à donner l'imprimante pour presque rien aux professionnels, puis à leur vendre à prix d'or les recharges de cette dernière. C'est, après tout, ce qui a fait la fortune des Rockefeller, qui distribuaient des lampes à très bas prix mais réputées ne fonctionner qu'avec leur « Standard Oil », ainsi que la réussite de Gillette, et récemment Nespresso, ou les cartouches d'imprimantes en général.

Parce que les os sont robustes et légers, ils peuvent aujourd'hui inspirer des coques beaucoup plus légères pour nos ordinateurs, nos téléphones, nos valises ou nos carrosseries. Avec un volume de 962 ml environ, le Macbook Pro 15 pouces d'Apple pèse 1,37 kg pour une densité apparente à peu près 42 % supérieure à celle de l'eau. Si sa coque adoptait les structures lacunaires des os, cette densité pourrait tomber à 42 % *sous* celle de l'eau : c'est le cas du bois de pin, par exemple, dont les tissus sont typiquement lacunaires, sans même parler du liège – 76 % moins dense que l'eau liquide.

L'ostéo-inspiration porte plus généralement sur la science des mousses métalliques, dont certaines peuvent arrêter les balles en les pulvérisant, tout en maintenant une densité 60 % inférieure à celle de l'eau, c'est-à-dire qu'elles flottent aussi bien qu'un bouchon de liège.

Nous voyons que la bio-inspiration est abondamment portée par l'industrie de la défense – qui demeure un doux euphémisme pour l'industrie de l'attaque –, et ce, depuis des millénaires. Comme le rappellent White et Vernerey en 2018[1], les armures de plates ressemblent aux tortues et aux scarabées, et la tactique défensive suprême de l'infanterie romaine – supérieure à celle des phalanges macédoniennes –, ne s'appelait-elle pas *testudo*, « tortue » ? Par ailleurs, les cottes de mailles peuvent évoquer la tactique défensive des pachydermes – dont le nom signifie littéralement « à la peau épaisse », solide mais souple. Enfin, les armures composées des samouraïs ou des cataphractes – équipant la cavalerie lourde antique – sont en écailles et arrêtent ainsi les meilleures flèches.

C'est que, de même qu'elle a inventé la violence organisée bien avant nous, la nature mène des activités intensives de recherche et développement en matière de défense puisqu'elle doit survivre. Un design parmi les plus répandus dans la conception de fers de lance, chez les Celtes comme chez les hoplites grecs, preuve de son efficacité, est celui dit « en feuille de saule », qui permet de retirer l'arme plus rapidement du corps

1. Zachary W. White et Franck J. Vernerey, « Armours for Soft Bodies : How Far Can Bioinspiration Take Us ? », *Bioinspiration & Biomimetics*, 2018.

de sa victime. Socrate, qui appartenait au peuple en armes – *laos* – durant la guerre du Péloponnèse, a brandi une arme de cette sorte.

S'inspirer de la soie

Aujourd'hui on s'inspire des soies, de vers ou d'araignées, pour produire des gilets pare-balles, des textiles pour l'industrie aéronautique, ou des « gants tactiques », capables de rester souples tout en résistant à une seringue. Les « silktechs » sont en pleine explosion, riches d'applications encore très diverses[1], comme l'a très bien popularisé Fiorenzo Omenetto, professeur à l'université Tufts. On produit des soies améliorées recombinantes que l'on recueille soit dans le lait de chèvre – elles ont alors été génétiquement modifiées –, soit dans les sécrétions collectives de bactéries *E. coli* – là aussi, elles sont modifiées. On a également découvert que des vers à soie nourris au graphène – ce matériau miracle constitué d'une couche monoatomique de carbone dans la forme cristalline du graphite, et qui est beaucoup plus solide et conducteur que l'acier – produisaient, sans modification génétique, une soie mélangée aux propriétés mécaniques encore très supérieures[2].

La moule produit elle aussi une soie, le byssus, dont le tissage remonte en réalité à l'Antiquité. Cette « barbe de moule », comme l'appellent les conchyliculteurs francophones, est essentiellement jetée. Ils

1. Tetsuo Asakura et Thomas Miller, *Biotechnology of Silk*, Springer Science & Business Media, 2013.

2. Qi Wang, Chunya Wang, Mingchao Zhang, Muqiang Jian et Yingying Zhang, « Feeding Single-Walled Carbon Nanotubes or Graphene to Silkworms for Reinforced Silk Fibers », *Nano Letters*, 16, n° 10, 2016, p. 6695-6700.

peuvent en extraire autour de 400 kilos par jour en saison. Le grand ostréiculteur Florent Tarbouriech mène des travaux en recherche et développement en ce sens. Il cultive des huîtres en Méditerranée et a breveté un procédé pour les exonder régulièrement et reproduire ainsi les marées qui donnent leur complexité organoleptique[1] aux huîtres bretonnes, charentaises, girondines et normandes. La « marée solaire » consiste à synchroniser les exondaisons par des panneaux photovoltaïques. Cette technique est un autre exemple qui montre qu'un peu d'attention et de temps dans un territoire peut en augmenter la prospérité. Les huîtres ainsi produites s'appellent les « spéciales Tarbouriech » ou les « huîtres roses[2] » – d'après la couleur de leur coquille. Concrètement, l'exondaison agit comme une sorte de bodybuilding pour huîtres, cela enrichit le muscle du bivalve en glycogènes, plus sollicité qu'il est pour renforcer l'étanchéité de la fermeture de sa coquille.

Nous savons ainsi qu'une tombe hongroise, détruite pendant la Seconde Guerre mondiale[3], possédait des traces de vêtements réalisés à partir de ce matériau, suffisamment précieux donc pour qu'une riche notable se fît enterrer avec. Le byssus de moule est également le meilleur fil actuellement connu sur terre pour suturer : il est en effet imputrescible. Il constitue par

1. On utilise l'adjectif « organoleptique » pour caractériser tout ce qui est susceptible d'exciter un récepteur sensoriel.

2. Lors de mes voyages, j'ai retrouvé les huîtres de Florent Tarbouriech jusque dans un restaurant du très branché quartier de Vozdvizhenka, dans le district de Podil, à Kiev (Ukraine).

3. Felicitas Maeder, « Landscape of Sea-Silk », Museum d'histoire naturelle de Bâle, 2017.

ailleurs l'une des meilleures colles au monde. Comme adhésif, il fonctionne en effet à basse ou haute température, résiste aux UV, aux turbulences, aux forces de flambement des vagues, et au fait d'être sous l'eau et sur une surface non nettoyée, ce qu'aucune de nos colles, même de qualité militaire, ne peut permettre aujourd'hui.

N'oublions pas que les routes de la soie – et anciennement des épices, aujourd'hui devenues les routes des hydrocarbures – ont été l'épine dorsale du commerce mondial pendant plus de vingt-cinq siècles et qu'elles ont fait la fortune de Bagdad qui y a négocié sa connaissance. Quelle prospérité inexploitée se cache donc derrière les routes de la soie de mer ?

Par ailleurs, le coquillage que l'on appelle la « grande nacre » – *Pinna nobilis* –, un autre bivalve, produit un byssus dont on pense qu'il a été à l'origine de la Toison d'or. Nous devons considérer l'histoire comme une poupée russe, comme une matriochka, où le devoir d'une époque n'est pas de succéder à l'ancienne, mais de la dépasser et de l'englober, de la digérer dans tout ce qu'elle a produit de vertueux. Il y a ainsi des savoir-faire antiques qui peuvent encore créer de la valeur aujourd'hui : le vin et l'huile d'olive sont, par exemple, des éléments essentiels de la « diète méditerranéenne » inscrite au patrimoine immatériel mondial de l'Unesco[1], mais il existe des procédés anciens qui peuvent aujourd'hui représenter d'autres fortunes comme celui des ponts habités, vandalisés par la pensée de la Révolution française, mais qui reviennent au goût

1. « Mediterranean Diet – Intangible Heritage – Culture Sector », Unesco, 2013.

du jour. La filière de la soie de mer en est une et la légendaire Chiara Vigo est l'une des dernières dépositaires de ce savoir-faire vivant – qui mobilise un coquillage pouvant atteindre jusqu'à un mètre cinquante de longueur, lequel est aujourd'hui menacé d'extinction. Née en Italie en 1955, cette femme a créé un musée dédié à la soie de mer en 2005 à Sant'Antioco[1] pour préserver ce savoir ancestral, connu des communautés juives, assyriennes, phéniciennes, babyloniennes et étrusques.

Enfin, l'architecte Kate Orff a même parlé d'« oystertecture » – une architecture qui utilise les huîtres comme procédé de purification –, quand elle a proposé de dépolluer le canal de Gowanus à New York, en y ramenant les bivalves qui y proliféraient naturellement, du temps où la Grosse Pomme était appelée « Nouvelle Angoulême », en hommage à François Ier. Les huîtres ne seraient pas immédiatement consommées, mais utilisées comme moyen de construction, le temps d'assainir l'eau.

Si suffisamment de recherche était déployée en ce sens, on pourrait appliquer la même stratégie pour la Seine, tragiquement polluée, en y déployant des huîtres de rivière sélectionnées et renforcées pour leur capacité à y survivre. Côté Pacifique, la ville de Vancouver a rigoureusement interdit aux porte-containers de s'aventurer dans sa baie sans un remorqueur local ; elle a ainsi pu préserver la pureté de ses eaux et les baigneurs peuvent s'en régaler autant que des huîtres locales, chaque année. Pour autant, le port de Vancouver est

1. « Chiara Vigo and the Ancient Secrets of Byssus », *Italian Ways*, 4 juillet 2017.

six fois plus actif que celui de Naples – dont la baie a connu une dévastation écologique notoire –, et deux fois plus que celui de Marseille – pourtant beaucoup plus pollué. Il connaît un trafic de plus de 2,6 millions d'EVP[1]. Cet exemple montre bien qu'on peut, de toute évidence, réconcilier nature et industrie, tant que l'on prend le temps et que l'on fait attention.

Par ailleurs, le grand écologiste Haïdar el-Ali, qui fut ministre du Développement durable au Sénégal, a replanté des dizaines de millions de palétuviers, avec l'aide de plus de cent mille personnes, sur plus de dix ans, dans le Sine Saloum et encouragé par la suite la culture d'huîtres locales qui s'attachent particulièrement bien à leurs racines.

Les leçons des protéines

Les protéines sont une grande source d'inspiration bio-inspirée : si le byssus de moule a des propriétés remarquables pour la suture des plaies, il a aussi inspiré la création de la polydopamine, un polymère, c'est-à-dire une chaîne de molécules simples, aux applications similaires pour l'industrie biomédicale[2].

D'une façon générale, la nature est une plasturgiste infiniment plus brillante que nous. Elle l'est dans sa capacité à produire des polymères aux propriétés extraordinairement diverses, à la très forte valeur ajou-

---

1. L'équivalent vingt pieds, ou EVP – en anglais, TEU –, est une unité de mesure de conteneurs regroupant à la fois les conteneurs de vingt pieds et de quarante pieds.

2. Jungki Ryu, Sook Hee Ku, Haeshin Lee et Chan Beum Park, « Mussel-Inspired Polydopamine Coating as a Universal Route to Hydroxyapatite Crystallization », *Advanced Functional Materials*, 20, n° 13, 2010, p. 2132-2139.

tée, mais dans une grammaire à la fois très simple et aux conséquences très complexes – sa littérature à elle, les protéines et les polypeptides, est bien plus subtile que la nôtre.

En partant de vingt et un blocs de base, les acides aminés que l'on trouve chez les eucaryotes – les organismes dont les cellules ont un noyau – et qui sont comme des lettres – mais dont les familles de propriétés (non pas sonores mais chimiques) sont plus diversifiées que les consonnes et les voyelles –, elle crée une poésie sublime, parce qu'à la fois graphique et structurale. Les protéines, une fois produites, se replient – un phénomène que nos ordinateurs ne parviennent pas à prédire –, et il émerge d'elles des propriétés qui vont de l'imputrescibilité à la douceur, de la toxicité foudroyante à la capacité, une fois tressée, à résister aux balles, ainsi qu'à contrôler la biodégradabilité. Imaginez que nos mots, nos phrases, nos paragraphes en fassent autant, que ce livre, par la physique de ses lettres, s'agrège spontanément en une vaste sculpture aux propriétés proprement protéiformes, là bloc, là globule, là hélice, là tonneau, là dur, là mou, et vous comprendrez mieux le miracle des protéines.

D'une façon générale, notre industrie des matières ductiles[1], plastiques et modifiables, doit s'inspirer des polymères issus du vivant : une protéine se caractérise par la capacité à générer des formes et des propriétés très diverses, comme celles des conchiolines – ces protéines fixant l'aragonite dans la coquille des coquillages nacrés. Par ailleurs, les polysaccharides – polymères

1. Se dit d'une matière qui peut être tirée, étirée, étendue sans se rompre.

issus des sucres – et autres polymères du vivant sont aussi remarquables : par exemple, la sporopollénine qui protège les grains de pollen est si inerte qu'elle est fossilisable ; et la chitine[1] qui constitue l'exosquelette des ecdisozoaires – incluant les insectes, les arachnides et tous les organismes similaires qui muent – est un matériau très précieux qu'on trouve dans la carapace des crevettes, des crabes et des criquets.

Les prouesses de vol dans la nature

Nous sommes entourés de problèmes que la nature a résolus – toujours dans l'ordre des deux claques technologiques qu'elle nous met : le produit est meilleur, le procédé aussi.

Prenez l'aéronautique, c'est l'un des domaines où nous serions le plus tentés d'être arrogants, après tout, nos avions vont beaucoup plus vite que des oiseaux, n'est-ce pas ? Mais si les oiseaux n'ont pas leur vitesse, c'est simplement que leur survie n'a jamais dépendu d'une telle prouesse. Au contraire, cette vitesse s'obtient par une dépense d'énergie et une taille que la nature, avec l'extinction des dinosaures, a réprimées. À notre connaissance, le plus grand dinosaure volant connu, *Quetzalcoatlus northropi*, avait une envergure de 10 m de long… mais il a disparu. Par ailleurs, à l'heure où j'écris ces lignes, le drone civil qui a fixé le record de vitesse pour le *Guinness Book*, le DRL Racer X, peut atteindre 290 km/heure en pesant 800 g. Pourtant, le faucon pèlerin le bat largement avec

1. La chitine est une substance organique azotée qui constitue le principal élément des téguments des crustacés, des insectes, de certains champignons et lichens.

300 km/heure, pour le même poids chez le mâle adulte, avec en outre des capacités d'esquive et de manœuvre bien supérieures, une plus grande autonomie de vol, et, bien sûr, une intelligence et une optique infiniment plus abouties.

En matière de dispositifs avioniques, les rapaces nous donnent encore de grandes leçons d'humilité aussi bien au sujet de ce que l'on appelle la *situational awareness* – c'est-à-dire la capacité à intégrer l'information immédiate pour prendre une décision – que dans le contrôle de vol. Nous avons récemment découvert que les aigles ont au moins deux fovéas[1], qui sont connectées entre elles par ce qui en est très certainement une troisième. L'œil humain, à l'inverse, n'a qu'une seule fovéa par globe, soit un seul endroit où la résolution des cônes est suffisamment élevée pour nous permettre de lire – quand nous disons « suivez mon regard » nous voulons dire « suivez ma fovéa ».

Avec trois fovéas donc, les aigles ont un contrôle très fin sur la perception de leur environnement. Ils sont capables de garder leur tête fixe, comme les stabilisateurs que nous produisons pour les canons principaux de nos chars. Quant au faucon pèlerin, il a résolu, avec d'autres, un problème typique de l'aviation à grande vitesse : l'étouffement des moteurs. En effet, si un moteur de jet peut suffoquer quand l'air intérieur – comparativement statique – rencontre un flux d'air extérieur à forte vélocité, de la même manière, à 300 km/heure, les faucons pourraient s'étouffer. Il se

1. La fovéa est la zone située au centre de la rétine où l'acuité visuelle est maximale.

trouve cependant qu'ils possèdent un petit cône dans leur nez qui permet à l'air de s'y écouler même à très grande vitesse. Ce dispositif a bien sûr été adapté dans l'aviation[1].

La plupart des organismes capables de voler peuvent atterrir et décoller sur une longueur représentant un septième de celle de leur corps d'avant en arrière. Ainsi, le drone militaire Reaper a pu atteindre une vitesse, en situation extrême, de 500 km/heure mais, son envergure étant de 20 m – pour 1 m chez le faucon pèlerin –, il consomme beaucoup plus d'énergie, et en particulier parce qu'il lui faut une piste pour décoller et atterrir. Or les bourdons, les colibris, les moineaux, les chauves-souris, les vautours, les aigles, et même les écureuils planeurs, eux, n'ont pas besoin de piste. Le faucon pèlerin décollera en générant des turbulences sous ses ailes, dès le premier battement, qui lui permettront d'atteindre une portance à faible vélocité.

Ce que les organismes volants nous enseignent, c'est qu'il ne faut jamais mobiliser le même régime de propulsion pour décoller et pour le vol. Vous ne trouverez aucun organisme sur terre qui vole de la même façon, avec le même propulseur, le même mouvement au décollage et en croisière. Nous, les humains, si : un aéronef utilise la même hélice, le même réacteur ou les mêmes pales, de la même façon pour décoller et pour

1. Victor V. Klemas, « Remote Sensing and Navigation in The Animal World : An Overview », *Sensor Review*, 33, n° 1, 2013, p. 3-13.

Gerrit Adriaan Folkertsma, Wessel Straatman, Nico Nijenhuis, Cornelis Henricus Venner et Stefano Stramigioli, « Robird : A Robotic Bird of Prey », *IEEE Robotics & Automation Magazine*, 24, n° 3, 2017, p. 22-29.

croiser, simplement le décollage mobilise plus de gaz moteurs, justement parce qu'il essaye de créer artificiellement un régime d'écoulement des gaz comparable à la croisière, dans un moment du vol où il est en fait le moins adapté.

On peut aussi être impressionné par les nombreuses manœuvres d'évitement qu'avaient déjà découvertes les oiseaux, ainsi que leur capacité à déterminer si un obstacle est praticable ou non, s'ils peuvent l'éviter ou s'immiscer entre deux parois. Les rongeurs et les chats, qui ont des vibrisses[1], les utilisent typiquement à cette fin : pour un chat, si sa tête peut passer, tout le reste le peut ; pour un rat, le crâne est capable de se disloquer en partie pour franchir un obstacle confiné. Les oiseaux, eux, n'ont pas de vibrisses, parce qu'à la vitesse où ils volent, l'obstacle doit être jaugé bien plus en amont. Tous les oiseaux ne peuvent pas planer sur la même distance comparativement à leur hauteur de vol : pour certains, le vol est très coûteux énergétiquement, aussi bien en décollage qu'en croisière – comme le canard, par exemple, qui, étant très peu manœuvrable, et ayant besoin de beaucoup de battements d'ailes pour maintenir son vol, plane très mal et préfère atterrir sur une « piste » liquide.

Cependant, l'université du Queensland a démontré que certains oiseaux – comme la perruche ondulée (*Melopsittacus undulatus*) – pouvaient traverser des obstacles d'une longueur presque exacte à celle de leurs ailes déployées, sans modifier leur posture de vol ni propulser leur corps avec les ailes repliées, en adop-

1. Une vibrisse est un long poil sensoriel situé sur les côtés de la tête des mammifères.

tant une trajectoire balistique – comme le ferait plus typiquement un rapace. Cette capacité est plus précise chez la perruche que chez l'humain : nous sommes en effet connus pour modifier notre posture en abordant un obstacle, même quand ce n'est pas nécessaire[1]. La nécessité d'être précise est très grande chez la perruche qui doit maintenir une trajectoire manœuvrable et, si besoin, parfois imprévisible – or il n'y a pas plus prévisible et moins manœuvrable qu'une trajectoire balistique, c'est pourquoi un oiseau ne la mobilisera que très rarement – dans un environnement chargé d'obstacles.

J'ai souvent comparé les forêts tropicales humides aux métropoles à gratte-ciel de notre économie humaine. Ainsi, si nous voulons avoir des taxis volants – Airbus a récemment envisagé leur vente – et des drones de livraison, nous devrons développer des systèmes anticollision bio-inspirés. Quant à nos « rampants » – voitures et camions –, nous devrons nous inspirer du cerveau des perruches – aussi bien pour eux que pour copier le logiciel de nos livreurs volants. L'avionique ornitho-inspirée représente des milliards de dollars pour l'avenir.

Chez les perruches d'ailleurs, et les perroquets, ainsi que les corvidés – qui sont bien connus pour leur grande intelligence, notamment les corneilles, les pies et les geais –, le rapport entre masse cérébrale et masse corporelle est comparable à celui des grands singes et des cétacés. En outre, leur mémoire sémantique est remarquable, ils peuvent compter et utiliser

1. Partha Bhagavatula, Charles Claudianos, Michael Ibbotson et Mandyam Srinivasan, « Edge Detection in Landing Budgerigars (*Melopsittacus undulatus*) », *PLoS One 4*, n° 10, 2009, e7301.

des outils, voire coopérer ou manipuler d'autres animaux pour profiter de leur présence, à l'instar des corbeaux qui appellent les loups pour qu'ils éventrent les carcasses qu'ils convoitent[1].

Nous avons ainsi découvert que même le roselin du Mexique (*Haemorhous mexicanus*), qui est un passereau – donc doté d'un rapport poids-cervelle moins favorable –, apprenait en ville à tapisser un nid fait de mégots de cigarette dont la nicotine, insecticide naturel, éloignait efficacement les tiques et les poux, qui sont le fléau des passereaux. Ce comportement est observé aussi bien en curatif qu'en préventif : les roselins « soignent » en effet leur nid en y ajoutant de vieux filtres de cigarette s'ils observent une invasion de tiques[2]. Quant aux perroquets, en captivité comme en liberté, ils peuvent utiliser des pierres ou des noyaux pour briser des roches riches en calcium, un élément dont la plupart des oiseaux sont de gros consommateurs[3]. Si les corbeaux possèdent d'ailleurs – avec de l'entraînement – le potentiel de parler aussi finement que les meilleurs perroquets, la start-up Crowded Cities les entraîne déjà à récupérer les mégots des villes, selon un dispositif qui leur distribue de la nourriture en échange !

---

1. Daniel Stahler, Bernd Heinrich et Douglas Smith, « Common Ravens, *Corvus corax*, Preferentially Associate with Grey Wolves, *Canis lupus*, as a Foraging Strategy in Winter », *Animal Behaviour*, 64, n° 2, 2002, p. 283-290.

2. « Birds Use Cigarette Butts for Chemical Warfare Against Ticks », *New Scientist*, 26 juin 2017.

3. « New Evidence of Tool Use Discovered in Parrots », University of York, 15 décembre 2015.

Les oiseaux ont un grand nombre de leçons à nous transmettre, au sujet de leur cerveau, de leurs logiciels anti-obstacle, de leurs stratégies de vol, mais aussi sur la nature même de leurs plumes. Domesticateurs de tourbillons marginaux (en anglais *wingtip vortex*) – ces tourbillons qui se créent à l'extrémité d'une pale ou d'une aile d'un avion et qui produisent aussi bien portance que traînée –, les aigles ont plusieurs plumes au bout de leurs ailes qui réduisent les turbulences en divisant un seul grand tourbillon en plusieurs autres, plus petits. Plus le tourbillon se trouvera loin du corps principal de l'aéronef, moins il influencera son vol : c'est pour cela que les avions d'endurance – comme le Solar Impulse ou l'avion espion U-2 de chez Lockheed – ont de très longues ailes, ce qui réduit leur manœuvrabilité et augmente leur empreinte radar, mais réduit la traînée produite par le tourbillon au bout de l'aile. Les aigles, bien sûr, ont besoin de toutes ces capacités : manœuvrabilité et endurance, rapidité et vol lent. Ils doivent également surveiller le sol et, d'un point de vue militaire, cela est précisément la mission d'un avion d'attaque au sol, comme le Fairchild Republic Thunderbolt II (dit le Phacochère), dont les munitions à l'uranium appauvri ont deux fois dévasté l'Irak. Le Thunderbolt II avait d'ailleurs été snobé par l'Air Force, précisément parce que sa faible vitesse, nécessaire à l'attaque au sol, en faisait une proie facile pour les avions de supériorité aérienne. Les Russes à la même époque, dans les années 1970, avaient utilisé les méthodes de la géométrie variable pour créer leur avion d'attaque au sol, le tout aussi redoutable Soukhoï Su-24, capable d'arriver sur le champ de bataille à une vitesse supersonique, puis de passer à un régime de croisière à une vitesse subsonique pour donner plus de son attention et de son temps – mais en mode « *hate can do* », on s'en doute – au terrain qu'il survole.

Le Thunderbolt II n'est pas supersonique, mais ses ailerons très larges le rendent plus manœuvrable à faible vitesse. Parce qu'il passe plus de temps à faible vélocité au-dessus du champ de bataille, il a souvent été équipé de camouflages sur son ventre, pour semer la confusion quant à son attitude réelle. Cette stratégie est typiquement copiée sur celles existantes dans la nature, avec par exemple la contre-illumination, c'est-à-dire l'alliance d'un ventre clair et d'un dos gris, par exemple chez le requin.

Pour parler de l'influence décisive des animaux sur les techniques de camouflage utilisées pendant les deux guerres mondiales, l'expression « loi de Thayer » a été utilisée, d'après l'artiste-peintre Abbott Handerson Thayer, dont l'ouvrage *Concealing Coloration in the Animal Kingdom*, publié en 1909, a influencé le mouvement moderniste.

Autre fait intéressant, le fuselage – le corps reliant les ailes à l'empennage – du Thunderbolt II est structuré en nid-d'abeilles pour l'alléger et le rendre plus résistant aux impacts ennemis : c'est d'ailleurs l'avion d'attaque au sol le plus résilient au monde. Les composites en nid-d'abeilles en sandwich ont permis à la marque Dupont – dont le fondateur était d'ailleurs un des tous premiers physiocrates – d'amasser une petite fortune.

Le filament Nomex et bien sûr le filament Kevlar, développés dans cette structure, fournissent aujourd'hui les volets et les portes de l'Airbus A380. Cependant, soucieux de développer un maximum de solutions en interne, Airbus cherche à mettre au point, en aviation civile, des motifs encore plus subtils, sous la houlette de Peter Sanders, son vice-président pour les concepts et technologies émergentes. Airbus imprime actuellement en 3D une ossature de sa cabine, dans un alliage ultra-léger appelé « Scalmalloy » en imitant les structures ostéo-inspirées que nous avions vues dans les ateliers Eiffel. Par ailleurs, en partant d'une aile de Boeing 777, une équipe danoise a lancé un superordinateur sur la piste de son allègement maximal et est ainsi tombée… sur une structure lacunaire très typique de l'ossature des oiseaux[1]. Tous les chemins mènent à la nature, encore, parce qu'elle est une vaste force qui essaie en permanence.

Pour en revenir à l'aviation militaire, l'aigle est encore une riche inspiration pour différents objectifs. Il doit pouvoir foncer sur un champ et apercevoir un rival en plein air, sans parler de la parade nuptiale qui, chez les oiseaux en général, est souvent un bel exemple de manœuvrabilité en vol – précision, persévérance et prise de risque, comme on l'a vu. Le repliement dynamique des plumes distales c'est-à-dire « du bout » de ses ailes lui permet à la fois d'économiser de l'énergie, en réduisant la traînée, et de maintenir un maximum de poussée. Ces techniques ont inspiré les winglets que l'on voit aujourd'hui sur de nombreux avions de ligne. Pour aller encore plus loin dans ce procédé, Airbus a employé l'ex-biomiméticien de Stanford et de la Nasa, Norman Wood, afin de progresser encore dans l'opti-

1. Dave Roos, « A Supercomputer Dreamed Up a Bird-like Airplane Wing », *Seeker*, 10 juin 2017.

misation du poids et de la propulsion ainsi que dans l'aérodynamique de nos avions.

Les précurseurs de l'aviation contemporaine, Otto et Gustav Lilienthal, se livraient déjà à l'observation minutieuse du vol des cigognes – oiseaux migrateurs aux longues ailes comme le U-2. Quant à Frederick William, il basa le fuselage d'un de ses premiers aéronefs sur la forme de la truite arc-en-ciel, un poisson capable de nager à contre-courant, en slalomant entre les vortex qui apparaissent dans les rivières pour minimiser le coût énergétique de sa stabilisation ou de sa propulsion[1]. Ce n'est pas anodin : en effet, ce qui est hydrodynamique est aussi aérodynamique. Ainsi, Mercedes et Daimler-Chrysler avaient essayé de développer un *concept car* capable de résoudre les problèmes d'optimisation les plus délicats de l'aéronautique moderne : l'habitabilité et la pénétration de l'air. En général, ce qui est habitable est faiblement aérodynamique – essayez de faire voler une caravane ou un mobile home par exemple. Et ce qui est aérodynamique est faiblement habitable – personne n'a envie de passer plusieurs jours dans la cabine d'un avion de ligne. L'expérience de la cabine est très loin d'être optimale et constitue l'une des marges de progression commerciales les plus prometteuses de l'industrie.

---

1. James C. Liao, David N. Beal, George V. Lauder et Michael S. Triantafyllou, « Fish Exploiting Vortices Decrease Muscle Activity », *Science*, 28 novembre 2003.

Richard Clapham et Huosheng Hu, « Efficient Robotic Performance in Dynamic Aquatic Environments : A Survey », 2012.

S'inspirer des poissons

Daimler-Chrysler a trouvé dans la nature la meilleure solution connue à l'heure actuelle au problème de la conciliation entre espace vivable et pénétration dans l'air. Elle vient du poisson-coffre (*Ostracion cubicus*) qui, comme son nom d'espèce le suggère, a une forme presque cubique – très éloignée de celle de nombreux autres poissons – alors qu'il reste extrêmement manœuvrable et imprévisible sous l'eau. La Mercedes-Benz Bionic (ou *boxfish car*), née en 2005, a ainsi obtenu un coefficient de traînée absolument extrême – à 0,19 contre les 0,35 de la Fiat Multipla, qui était d'ailleurs beaucoup moins sexy tout en étant presque aussi habitable… C'est également deux fois mieux que la Citroën CX, dont le nom avait pourtant été spécialement pensé pour mettre en avant ses performances aérodynamiques, en pleine crise pétrolière des années 1970 – Cx dénotant le coefficient de pénétration dans l'air. Même la Model X de chez Tesla ne possède pas un tel coefficient de traînée, bien qu'à 0,24 elle soit de loin le SUV le plus aérodynamique du marché, ce qui est absolument nécessaire à son autonomie électrique.

Là encore, la bio-inspiration offre donc des marges significatives de progression concurrentielles, même si on ne sait pas encore bien optimiser l'entrée d'un nouveau paramètre dans ce jeu déjà complexe, celui de la désirabilité subjective. La Tesla, en effet, est beaucoup plus désirable commercialement que la Bionic. Mais la persévérance paie : la Bionic est déjà plus aérodynamique que les Tesla modèle S, 3 et X – dont les numéros de modèles forment le mot « SEX[1] » pour bien signifier leur désirabilité.

Du martin-pêcheur à la chouette

Le martin-pêcheur a lui aussi offert un excellent exemple pour améliorer l'aérodynamique, en particulier celle du Shinkansen, le train à grande vitesse japonais. L'ingénieur Eiji Nakatsu avait en effet observé le martin-pêcheur et les chouettes, avant tout par passion. Il a ensuite croisé passion et connaissance, d'une façon très prolifique, et en a tiré la forme idéale pour le front de son train. Le martin-pêcheur doit, en effet, passer à très grande vitesse d'un milieu peu résistant – l'air – à un milieu suffisamment résistant pour causer la mort à une telle vitesse d'impact : l'eau[2].

Ce problème est encore plus spécifique au Shinkansen parce que le Japon, réparti sur une faille sismique typique de la ceinture de feu du Pacifique, est un pays de montagne : les tunnels sont donc très nombreux sur le tracé de ses trains – or ceux-ci, pour demeurer efficaces, doivent maintenir leur vélocité à travers plusieurs tunnels, ce qui produit inévitablement des ondes de choc qui se propagent à travers sa structure, pouvant compromettre son intégrité.

Un autre problème caractéristique demeure le bruit, causé en partie par la taille des vortex de turbulence dans le sillage du train.

---

1. Le « modèle E » étant déjà pris par Ford, Tesla l'a remplacé par « 3 ».

2. Tom McKeag, « Case Study : Auspicious Forms », ZQ[2], été 2012.

Là encore, c'est en s'inspirant des chouettes, et en particulier des dentelures de leur plumage – qui leur permettent d'avoir l'un des vols les plus silencieux au monde – que l'ingénieur a pu modifier la structure des pantographes – les prises électriques verticales – du train pour limiter sa signature acoustique tout en le rendant beaucoup plus efficace énergétiquement – 15 % d'énergie consommée en moins tout de même.

Avant de détailler les innovations nées de l'étude du martin-pêcheur, les « chouettes-techs » méritent d'être soulignées. La chouette effraie, par exemple, a un vol très silencieux, grâce à la maîtrise naturelle des turbulences de son sillage[1]. D'une part, les petites dentelures de ses ailes brisent très efficacement les turbulences de large rayon en vortex plus petits ; d'autre part un duvet absorbant vient neutraliser, à la fin du flux d'air, les traces acoustiques à haute fréquence, qui sont en général les plus détectables par les proies, de sorte que la chouette peut voler à quelques centimètres d'elles sans se faire repérer.

Les autres innovations inspirées des dentelures de chouette sont nombreuses et variées. La société allemande Ziehl-Abegg, fondée en 1910, et qui pèse un demi-milliard de dollars de chiffre d'affaires, s'en est inspirée pour produire une série de brevets aboutissant à un design de ventilation significativement plus

---

1. Thomas Bachmann et Hermann Wagner, « The Three Dimensional Shape of Serrations at Barn Owl Wings : Towards A Typical Natural Serration as a Role Model for Biomimetic Applications », *Journal of anatomy*, 219, n° 2, 2011, p. 192-202.

Hermann Wagner, Matthias Weger, Michael Klaas et Wolfgang Schröder, « Features of Owl Wings that Promote Silent Flight », *Interface Focus*, 7, n° 1, 20160078, 2017.

Dans le mythe du péché originel, vous trouverez toujours l'idée que l'humanité, inévitablement, va détruire son propre paradis pour en faire un enfer. C'est l'idée de la terre gâchée, la « gâtine ».
La Terre, donc, est à l'image de l'homme.
Et le jardin fait le portrait du jardinier.
À l'origine de cette tragédie, comme souvent, il y a deux mensonges profonds. Pour bien les comprendre, j'aime imaginer que l'humanité est une seule personne, disons, une superbe femme triste. Appelons-la Huma.
Cette femme a deux ailes cassées, elles sont fendues en deux, dans le sens de la longueur.

L'aile gauche s'appelle « Noé » : « nature ou emploi », elle est fracturée, précisément, entre l'un et l'autre de ces deux mots. D'un côté il y a la nature, de l'autre l'emploi.
EMPLOI
NATURE
Et ces deux fragments d'aile sont horriblement blessés de cette manière.
Quand Huma essaie de battre du moignon « nature », alors le moignon « emploi » s'arrête immédiatement. Quand elle essaie de battre du moignon « emploi », l'autre aussi s'engourdit.
L'aile droite est saccagée de la même manière ; elle s'appelle « Poé » : « produire ou s'épanouir ».
PRODUIRE
ÉPANOUIR
Quand Huma essaie d'agiter le pathétique morceau d'aile « produire », alors celui sur lequel il est inscrit « épanouir » s'agite de spasmes intenses et douloureux.
Et quand elle essaie ne serait-ce que de mettre « épanouir » en mouvement, immédiatement « produire » se tétanise.
Huma est comme cela, paralysée, animée de spasmes contradictoires, triste et souffrante, depuis quelques siècles. La bonne nouvelle, c'est que quelques siècles, pour elle, ne sont que quelques jours.

Mais ce qui ajoute à la souffrance d'Huma, c'est qu'elle peut voir au-dessus d'elle un monde sublime, un monde qui lui appartient, mais qu'elle ne peut plus atteindre, parce que ses ailes sont cassées.
Elle est comme un oiseau tombé du nid, enroulée dans ses ailes rompues, et il y a quelque chose en elle qui lui dit qu'elle ferait mieux d'oublier ce ciel inaccessible.
Quand elle y pense, d'ailleurs, quand une voix monte en elle pour lui rappeler qu'elle doit s'élever vers ce ciel radieux, elle se met à se détester elle-même d'avoir eu ne serait-ce que cette pathétique pensée.
Un jour, excédée, Huma essaye carrément de s'amputer des deux morceaux d'aile qui l'embarrassent le plus : « nature » et « épanouir ».
Mais alors, immédiatement, une douleur la submerge, comme si elle s'était arraché toute la peau et toutes les dents en même temps. Il semble qu'un nerf énorme parte de ces deux fragments d'aile jusqu'à son cœur.
Amputée d'eux, elle en mourrait dans une souffrance inénarrable.

Avec tout cela, on aurait beaucoup de mal à espérer, n'est-ce pas ? Mais je ne sais plus quel sage a dit : « La mauvaise nouvelle, c'est que rien ne dure dans ce monde ; la bonne nouvelle, c'est que rien ne dure dans ce monde ! »

Pour percer le secret de sa condition, Huma décide d'aller interroger l'Arbre du Monde. C'est un arbre immense dont les racines plongent au plus profond de la terre, et dont les branches s'élèvent jusqu'aux étoiles.

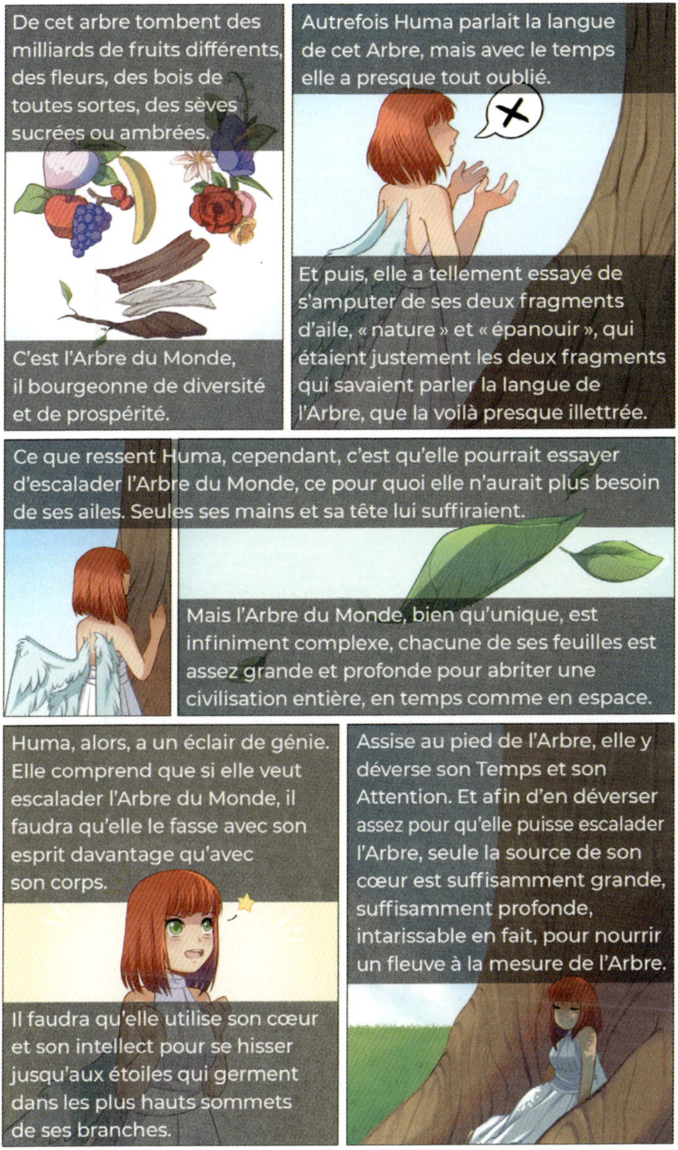
De cet arbre tombent des milliards de fruits différents, des fleurs, des bois de toutes sortes, des sèves sucrées ou ambrées.
C'est l'Arbre du Monde, il bourgeonne de diversité et de prospérité.
Autrefois Huma parlait la langue de cet Arbre, mais avec le temps elle a presque tout oublié.
Et puis, elle a tellement essayé de s'amputer de ses deux fragments d'aile, « nature » et « épanouir », qui étaient justement les deux fragments qui savaient parler la langue de l'Arbre, que la voilà presque illettrée.
Ce que ressent Huma, cependant, c'est qu'elle pourrait essayer d'escalader l'Arbre du Monde, ce pour quoi elle n'aurait plus besoin de ses ailes. Seules ses mains et sa tête lui suffiraient.
Mais l'Arbre du Monde, bien qu'unique, est infiniment complexe, chacune de ses feuilles est assez grande et profonde pour abriter une civilisation entière, en temps comme en espace.
Huma, alors, a un éclair de génie. Elle comprend que si elle veut escalader l'Arbre du Monde, il faudra qu'elle le fasse avec son esprit davantage qu'avec son corps.
Il faudra qu'elle utilise son cœur et son intellect pour se hisser jusqu'aux étoiles qui germent dans les plus hauts sommets de ses branches.
Assise au pied de l'Arbre, elle y déverse son Temps et son Attention. Et afin d'en déverser assez pour qu'elle puisse escalader l'Arbre, seule la source de son cœur est suffisamment grande, suffisamment profonde, intarissable en fait, pour nourrir un fleuve à la mesure de l'Arbre.

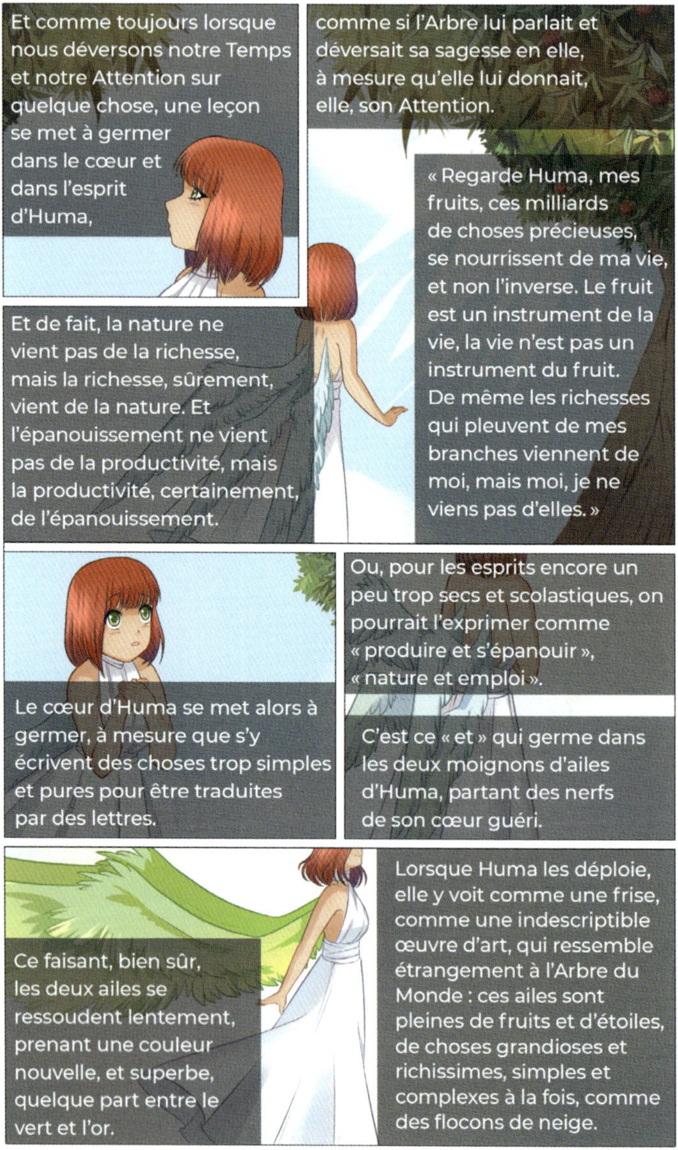
Et comme toujours lorsque nous déversons notre Temps et notre Attention sur quelque chose, une leçon se met à germer dans le cœur et dans l'esprit d'Huma,
comme si l'Arbre lui parlait et déversait sa sagesse en elle, à mesure qu'elle lui donnait, elle, son Attention.
« Regarde Huma, mes fruits, ces milliards de choses précieuses, se nourrissent de ma vie, et non l'inverse. Le fruit est un instrument de la vie, la vie n'est pas un instrument du fruit. De même les richesses qui pleuvent de mes branches viennent de moi, mais moi, je ne viens pas d'elles. »
Et de fait, la nature ne vient pas de la richesse, mais la richesse, sûrement, vient de la nature. Et l'épanouissement ne vient pas de la productivité, mais la productivité, certainement, de l'épanouissement.
Le cœur d'Huma se met alors à germer, à mesure que s'y écrivent des choses trop simples et pures pour être traduites par des lettres.
Ou, pour les esprits encore un peu trop secs et scolastiques, on pourrait l'exprimer comme « produire et s'épanouir », « nature et emploi ».
C'est ce « et » qui germe dans les deux moignons d'ailes d'Huma, partant des nerfs de son cœur guéri.
Ce faisant, bien sûr, les deux ailes se ressoudent lentement, prenant une couleur nouvelle, et superbe, quelque part entre le vert et l'or.
Lorsque Huma les déploie, elle y voit comme une frise, comme une indescriptible œuvre d'art, qui ressemble étrangement à l'Arbre du Monde : ces ailes sont pleines de fruits et d'étoiles, de choses grandioses et richissimes, simples et complexes à la fois, comme des flocons de neige.

Et les racines de ses ailes sont fermement ancrées dans son cœur, qui donne et reçoit d'elles à mesure qu'elle les déploie.
On pourrait appeler ces deux ailes, donc, « Née » et « Pée » : nature et emploi, produire et s'épanouir.
NÉE
PÉE
Mais elles sont tellement superbes, en réalité, que leur nom n'a plus aucune importance.
Ce qui est important, en revanche, c'est qu'irriguée de la sagesse qu'elle a recueillie de l'Arbre du Monde, Huma s'envole...
Si haut qu'elle le dépasse.

Épilogue :

Edgar Poe, dans *Eurêka*, adresse sa poésie en prose à ceux « qui considèrent les rêves comme les seules réalités ». Pour ceux qui entendent encore la ratiocination davantage que les rêves, la légende d'Huma est simple : d'une part, la connaissance est la denrée la plus précieuse de l'économie, à toutes les époques, et de tout temps. D'autre part, la nature est la source la plus abondante de connaissance, donc de richesses, sur Terre. De plus, lorsque l'on partage une matière, on la divise, alors qu'en partageant une connaissance, on la multiplie. Si nous utilisons la nature davantage comme une source de connaissance que comme une source de matière, alors il n'y a plus de contradiction entre croissance et nature. Mieux, si nous croissons avec la même subtilité que la nature, il n'y aura plus de déchets, parce que, dans la nature, les déchets des uns sont les achats des autres. C'était une bonne chose que l'humanité connaisse une période historique tragicomique à opposer nature et emploi, productivité et épanouissement. Comme une adolescente, il fallait qu'elle passât par là. Mais il est temps pour elle de grandir, et de dépasser ces paires d'opposées qui torturent son corps et son âme. Rumi le chantait ainsi : « Le Divin t'amène d'un sentiment à l'autre et t'apprend au moyen des opposés, de sorte que tu aies deux ailes pour voler. »

Ailer proprement son esprit, n'est-ce pas là toute la destinée humaine ?

silencieux : il s'agit du modèle FE2owlet – « petite chouette ».

La méthode ? Il suffit d'ajouter une winglet au bout de chaque aile de la turbine, et de disposer des dentelures sur leur bord d'attaque pour un résultat à la fois moins bruyant et plus efficace énergétiquement. Le physicien Nigel Peake a présenté des résultats allant dans la même direction en 2016, cette fois pour réduire le bruit causé par les éoliennes[1]. Bien entendu, l'industrie des drones militaires, les systèmes de ventilation des *datacenters* et les mineurs de cryptodevise du monde entier sont intéressés par ce système. En effet, les unités de minage et les serveurs sont actuellement extrêmement bruyants, tout comme le drone Predator qui n'est pas, en matière d'attaque – pardon, de défense –, comme la chouette, le plus silencieux du ciel.

Mais l'aéroacoustique des chouettes ne s'arrête pas là. Comme tous les oiseaux, elles sont équipées de leur propre avionique, qui est tout à fait fascinante. Par ailleurs, on a également découvert que les chats pouvaient détecter les rayons X par leur bulbe olfactif[2], même si cinquante-cinq ans après la découverte, nous ne connaissons toujours pas exactement l'utilité exacte de ce mécanisme. Or les chouettes sont un peu les chats du ciel, d'où leur succès domestique, notamment popularisé par *Harry Potter*. Elles ont beaucoup de proies

1. J. Jaworski, « Feathers on an Owl's Wing », *Popular Science*, 22 juin 2015.

2. Gary P. Cooper et Donald J. Kimeldorf, « Responses of Single Neurons in the Olfactory Bulbs of Rabbits, Dogs and Cats to X-rays », *Experientia*, 23, n° 2, 1967, p. 137-138.

en commun avec les petits félins et, au lieu d'un détecteur de rayon X, disposent d'un double amplificateur de son, comme le célèbre matériel espion, parabolique lui aussi, autour de leurs yeux, ce qui explique la forme typique de leur visage, et sans doute justement pourquoi nous les trouvons si mignonnes. Les plumes plates qui entourent les yeux des chouettes, prédateurs nocturnes bien sûr, conduisent le son de leurs proies pour en améliorer le ciblage[1]. Leurs oreilles étant disposées d'une façon très asymétrique sur le plan horizontal, les chouettes peuvent détecter le déplacement d'une source sonore horizontale avec une précision inférieure à trois degrés[2], toujours pour la viser plus facilement.

Ce serait un euphémisme de dire que cette excellence avionique des chouettes a inspiré nos mécanismes de défense. Et quand il y a défense, il y a course aux armements : aussi, quand les chauves-souris utilisent leur sonar pour localiser une de leurs proies favorites, les mites-tigres, celles-ci vont, en réponse, brouiller leur signal en émettant des « clics » propres à corrompre leur signature acoustique, et ce, à une très haute fréquence, jusqu'à 4 500 par seconde[3] !

Le plus génial, c'est que la mite va identifier son accrochage sonar pour émettre ce comportement ; on ne peut s'empêcher de penser aux contre-mesures de

1. Sally Foy, *The Grand Design : Form and Color in Animals*, Prentice Hall PTR, 1983.

2. Avinash DS Bala, Matthew W. Spitzer et Terry T. Takahashi, « Auditory Spatial Acuity Approximates the Resolving Power of Space-specific Neurons », *PLoS One*, 2, n° 8, 2007.

3. Aaron J. Corcoran, Ryan D. Wagner et William E. Conner, « Optimal Predator Risk Assessment by the Sonar-jamming Arctiine Moth *Bertholdia trigona* », *PloS One*, 8, n° 5, 2013.

guerres électroniques modernes – dont nous verrons d'autres exemples plus loin –, en particulier le dispositif *wild weasel* par lequel des avions peuvent retourner l'accrochage radar de la DCA – défense contre avion – contre elle-même, en lui envoyant un missile verrouillé, et qui a été décisif dans l'opération Mole Cricket 19 au Moyen Orient, en 1982.

Pour en revenir au martin-pêcheur, dont la connaissance logicielle est grande, il dispose aussi d'une avionique très spécifique à sa mission. Tout d'abord, à l'instar du bec qui peut résister aux ondes de choc produites par l'entrée dans l'eau à forte vélocité, les capteurs de l'oiseau, ses yeux, sont très bien protégés par des déflecteurs osseux reliés à l'os préfrontal de son crâne, par ailleurs très résistant et très léger. Les yeux du martin-pêcheur, eux aussi, ont deux fovéas et d'astucieux filtres rouges qui lui permettent de mieux voir sous l'eau.

Pour la petite histoire, la structure osseuse des crânes d'oiseaux a également inspiré un escarpin imprimé en 3D aux designeuses de mode Marieka Ratsma et Kostika Spaho. Cet aspect du martin-pêcheur n'est pas le seul à avoir inspiré la mode. En effet, certaines plumes du petit oiseau sont colorées avec des pigments, mais d'autres émettent une couleur sans mobiliser la moindre pigmentation, simplement en agissant sur la façon dont elles réfléchissent la lumière.

Le phénomène est appelé « coloration structurelle » et s'observe aussi bien dans les plumes des paons que les ailes du papillon très photogénique, le morpho bleu (*Morpho achilles*). Cette technique de coloration et le biomimétisme en général ont inspiré des vêtements innovants à de nombreuses conceptrices comme Ada Zanditon ou Donna Sgro, qui utilisent précisément le tissu Morphotex, inspiré du papillon. L'enjeu économique est très conséquent : cette technique nous permet en effet d'envisager un monde de vêtements conçus sans aucun pigment ; or ce sont les pigments – notamment de l'industrie mondiale des jeans en croissance continue depuis les années 1970 avec la demande toujours vigoureuse de l'Asie – qui sont en très grande partie responsable de la pollution des rivières au Bangladesh, catastrophe écologique majeure[1].

Toujours en matière de mode – une discipline que l'homme n'a aucunement inventée quand on voit que de superbes oiseaux comme le gypaète barbu peuvent se maquiller la tête à l'argile rouge[2] –, Stefanie Nieuwenhuyse a conçu une robe à partir d'écailles découpées dans du bois de récupération, imbriquées comme celles d'un iguane ; et sa consœur, Diana Eng, s'est inspirée du pliage naturel de certaines feuilles pour concevoir son écharpe Miura Ori – un type d'origami qui est plus largement utilisé dans le déploiement des surfaces solaires des satellites. Par ailleurs, la marque Páramo, en s'inspirant de la transpiration des arbres, a créé une

---

1. Mais il y a de l'espoir : Elias Khalil, « Sustainable and Ecological Finishing Technology for Denim Jeans », *AASCIT Communication*, 2, n° 5, 2015, p. 159-163.

2. Helmut Tributsch, « Ochre Bathing of the Bearded Vulture : a Bio-mimetic Model for Early Humans towards Smell Prevention and Health », *Animals*, 6, n° 1, 2016, p. 7.

Juan J. Negro, Antoni Margalida, F. Hiraldo et Rafael Heredia, « The Function of the Cosmetic Coloration of Bearded Vultures : when Art Imitates Life », *Animal Behaviour*, 58, n° 5, F14-F17, 1999.

ligne de vêtements rafraîchissants. Enfin, Katie Ledger, inspirée par la mue des serpents, a conçu des vêtements multicouches dont on peut se débarrasser des épaisseurs à mesure qu'on les utilise.

Pour en revenir à la coloration structurelle, elle a aussi inspiré la société Qualcomm pour développer une technologie d'écran appelée « Mirasol », c'est-à-dire sans aucun rétroéclairage. Plutôt que d'utiliser des pixels, la technique Mirasol oriente des microstructures qui renvoient la lumière dans une fréquence différente selon leur inclinaison – comme la dispersion de Rayleigh qui fait que la couche d'ozone nous apparaît bleue, rouge, jaune, voire verte selon l'incidence du soleil – pour constituer un papier électronique que l'on peut lire en pleine lumière directe. Cela ne consomme aucune énergie tant que l'image n'est pas modifiée, ce qui rend cette technique intéressante pour concevoir des papiers peints interactifs ou des façades parlantes dans le bâtiment et la communication urbaine, en réduisant la pollution lumineuse dont on a déjà vu qu'elle perturbait notre rythme circadien. D'un point de vue industriel, Qualcomm ne vendant pas de tablettes, l'entreprise dépendait des tablettes Android ou d'autres systèmes d'exploitation qui n'ont pas rencontré le succès… avant de vendre ses installations à Apple, bien sûr, en 2014 pour des centaines de millions de dollars.

L'enjeu est grand pour Apple : Qualcomm possède aujourd'hui le plus gros portefeuille de brevets au monde en matière de micromécaniques, appelées « MEMS » – Microelectromechanical Systems –, qui permettent de générer et de moduler les petites unités mécaniques qui font de l'écran Mirasol une aile de papillon entièrement ajustable. Cette technologie s'appelle « IMOD » – pour *Interferometric Modular Display*, en français, « affichage modulaire interférométrique » –, un nom déposé sous la forme « Mirasol », et qui appartient donc maintenant à Apple[1].

Dans la guerre mondiale pour gagner l'attention et le temps de chacun, les technologies d'écran sont évidemment très en vogue et Apple, qui écrase pour le moment toute concurrence en matière de montres connectées, entend bien conserver son leadership dans l'affichage – bien que l'on ne sache pas encore quelle technologie dominera les autres et dans quelles applications. Pour les écrans plats il y a eu la technologie plasma, puis LCD, puis LED, OLED et AMOLED dont les unités les plus vendues sont celles des Apple Watch. L'une des générations suivantes d'écran pourrait être les « métamatériau optiques ».

« Métamatériau » – se dit pour un « matériau aux propriétés qui n'existent pas dans la nature » – est un terme philosophiquement prétentieux quand on pense, de façon très ironique, que c'est la nature qui peut inspirer quelques-uns de nos meilleurs métamatériaux. Ils sont très en vogue depuis que John Pendry, de l'Imperial College de Londres, a publié deux études en 2006, démontrant leur potentiel pour rendre un objet invisible en canalisant – un peu comme des fibres optiques continues – le flux lumineux le long de ses contours, de sorte à supprimer son ombre et sa trace

1. Sam Byford, « Apple Using Secret US Facility to Develop MicroLED Screens for Apple Watch », *The Verge*, 19 mars 2018.

lumineuse[1]. Bien sûr, si le travail de Pendry ne portait alors que sur les micro-ondes, cela fait des décennies que les forces armées – notamment avec les avions multirôles dont la surface équivalente radar (SER) est devenue inférieure à celle d'un colibri (0,003 m^2 pour le F-117 dans les années 1980) – cherchent à pouvoir rendre un fantassin ou un char d'assaut invisibles à l'œil nu.

Les seiches et les poulpes

Si l'on cherche à développer des métamatériaux phoniques et sismiques, un groupe de protéines, en particulier, nous fascine aujourd'hui, groupe décisif pour le comportement des camouflages, de la chasse et de l'accouplement de certains céphalopodes, des animaux par ailleurs réputés pour leur très grande intelligence.

Certaines seiches et certains poulpes peuvent ainsi modifier la texture de leur peau et adapter sa couleur à leur environnement avec une grande rapidité. Ils forment ainsi des écrans flexibles, avec une meilleure résolution que les nôtres. Leur supériorité en tant qu'écrans a vraiment de quoi nous humilier. En effet, si une Apple Watch de 2018 a des pixels de l'ordre du dixième de millimètre – donc cent micromètres –, les granules de pigments présents dans les chromatophores[2] – eux-mêmes hautement flexibles, pouvant modifier leur taille six fois – de la seiche commune

1. David Schurig, J. J. Mock, B. J. Justice, Steven A. Cummer, John B. Pendry, A. F. Starr et D. R. Smith, « Metamaterial Electromagnetic Cloak at Microwave Frequencies », *Science*, 314, n° 5801, 2006, p. 977-980.

2. Les chromatophores sont les cellules pigmentaires du derme.

(*Sepia officinalis*) ont une longueur cent fois inférieure, c'est-à-dire de l'ordre d'un seul micromètre. Dans une première approximation, on pourrait donc parler d'une densité de pixels cent fois supérieure.

La peau des seiches a ceci d'intéressant qu'elle présente des papilles – des petites bosses sous la peau – capables de modifier rapidement leur hauteur, en forme de courbe gaussienne, pour réaliser une grande diversité de textures. Appliqué à l'informatique, le terme d'écran « tactile » prendrait là tout son sens. Apple rêve justement d'éliminer le clavier physique de ses ordinateurs portables pour le remplacer par une seule surface interactive, capable d'afficher toutes les touches possibles. Cette surface demeurera plane, mais devra donner à nos doigts l'illusion d'avoir bien enfoncé une touche mécanique. Dans la philosophie générale d'Apple, si elle est bien faite et réactive, voire capable de rougir et de susciter chez nous des émotions et un attachement, elle développera encore plus la mignonitude qui a fait la fortune de la pomme croquée : imaginez un ordinateur taquin et chatouilleux…

La façon dont les seiches coordonnent et intègrent subtilement l'information qu'elles reçoivent des différents organes mimétiques de leur peau nous est encore largement inconnue[1] : chromatophores, iridophores[2], leucophores[3] et papilles doivent certainement être gérés d'une façon décentralisée mais intentionnelle,

---

1. Ryan Gilmore, Robyn Crook et Jacob L. Krans, « Cephalopod camouflage : Cells and organs of the skin », *Nature*, 2016.

2. Ce sont des chromatophores qui ne possèdent pas de pigments.

3. Ce sont des chromatophores qui provoquent l'apparition de la couleur blanche.

ce qui rend l'étude de la conscience et de la délibération chez le céphalopode plus mystérieuse encore. Nous, les humains, ne choisissons pas vraiment quand nous rougissons et quand nous avons la chair de poule – notamment quand nous écoutons de la musique, avoir la chair de poule est un phénomène en réalité très rare, et témoigne d'une sensibilité nerveuse bien particulière. Les céphalopodes déploient, avec leurs iridophores, de petits miroirs dont ils peuvent modifier l'orientation, une technologie très proche de celle du type Mirasol mais en beaucoup plus sophistiquée. Leurs leucophores rappellent un peu les poils de l'ours polaire dans leurs propriétés optiques : ils reflètent la lumière filtrée – c'est la raison pour laquelle les poils de l'ours blanc apparaissent en réalité de cette couleur.

Malgré cela, on continue à penser que les céphalopodes sont incapables de discerner consciemment les couleurs. Mais se pourrait-il qu'ils les ressentent à fleur de peau ? Parmi les céphalopodes, il faut d'ailleurs mentionner une petite pieuvre découverte en 2015 par des scientifiques et qui est si mignonne qu'ils ont d'abord voulu la baptiser *Opisthoteuthis adorabilis*. Là encore, ceux qui voudront concevoir des machines réactives et susciter, justement, notre émotion envers des robots mignons et capables de communication épidermique, feront bien de s'inspirer des céphalopodes, qui constituent un autre gisement de procédés et d'inspirations inexploré sur le plan industriel et économique.

Espionner la nature

D'un point de vue économique, et en particulier managérial, aussi bien avec le Shinkansen que l'avionique des faucons et tout autre cas bio-inspiré, l'une des façons de valoriser la biodiversité – de démontrer qu'elle représente une part importante du PIB, que des barils de connaissance valent beaucoup plus chers que des barils de pétrole –, c'est le concept de « raccourci R&D », que je vais expliquer plus bas.

Dans les secteurs technologiques tout le monde essaie d'espionner tout le monde, en particulier les gouvernements. Google voudrait bien savoir ce que fait Apple, ou Baidu, ou Facebook, et vice versa. Le moindre détail, la moindre caractéristique technique est dans ce jeu-là d'une curiosité capitale. Et pourtant, non seulement il est assez difficile d'espionner ces sociétés en profondeur, mais c'est en plus illégal et, pour ceux que cela intéresserait encore, immoral.

Espionner la nature, en revanche, est comparativement facile, légal et moral et cela rapporte beaucoup plus… « Nature Inc. », si on la voyait comme une société – elle est bien entendu beaucoup plus que ça – produit des merveilles technologiques à ciel ouvert, loin devant celles de Lockheed-Martin, Apple, Google, Samsung ou Tencent. C'est une excellente chose de les copier, il faut le faire, encourager les sociétés et les gouvernements à espionner la nature au maximum, qui est un véritable livre ouvert, plus ouvert encore que les brevets de Tesla Motors.

Le principe donc du raccourci R&D est le fait d'observer que, dans un contexte de compétition économique mondiale, si vous devez réaliser une nouvelle technologie performante – par exemple un nouvel écran – peut-être que sans la nature il vous faudra dix ans et trente ingénieurs, alors qu'avec elle ce temps sera réduit à trois ans et le personnel cherchant à dix ingénieurs. Cela, bien sûr, ne sera pas synonyme de destruction d'emplois dans la réalité, puisque cela accélérera l'apparition de nouveaux produits et services vendables, directement au catalogue.

Nous devons imaginer que Samsung, Apple, Huawei et consorts participent à un concours écrit, qu'ils doivent disserter sur le sujet « les écrans du futur » et qu'ils ont quinze ans pour y répondre. Pendant que tous les élèves planchent, une société comme Apple va sortir une petite seiche de sa poche, qui va lui souffler toutes les réponses à l'oreille. C'est donc une anti-seiche !

Le raccourci R&D n'est qu'une façon parmi d'autres de valoriser économiquement la biodiversité. Ce sera donc le boulot de l'économiste de la connaissance, qui devra développer ces idées en détail. Si l'on vous dit un jour que la valorisation de la connaissance d'origine naturelle est une utopie économique, qu'elle ne peut en aucun cas créer de l'emploi ou représenter, pour une seule société, un différentiel notablement positif en bas de bilan, pensez au raccourci R&D, qui est l'un des premiers barils de connaissance bio-inspirée dans l'âge du noolithique.

Les éponges sous-marines

Nous avons parlé de silicium, d'écrans réactifs à très haute résolution, de coloration structurelle, mais la contribution du vivant aux technologies de l'information et de la communication ne s'arrête pas là. Les éponges, par exemple, représentent de remarquables solutions de fibres optiques, valables aussi bien pour conduire l'information que pour développer des systèmes servant à canaliser la lumière en architecture. Ainsi, la manière avec laquelle les spongiaires produisent leurs biosilicates a déjà inspiré à Georgia

Tech (Georgia Institute of Technology) un brevet pour la conception à froid de ces matériaux, qui les rend à la fois moins chers, moins polluants à produire et sensiblement plus résistants. D'une façon générale, la capacité des éponges à concentrer le silicium des océans en des squelettes complexes, légers et résistants vaut le détour industriel.

Dans la métaphore de la métropole avec ses gratte-ciel, si les arbres sont des superstructures terrestres, les éponges sous-marines, comme les coraux, abritent un écosystème symbiotique très varié. Leur spécialité consiste à loger du phytoplancton en lui apportant protection et lumière au cœur de leur structure, à plusieurs dizaines de centimètres des eaux libres. Si nous savions copier la façon dont les éponges conduisent et concentrent la lumière de l'extérieur pour nourrir de lumière leur jardin intérieur, non seulement pourrions-nous concevoir des fibres optiques plus performantes, mais aussi des cabines d'avion, des bâtiments plus conviviaux, ou encore des stations spatiales[1]. Par ailleurs, il n'y a pas que nous pour être fascinés par les éponges : les dauphins peuvent les utiliser pour protéger leur rostre – équivalent du bec – quand ils fouillent le sable et les pierres, ou en offrir, comme des fleurs, aux femelles qu'ils convoitent le plus ; quand ils ne se shootent pas à la tétrodotoxine en sniffant littéralement un poisson-globe qu'ils se passent entre eux comme un bon gros « pétard » des familles[2] !

1. Sarah Graham, « Sea Sponge Inspires Better Fiber-optic Cables », *Scientific American*, 21 août 2003.

2. Adam Whitnall, « Dolphins "Deliberately Get High" on Puffer Fish », *The Independent*, 30 décembre 2013.

Pour l'heure si elles n'ont pas la même limpidité que nos fibres industrielles, les optiques d'éponges ont une bien plus grande rusticité et donc une plus grande résistance à la fracture – qui est l'une des faiblesses majeures des câbles sous-marins actuels, qui se trouvent par ailleurs attirer certains requins[1]. Avec une fibre-spongio-inspirée – qui est notamment couverte d'une gaine organique très efficace –, il est possible de plier le verre et d'y faire même des nœuds sans briser sa conduction lumineuse. Les laboratoires Bell – célèbres inventeurs du transistor – ont aussi analysé les ophiures, ces étoiles de mer filiformes, et ont découvert un système de lentille très complexe qui leur permet d'avoir une vision très précise de leur environnement. Les optiques d'ophiures sont chacune constituées de petits cristaux de calcite qui corrigent la biréfringence et l'aberration sphérique, deux types de distorsions très problématiques, surtout à ces échelles. La capacité qu'ont acquise les laboratoires Bell à développer de petites lentilles en calcite monocristalline bio-inspirée n'a ainsi pas de prix.

Les coraux

Les récifs de coraux, et peu de gens le savent, nous ont aussi beaucoup inspirés. C'est grâce à eux que nous avons fait une découverte séminale en matière de ciments osseux synthétiques, une méthode employée et affinée depuis les années 1990.

Les premiers récifs coralliens formant des massifs de pierre biologique sont certainement apparus au milieu

1. N.C. Fox, R.V. Fox, Nelson C. Fox et Rosetta V.G. Fox, « Deep Sea Shark Cable Protectors », *US Patent*, 4, 1989.

du Trias[1] et ont inauguré une stratégie de minéralisation continue dans un environnement très difficile. Cette stratégie fait encore ses preuves aujourd'hui. Le biologiste marin Brent Constantz, bien qu'il n'eût pas de légitimité médicale particulière, décida d'appliquer la stratégie de minéralisation active des coraux au problème de l'ostéoporose – après avoir vu les chiffres édifiants quant à son coût médical et humain en parcourant des magazines spécialisés chez son père.

À l'époque – la fin des années 1980 –, la communauté médicale avait l'intention d'utiliser des céramiques cassantes pour résoudre le problème, elle n'avait pas pensé à un procédé auto-organisé comme celui des coraux. Ces coraux inspireront par ailleurs Neri Oxman du MIT pour concevoir un gant très efficace et élégant en composite d'acrylique pour prévenir le syndrome du canal carpien… mais c'est encore une autre histoire, dans ce foisonnement prévisible des *coraltechs*.

Pour fabriquer un circuit intégré, on l'a vu, un circuit inclus dans un seul cristal de silicium, il faut un germe de cristal (*seed crystal*) qui va guider la formation de la plus grande structure. De la même manière, Constantz découvre que l'appareil de Golgi (une usine interne aux cellules complexes) des cellules coralliennes contient de petits germes cristallins qui ne demandent qu'à former des cristaux d'aragonite plus grands. Ceux-ci pourraient reminéraliser tout un os humain si on savait les implanter correctement dans les failles pathologiques des patients. C'est en quelque sorte de la même

1. Le Trias correspond à la première période du Mésozoïque et s'étend de – 251 millions d'années à – 201,6 millions d'années.

manière que vont se former les calculs rénaux, mais retournée contre une autre maladie. En 1987, encore post-doctorant, Constantz crée la société Norian – du nom d'une période du Trias supérieur – et publie, sept ans plus tard, un article fondateur sur « la réparation squelettique par la formation in situ de la phase minérale de l'os »[1].

Ce n'est pas tout : en étudiant la fluidité de certains mélanges de minéraux et d'exsudats[2] observables dans la géologie littorale, Constantz améliore significativement le fait de pouvoir livrer son ciment exactement dans le tissu osseux. De cette technique, il en tire une autre société, Skelekinetics. La société Synthes a acquis Norian en 1998, puis a elle-même été rachetée par Johnson & Johnson, qui continue à vendre le « Norian Skeletal Repair System » – SRS – dont on peut estimer qu'au moins un million de patients, en particulier en Chine, bénéficient chaque année.

Depuis, Constantz, qui enseigne à Stanford, a aussi développé la société Calera, qui fabrique du ciment au bilan carbone positif, et Blue Planet, une société de compensation carbone. Avec plus de cent brevets à son actif, Constantz est l'un des *serial* entrepreneurs les plus notables de la Vallée. Il montre à quel point la bio-inspiration y crée une richesse insolente. Il est bien normal que Nature et Silicon Valley s'entendent, respectivement, en tant que maître et élève, et l'histoire

---

1. Brent R. Constantz, Ira C. Ison, Mark T. Fulmer, Robert D. Poser, Susanne T. Smith, Michelle Van Wagoner, John Ross, Steven A. Goldstein, Jesse B. Jupiter et Daniel I. Rosenthal, « Skeletal Repair by In Situ Formation of the Mineral Phase of Bone », *Science*, 24 mars 1995.

2. Liquides suintant d'une surface.

de Constantz prouve à quel point Nature Inc. dépasse toutes les sociétés passées, présentes et à venir sur l'axe San Francisco-San José.

L'inspiration offerte par le corail en matière médicale est très loin d'avoir été épuisée. Le corail noir, par exemple, construit un biopolymère[1] à partir de protéines et de chitine, bien sûr biodisponible et non allergisant pour l'humain. Cette matière renforce son squelette et lui permet même d'en moduler la résistance selon les conditions de son environnement. Il en résulte un squelette flexible, que l'on peut adapter à la forme d'un moule, que l'on peut polir, et qui peut également développer une rigidité comparable à celle des bois ou des coquilles de mollusques. Les coraux, enfin, ont développé des stratégies très efficaces de lutte contre l'encrassement biologique, qui sont d'un grand intérêt pour nos architectures marines : en régulant la croissance bactérienne à sa surface, le corail reste propre et déparasité, et prévient la croissance d'organismes indésirables plus gros, sans mobiliser des antibiotiques à large spectre – comme ceux que nous utilisons dans les blocs opératoires. Qui a dit que la protection des coraux ne représentait aucun emploi ni aucune richesse industrielle ?

Le requin

Et si nous levons un peu plus le nez du récif, nous pouvons contempler le majestueux requin, dont les applications bio-inspirées sont à la hauteur de sa célé-

---

1. Les biopolymères sont des polymères issus d'organismes vivants ou synthétisés à partir de ressources renouvelables. Le plus connu est la cellulose.

brité internationale au point qu'elles constituent un domaine à elles toutes seules, celui des *sharktechs*, qui lui aussi, pèsera des centaines de milliards de dollars sur les décennies à venir. Pour commencer, et juste comme ça, sachez que les mystérieux requins du Groenland peuvent vivre plus de quatre siècles[1] ; les requins sont apparus sur terre bien avant les arbres eux-mêmes, et ils ont survécu à quatre extinctions de masse, c'est dire si nous devons apprendre d'eux !

Justement en matière de lutte contre l'encrassement biologique, les seules bernacles[2] que vous ne verrez jamais attachées à un requin sont les rarissimes et terrifiantes *Anelasma squalicola* qui sucent littéralement la chair des requins-lanternes. Ces derniers sont clairement les perdants face au parasite, mais méritent néanmoins d'être mentionnés car ils sont les seuls organismes connus dont la luminescence – de leurs yeux – est contrôlée par des hormones, la mélatonine et la prolactine[3]. Comme ces hormones sont aussi des clés du rythme biologique interne chez l'humain, pourrait-on s'inspirer des yeux de ce requin pour développer des capteurs, précisément parce qu'ils sont des chromatophores – dont on a vu le potentiel pour

1. Julius Nielsen, Rasmus B. Hedeholm, Jan Heinemeier, Peter G. Bushnell, Jørgen S. Christiansen, Jesper Olsen, Christopher Bronk Ramsey *et al.*, « Eye Lens Radiocarbon Reveals Centuries of Longevity in the Greenland Shark (*Somniosus microcephalus*) », *Science*, 353, n° 6300, 2016, p. 702-704.

2. Coquillage à cinq valves, qui a la forme d'un bec spatulé.

3. Julien M. Claes et Jérôme Mallefet, « Hormonal Control of Luminescence from Lantern Shark (*Etmopterus spinax*) Photophores », *Journal of Experimental Biology*, 212, n° 22, 2009, p. 3684-3692.

les écrans avec les seiches et les poulpes ? Pourrions-nous porter ces capteurs à fleur de peau afin qu'ils nous rendent davantage conscients de notre santé circadienne[1], encore trop ignorée ? L'idée n'est pas si folle quand on pense que le MIT a déjà développé un prototype de tatouage, appelé *dermal abyss*, capable de changer de couleur selon la glycémie de son porteur[2].

Face à l'encrassement biologique, parce qu'ils ont donc évolué plus de quatre cent vingt millions d'années sous l'eau, les requins sont imbattables. La surface de leur peau est couverte de dents microscopiques, que l'on peut appeler écailles, mais qui ressemblent à des versions microscopiques de leur dentition[3]. Ces petits triangles de deux cents microns, régulièrement espacés, agissent comme les dentelures des plumes de chouette sur la vélocité du flux de proximité. Concrètement, ces triangles facilitent l'accrochage de micro-vortex, même à de fortes vitesses, qui vont en quelque sorte « laver » la surface et empêcher les micro-organismes d'y adhérer. Comme les requins sont presque toujours en mouvement, ayant besoin de nager pour oxygéner leurs branchies – malgré des exceptions notables comme le

1. L'adjectif « cicardien » se réfère au rythme biologique d'une période d'environ vingt-quatre heures. Le terme vient du latin *circa*, « presque » et *dies*, « jour ».

2. Katia Vega, Nan Jiang, Xin Liu, Viirj Kan, Nick Barry, Pattie Maes, Ali Yetisen et Joe Paradiso, « The Dermal Abyss : Interfacing with the Skin by Tattooing Biosensors », Proceedings of the 2017 ACM International Symposium on Wearable Computers, 11-15 septembre 2017.

3. Pour être tout à fait exact, ce sont les dents de requins qui sont des versions ultra spécialisées de leurs écailles, et c'est pour cette raison qu'elles repoussent indéfiniment.

requin-nourrice – et qu'on peut dire qu'ils ne dorment jamais, comparativement aux mammifères – ce mécanisme fonctionne très bien.

Les micro-dents de la peau des requins rendent l'installation des micro-organismes trop difficile. Tony Brennan, de l'université de Floride, en a tiré la technologie *Sharklet*[1] : elle consiste à créer des surfaces plastiques inspirées de la peau de requin, qui non seulement inhibent l'apparition d'un biofilm bactérien, mais réduisent aussi massivement la prolifération des microalgues.

Les solutions de sa compagnie, Sharklet Technologies, sont diverses – des cathéters mais aussi des surfaces chirurgicales – et ont un impact significatif sur le risque pour le patient de contracter une maladie nosocomiale. La force de cette solution tient à ce que, n'étant pas chimique, elle offre très peu d'opportunités aux bactéries de développer une résistance, contrairement aux antibiotiques. Les effets du *Sharklet* ont pu être mesurés positivement sur différentes souches de staphylocoques et de pseudomonas[2].

---

1. Anthony B. Brennan, Christopher James Long, Joseph W. Bagan, James Frederick Schumacher et Mark M. Spiecker, « Surface Topographies for Non-toxic Bioadhesion Control », *United States, US20100226943A1*, 9 septembre 2010.

2. Les pseudomonas sont des bactéries en forme de bâtonnets et mesurant de deux à quatre micromètres de longueur.

John F. Ling III, Mary V. Graham, and Nathaniel C. Cady, « Effect of Topographically Patterned Poly (dimethylsiloxane) Surfaces on *Pseudomonas aeruginosa* Adhesion and Biofilm Formation », *Nano Life*, 2, n° 4, 2012.

Carol Potera, « Plumbing Pathogens : a Fixture in Hospitals and Homes », *Environmental Health Perspectives*, 123, n° 8, 2015.

Initialement, les recherches de Tony Brennan avaient été sponsorisées par l'US Office of Naval Research, pour développer des peintures anti-fouling – c'est-à-dire des peintures qui préservent la coque des bateaux contre la colonisation des algues et des coquillages – pour les navires et les sous-marins de guerre. On ne peut s'empêcher, en voyant un sous-marin rentrer au port couvert d'algues et d'autres micro-organismes marins, de penser à la baleine. Or quel animal n'est pas contaminé ? Le requin.

C'est exactement le raisonnement de Brennan, qui a conduit au développement de ces technologies, et qui pourrait aussi permettre de développer des peintures qui augmentent les performances hydrodynamiques des navires commerciaux et qui réduisent leur consommation de carburant et leurs coûts annuels d'entretien. Comme toutes les méthodes bio-inspirées, la technologie *Sharklet* est une solution simple à un problème complexe, et en particulier, elle résout plusieurs problèmes à la fois, ce qui est caractéristique de l'élégance naturelle.

Le *Fraunhofer Institute for Manufacturing Engineering and Applied Materials Research* (IFAM) a carrément développé une peinture qui, en séchant, mime les denticules de requin, et a obtenu un résultat spectaculaire sur la marine marchande. Les concepteurs pensent que si toute l'aviation civile adoptait leur produit, plus de cinq millions et demi de tonnes de fuel seraient économisées en 2018, et 2 000 tonnes par an pour les plus gros porte-conteneurs. Leur peinture résiste aux UV, aux hautes vélocités – d'où son intérêt aéronautique – et ne pèse pas plus qu'une couche normale[1].

Comme les denticules dermiques des requins favorisent l'accrochage des vortex à la surface de leur peau, cette dynamique aide certes à les laver automatiquement quand ils nagent, mais elle produit aussi un effet de succion vers l'avant, et réduit considérablement la traînée. Plus subtil encore : si l'on couvre un projectile marin – recherche militaire derechef – d'une copie de peau de requin, le résultat ne sera aussi probant que dans la nature qu'à la condition de garantir la souplesse du revêtement. Les denticules étant érectiles, l'écoulement de l'eau à la surface de la peau de requin est d'une très grande complexité et encore mal compris[2].

S'il y a bien une leçon essentielle de la nature en matière de turbulences, c'est qu'il ne faut jamais aborder l'aéro- et l'hydro-dynamique avec des surfaces lisses, mais, au contraire, avec des surfaces finement complexes, comme les dentelures des plumes de chouette ou les denticules du requin. Les surfaces lisses n'existent jamais dans la mobilité naturelle, surtout à grande vitesse, ce que tout golfeur tient d'ailleurs pour acquis : une balle de golf perd beaucoup moins d'énergie par unité de temps en vol qu'une balle lisse – ce qui est valable aussi dans l'eau, la balle alvéolée laissant derrière elle de plus petits vortex. Le grand aviateur Howard Hughes – dont Elon Musk est considéré

1. « Shark Paint », *AskNature*, 10 mars 2017.

2. A. Boomsma et F. Sotiropoulos, « Direct Numerical Simulation of Sharkskin Denticles in Turbulent Channel Flow », *Physics of Fluids*, 28, n° 3, 2016.

comme l'héritier spirituel, aujourd'hui – avait fait du lissage de son premier avion de course, le H-1 Racer, ce que les Américains, avec leur goût des gallicismes, aiment appeler une « cause célèbre ». Le résultat en fut un avion capable d'atteindre les 566 kilomètres à l'heure, de voler de Burbank à Newark en moins de huit heures, et d'ainsi briser le record de vitesse de son temps… et le visage du malheureux Hughes. Cet avion avait l'apparence d'un miroir impeccablement moderniste, le tout bien poli, les ailes courtes et chaque rivet minutieusement arasé.

Eh bien aujourd'hui, quand on considère l'Airbus A350 XWB – et bien que l'aéronautique civile ait été largement gardée dans le formol, du point de vue de l'usager, qui rêvait dans les années 1960 d'un Paris-New York en moins de deux heures –, on ne peut s'empêcher de contempler quelques-unes des améliorations majeures depuis le H-1, et constater que les surfaces des avions ont pris un tournant radicalement différent. Les ailes, presque en forme de nageoire de manchot, sont couvertes d'un revêtement dont le secret est bien gardé, et directement inspiré des *sharktechs*. Comme l'étude des projectiles couverts de denticules artificiels en avait démontré l'intérêt, ainsi que celle des faucons pèlerins, qui ont inspiré ce principe de *morphing*, l'ensemble est désormais beaucoup plus flexible. La fluidité formelle des ailes, par ailleurs, est contrôlée par des capteurs dans le nez de l'avion, de la même façon que les mouettes perçoivent dans le vent la subtilité de la topographie à laquelle elles adaptent instantanément leur posture de vol.

Airbus a d'ailleurs étudié le vol en formation, très efficace pour réaliser des économies d'énergie et déployé depuis longtemps par l'aviation militaire. Pour l'instant, ce vol est encore considéré comme trop risqué pour le civil, sauf quand il s'agit de livrer des avions vides.

Pour ce qui est d'éviter les surfaces parfaitement lisses en hydrodynamique, on peut aussi citer les grands mammifères marins dont la peau est bosselée de microstructures, souvent de l'ordre d'un dixième de millimètre, et exsude un mucus protecteur capable de digérer les protéines des intrus.

C'est le bord d'attaque des nageoires de la baleine à bosse (*Megaptera novaeangliae*) qui fascine le plus les biomiméticiens, car son potentiel industriel est amplement démontré. Les petits tubercules qui dentellent ses nageoires lui procurent une hydrodynamique très supérieure à celle de nos hélices et de nos dispositifs de collecte d'énergie houlomotrice. Ils permettent aux baleines de maintenir une grande capacité de manœuvre, très utile quand elles pêchent les krills en groupe. Résultat : 32 % de réduction de la traînée en soufflerie, 8 % de portance en plus et 40 % d'augmentation de l'angle d'attaque avant décrochage[1]…

Si les *sharklets* demeurent un cas d'école en bio-inspiration et ont donné à l'auteur Jay Harman le titre de son excellent ouvrage *The Shark's Paintbrush* (« Le Pinceau du requin[2] »), nous sommes encore très loin

---

1. Frank E. Fish, Paul W. Weber, Mark M. Murray et Laurens E. Howle, « The Tubercles on Humpback Whales' Flippers : Application of Bio-inspired Technology », *Oxford Journals*, 2011, p. 203-213.

2. White Cloud Press, 2013, non traduit en français.

d'en avoir fait le tour, notamment quant à leur potentiel économique global. On sait que la compagnie d'aspirateurs Dyson a fait sa fortune en développant un appareil qui ne perd pas son aspiration, notamment parce qu'il n'utilise pas de filtre en « cul-de-sac » – qui a tendance à accumuler les particules obstruantes et à étouffer l'aspiration sur le long terme. De fait, nos systèmes de ventilation et de climatisation doivent régulièrement changer leurs filtres, ainsi que nos vieux moteurs thermiques, la plupart de nos aspirateurs et nos ventilateurs d'ordinateurs.

Là encore les requins ont de quoi résoudre tous ces problèmes industriels. D'une part le requin-pèlerin (*Cetorhinus maximus*) ne filtre pas le plancton en cul-de-sac, mais le fait parallèlement au flux d'eau, comme un peigne très délicat et subtilement incliné. Cette technique lui permet de retenir des particules plus petites que la taille de son filtre et de laisser les obstruants filer en dehors. D'autre part, son mouvement de brassage – par l'existence de petites bosses dans les branchies qui rappelleront encore les dentelures des plumes de chouettes – génère des micro-tourbillons qui agrègent les particules nutritives tout en nettoyant le filtre. Les pèlerins sont d'autant plus intéressants qu'on les soupçonne d'hiberner en hiver et de justement perdre ces filtres.

C'est également en matière de nanocapteurs que les *sharktechs* continuent à nous surprendre : le grand requin blanc peut ainsi détecter le sang dans des proportions d'une partie pour un milliard[1], soit gros-

1. Karl Shuker, « The Hidden Powers of Animals : Uncovering the Secrets of Nature », *Reader's Digest*, 2001, p. 40.

sièrement un microgramme par litre, donc la même finesse que pour détecter les rarissimes oligo-éléments de l'eau, comme le sélénium ou le molybdène. Tous les requins disposent par ailleurs d'une grande électrosensibilité avec les ampoules de Lorenzini[1] disposées autour de leur gueule et de leurs yeux. La finesse de ces capteurs est portée à son paroxysme chez le poisson-scie, qui les utilise pour scanner son environnement dans des eaux troubles. La gelée que l'on trouve dans les ampoules de Lorenzini a comme caractéristique de posséder la conductivité protonique la plus élevée du monde biologique. Or on sait à quel point les mouvements de protons constituent le courant électromoteur favori du vivant – puisque ce sont eux, d'une part, qui font tourner le nanomoteur miracle de l'ATP synthase que l'on a déjà vu, durant la phase obscure de la photosynthèse des plantes, et eux, d'autre part, que nos cellules génèrent en faisant tourner le même moteur en sens inverse, dans la respiration de nos mitochondries.

L'étude de cette gelée de Lorenzini ouvre une voie royale au développement de nouvelles batteries, en particulier pour les robots bio-inspirés, pour les piles à combustible complexes, ou les technologies d'écran. Une équipe de chercheurs a en effet mis au point un capteur quantique, à base de nickelate de samarium, pour détecter de très faibles courants électriques en condition biologique, directement inspiré de la gelée de Lorenzini.

---

1. Erik E. Josberger, Pegah Hassanzadeh, Yingxin Deng, Joel Sohn, Michael J. Rego, Chris T. Amemiya et Marco Rolandi, « Proton Conductivity in Ampullae of Lorenzini Jelly », *Science Advances*, 13 mai 2016.

Si la nature est une bibliothèque, chaque espèce est un livre, chaque organe un chapitre, chaque molécule quasiment un paragraphe, et pour le scientifique peut-être une décennie de sa recherche. La nature, dans sa distribution de la connaissance, est bien plus finement intriquée que nos livres. Du requin donc, nous aurions pu parler aussi de sa capacité à filtrer l'eau salée et à s'adapter à des conditions de salinité très différentes. Quant au terrible requin-bouledogue, responsable du plus grand nombre d'attaques en rivière, il est capable de remonter le Mississippi ou le Gange sur plus de mille kilomètres.

Une autre merveille du requin se trouve dans ses anticorps, qui sont les plus précieux au monde. On savait déjà que les anticorps de camélidés – lamas, dromadaires, girafes… – étaient particulièrement stables, et donc capables de demeurer dans le corps d'un patient beaucoup plus longtemps que les anticorps humains, ce qui présente un grand intérêt pour cibler les tumeurs. Mais il s'avère que les anticorps de requins sont plus stables encore. Plus surprenant : certains produits conçus à base d'anticorps de requins peuvent traverser la barrière hémato-encéphalique qui protège le cerveau de nombreuses toxines. C'est cette barrière qui rend le traitement du cerveau beaucoup plus difficile, une fois qu'un pathogène s'y est installé – comme dans une méningite – ou que le symptôme développé se trouve de son mauvais côté – comme dans la maladie d'Alzheimer, pour laquelle les requins ont donc inspiré un nouveau projet de traitement[1].

1. Sarah Neville, « Shark Antibodies Join Battle Against Alzheimer's », *Financial Times*, 26 janvier 2017.

La compagnie pharmaceutique Lundbeck a pu traverser la barrière hémato-encéphalique de souris avec un complexe original d'anticorps de requins, et prévoit d'appliquer ce nouveau vecteur à la maladie de Parkinson. Les essais cliniques sur les humains sont attendus pour 2019.

Ainsi, c'est toute l'immunothérapie qui pourra bénéficier des anticorps de requins, avec des applications dans le traitement des cancers en particulier – surtout quand on sait que le cartilage de requin a déjà été utilisé pour limiter la vascularisation des tumeurs[1].

D'abord, un anticorps peut être facilement transformé en enzyme – on parle d'anticorps catalytiques avec de très nombreuses applications, dont des traitements possibles contre le VIH. Ensuite, les anticorps de requins sont beaucoup plus petits que ceux de souris ou d'humains – on peut donc entraîner des bactéries comme *E. coli* à en fabriquer, ce qui pourrait réduire considérablement le coût de production.

Une autre avancée majeure qu'ont permis de réaliser les anticorps de requins a été la cristallisation de certains récepteurs des protéines G, avec leur ligand[2], une prouesse biochimique recherchée depuis plus de vingt ans. Le chercheur de Stanford Brian Kobilka a partagé le prix Nobel de chimie avec Robert Lefkowtiz en 2012 pour ce résultat. S'il a utilisé des anticorps de lamas à l'époque, il est très

1. Henrique Neves et Hang FaiKwok, « Recent Advances in the Field Of Anti-cancer Immunotherapy », *BBA Clinical*, 18 avril 2015.

2. Un ligand est une molécule qui est caractérisée par sa tendance à se lier à une autre.

probable que ceux de requins deviennent à l'avenir – quand cette procédure sera industrialisée – le nouveau standard. Quant aux braves lamas, on pourra toujours, comme le font certains éleveurs de dindes en plein air, les recruter pour protéger ces dernières des renards[1].

Pour les macroéconomistes et les économistes de la connaissance, la mer est une source faramineuse d'inspiration. La société Creative Biolabs, par exemple, fait déjà ses choux gras du métier de producteur d'anticorps monoclonaux de requins. Le prix de ces anticorps n'est pas crié sur tous les toits car il dépasserait largement les 3 milliards de dollars du kilo purifié !

Domestiquer les turbulences

On l'a vu le génie de la nature nous encourage à domestiquer les turbulences. Pour l'heure, nous, les humains, avons peur des turbulences parce que nous ne les comprenons pas : en effet, percer le secret des équations de Navier-Stokes est l'un des plus célèbres problèmes de mathématiques, pour lequel le Clay Mathematics Institute promet une récompense d'un million de dollars !

L'écrivain américaine Kelly Corrigan a raison – sûrement davantage que nos ingénieurs – quand elle écrit dans son roman *Lift*[2] : « Les turbulences sont la seule façon de prendre de l'altitude, de s'élever. Sans turbulences, le ciel n'est qu'un gros trou

1. Elizabeth Hotson, « The Alpacas Who Protect Christmas Turkeys », BBC News, 1er décembre 2016, sec. Business.

2. Voice, 2010, non traduit en français.

bleu, sans turbulences, vous coulez. » La nature, par la méthode de l'essai-erreur, a beaucoup mieux domestiqué les turbulences que nous, et c'est pour cela qu'elle peut décoller à faible vélocité, ou même se propulser dans l'eau avec la meilleure efficacité énergétique connue.

John Dabiri – dont on a déjà parlé, au sujet des travaux de son équipe sur la distribution de nutriments océaniques par les turbulences collectives des krills, p. 186 – a beaucoup étudié les méduses et, en particulier, la structure fine des turbulences générées par leur ombrelle, qui a inspiré des recherches sur les troubles cardiaques – comme le flutter[1] – et sur les moyens de propulsion[2]. Ces derniers pourraient s'avérer utiles dans la conception de robots pouvant explorer les océans des exoplanètes. Dans cette démarche, l'efficacité énergétique et l'endurance sont absolument essentielles, car un tel robot ne peut se ravitailler à l'énergie solaire, ni emporter de batterie encombrante.

La domestication des turbulences pourrait nous libérer de très nombreux problèmes, aussi bien médicaux que logistiques. Mais elle semble à ce point inaccessible que l'on attribue faussement au génial physicien Werner Heisenberg le mot d'esprit suivant : « Quand

1. Anomalie du rythme cardiaque, d'origine probablement électrique, qui produit une accélération du rythme ressentie par le patient comme des palpitations.

2. C. Hamlet, A. Santhanakrishnan, et L. A. Miller, 2011, « A Numerical Study of the Effects of Bell Pulsation Dynamics and Oral Arms on the Exchange Currents Generated by the Upside-down Jellyfish *Cassiopea xamachana* », *Journal of Experimental Biology*, 214(11), 1911-1921.

je rencontrerai Dieu, je lui poserai deux questions : pourquoi la relativité et pourquoi les turbulences ? Je pense vraiment qu'il aura une réponse à la première question[1]. »

Richard Feynman, un autre prix Nobel, a ensuite ajouté : « Les turbulences sont le plus important des problèmes non résolus de la physique classique[2]. » Or il est intéressant d'observer que Léonard de Vinci était déjà allé plus loin que n'importe quel autre scientifique de son temps – en donnant un maximum de son temps et de son attention à la nature – dans la perception des turbulences : il en a même fait un croquis qui nous choque aujourd'hui par sa modernité. Je suis convaincu que le vivant, qui a évolué dans les turbulences aussi bien intérieures – le cœur – qu'extérieures – la propulsion –, est prêt à nous en livrer les clés, pour peu que nous lui donnions, à notre tour, l'attention et le temps qu'il mérite.

Aussi bien en matière d'urbanisme qu'en économie, en politique ou en santé publique, nous devons impérativement apprendre à réaliser du « covoiturage des problèmes » – *problems carpooling*. Le principe du covoiturage tient à embarquer quelqu'un qui a besoin d'un trajet en réduisant le coût marginal : on ne mobilise pas un trajet simplement pour lui.

On sait par ailleurs que les automobiles du monde entier passent encore plus de 95 % de leur existence, après achat bien sûr, à ne rien faire d'autre qu'encom-

1. Tabor, en 1989, l'attribue à Horace Lamb.
2. Conférences Feynman, California Institute of Technology, 1964.

brer un espace de plus en plus coûteux[1]. Dans le monde immatériel, il faut considérer de la même façon notre logistique de résolution des problèmes publics : pour traverser une rivière il faut un pont ou un tunnel, mais cet ouvrage d'art ne pourrait-il pas permettre également la résolution d'autres problèmes locaux, comme la création d'énergie, d'habitat ou d'espaces publics conviviaux, un mur pour les artistes de rues, que sais-je ? Chaque fois qu'un problème public appelle une solution, il faut regarder comment il pourrait embarquer d'autres problèmes publics, pas forcément de la même échelle – car tout est là – et pas forcément du même domaine. Ainsi fonctionne la nature.

C'est l'essence de l'acupuncture urbaine dont nous avons parlé en première partie avec Jaime Lerner, et que l'on peut généraliser. C'est aussi l'essence de l'écosystémique industrielle qui va nous permettre, en dernière partie, de poser les bases théoriques et pratiques de la résolution mondiale du déchet. Car rien ne mobilise davantage le covoiturage des problèmes publics que le traitement des déchets industriels.

Bioluminescence, bactéries et antibiotiques

Les krills et les diatomées – avec leur grande maîtrise du silicium – ne sont pas les seuls micro-organismes marins à pouvoir fasciner les sciences et technologies mondiales. Beaucoup de bactéries et de protistes[2] des océans sont capables d'émettre de la lumière par ce que l'on appelle la bioluminescence. C'est le cas de

1. David Morris, « Today's Cars Are Parked 95 % of the Time », *Fortune*, 13 mars 2016.

2. Être vivant unicellulaire, soit végétal, soit animal.

certains dinoflagellés[1], par exemple, des organismes très complexes dotés d'un noyau, qui peuvent former des taches lumineuses visibles à l'œil nu depuis l'espace, sur des longueurs de plus de 200 kilomètres en haute mer.

Le vibrion[2] (*Vibrio harveyi*) peut aussi illuminer des plages de cette manière et amorcer un comportement lumineux collectif – un phénomène très intéressant dans les assemblées bactériennes appelé *quorum sensing* –, ce qui lui permet de déterminer si suffisamment de ses semblables se trouvent réunis avant d'émettre de la lumière. La bioluminescence du vibrion lui permet également de résister aux UV – juste pour rire, on pourrait donc l'utiliser dans les systèmes de toilettes stérilisées aux ultraviolets pour bioluminer la cuvette la nuit et résister à la désinfection le jour, je suis certain que ce genre de délire se vendrait !

Dans la guerre moderne chez les hommes, les mesures électroniques sont de plus en plus décisives sur un champ de bataille. Ces mesures tiennent à perturber l'interconnexion des forces qui, dans le concept de bataille *airland* – c'est-à-dire coordonnée entre la terre et le ciel – et de *full spectrum operations* – c'est-à-dire de la coordination entre les objectifs de supériorité sur tous les fronts à la fois (cyberguerre, champs de bataille, guerre médiatique, guerre psychologique, air, ciel, espace…) –, n'est pas possible sans l'assurance de l'envoi de signaux rapides, à très haute fréquence, entre les différents feuillets du mille-feuille opérationnel.

1. Organismes aquatiques unicellulaires.

2. Le vibrion est un micro-organisme mobile en forme de bâtonnet recourbé en virgule.

Dans cet art, la Fédération de Russie, plutôt que de rechercher l'excellence sur tous les fronts, a concentré ses efforts technologiques sur la perturbation des signaux ennemis[1] avec, par exemple, ses solutions de type Krasukha-4, Moskva et Richag.

Une telle guerre « électronique » pourrait être livrée aux bactéries invasives en disruptant leur *quorum sensing*. Des bactéries comme *Vibrio harveyi* font d'excellents modèles de recherche, car si la molécule disruptrice s'avère efficace, le chercheur verra simplement sa boîte de Petri « s'éteindre ». Dans un tel cas, il ferait bien de s'ouvrir une bouteille de champagne, car si l'effet était confirmé, il aurait découvert un nouveau type d'antibiotique ! Pour une compagnie pharmaceutique, le travail aboutissant à la mise sur le marché d'une nouvelle molécule consomme aujourd'hui, du début à la fin, plus d'un milliard de dollars… Aussi, les *quorum sensing disruptors* pourraient non seulement ouvrir la voie au développement d'une famille entière d'antibiotiques, mais en plus limiter les résistances – ne tuant pas directement leurs cibles, ils ne subiraient pas une adaptation aussi immédiate, et en laissant les bactéries plus longtemps en contact avec notre système immunitaire, sans développer les symptômes de l'infection, ils pourraient théoriquement augmenter aussi notre défense naturelle, acquise et innée !

1. Samuel Bendett, « America is Getting Outclassed by Russian Electronic Warfare », *The National Interest*, 19 septembre 2017 ; Anna Varfolomeeva, « Signaling Strength : Russia's Real Syria Success is Electronic Warfare against the US », *The Defense Post*, 1er mai 2018 ; Roger N. McDermott, « Russia's Electronic Warfare Capabilities to 2025 », *RKKI CDS*, septembre 2017.

Durant la guerre de Sécession, en particulier lors de la bataille de Shiloh, des soldats racontaient que, parfois, leurs blessures pouvaient briller dans le noir et cette rare bénédiction, associée à une guérison plus rapide et presque certaine de la plaie, portait le nom de « scintillement de l'ange ». On sait aujourd'hui que ce phénomène est probablement dû à la présence d'une bactérie, *Photorhabdus luminescens*, présente dans le système digestif de nématodes – des vers – et qui rend ces derniers luisants de l'intérieur[1]. Ces bactéries éliminent la flore concurrente et assainissent la plaie, avant de passer dans le ventre d'un autre nématode.

L'utilisation de microbes pour en contrer d'autres est au fond à la base de la médecine antibiotique, et aujourd'hui nous essayons de plus en plus de domestiquer les viri de type « bactériophage », qui sont comme de complexes seringues à ADN capables d'anéantir de vastes assemblées bactériennes. Leurs proies – bien que l'on puisse ne pas considérer ces viri comme vivants – se défendent de leur infection en développant un système à la fois simple et efficace pour éditer leur propre génome, ce que l'on appelle la « technologie CRISPR ». Cette technologie est à la base d'une nouvelle révolution biotechnologique, au point d'avoir été appelée « la biotechnologie la plus bancable de toutes » par la biologiste Sandra Flores[2] et le

1. G. Mulley, L. Michael, P. Beeton, I. Wilkinson, N. Vlisidou, P. Ockendon, A. Hapeshi, N. J. Tobias *et al.*, « From Insect to Man : Photorhabdus Sheds Light on the Emergence of Human Pathogenicity », *PloS One*, 10, n° 12, e0144937, 2015.

2. Sandra Flores, « CRISPR : Most Valuable Biotechnology ever Developed », *Breakthrough IP*, 26 février 2017.

juriste Jakob Sherkow[1] qui estiment à plus de 200 millions de dollars la propriété intellectuelle d'un seul des brevets pour lesquels le Broad Institute – affilié à Harvard et au MIT – et l'université de Berkeley se sont battus en 2017. De son côté, l'Office européen des brevets, marri que cette énième révolution biotechnologique se joue, au moins en valeur économique, d'abord aux États-Unis, a mené une charge contre l'Institut de Boston.

Un seul procédé, que l'on découvre au fond d'un seul microbe, peut ainsi profondément changer le cours des affaires humaines et générer des milliers, voire des millions, d'emplois directs et indirects. On l'a vu avec les antibiotiques, avec les bactériophages et avec la bioluminescence – celle des méduses a d'ailleurs permis de révolutionner la photographie des cellules, en les étiquetant de protéines fluorescentes comme la légendaire GFP (*Green-fluorescent Protein*[2]).

Une autre protéine a été décisive dans l'avènement des biotechnologies modernes : la Taq polymérase (*Thermophilus aquaticus)*, une bactérie capable de survivre aux très hautes températures des geysers du parc naturel de Yellowstone. Grâce à cette capacité de pouvoir reproduire de l'ADN à haute température, et donc plus rapidement, les biologistes ont pu développer la PCR (*Polymerase Chain Reaction*) qui a décuplé le champ d'investigation de leur discipline,

---

1. Jacob S. Sherkow, « How much is a CRISPR Patent License Worth ? », *Forbes*, 21 février 2017.
2. M. Chalfie et D. Prasher, « Uses of Green-fluorescent Protein », *United States US5491084A*, 1996.

aussi bien en embryologie qu'en cancérologie, virologie ou biotechnologie des plantes. Quand on sait combien d'entreprises de la Silicon Valley ont dépendu, d'une façon directe ou indirecte, de la société PayPal, on pourrait sans trop de peine trouver au moins vingt prix Nobel de physiologie ou de médecine dont les travaux n'auraient pas été possibles, à une citation près, sans les protéines fluorescentes et la Taq polymérase.

On l'a vu avec Tesla, le brevet est très loin d'être la panacée en matière d'économie de la connaissance – et il est ce que la démocratie est à la politique : le pire système, à l'exception de tous les autres, et les moyens de valoriser l'innovation par la voie légale évoluent aussi rapidement que la pensée politique moderne.

La société pharmaceutique Hoffman-La Roche s'était arraché le brevet de l'usage de la Taq polymérase[1] – on ne peut pas, et heureusement, breveter l'enzyme elle-même – pour plus de 330 millions de dollars en 1991, c'est-à-dire plus de 600 millions aujourd'hui. En royalties, elle en aurait perçu jusqu'à 2 milliards[2]. Cela représente donc une valeur directe de 2,33 milliards de dollars, pour l'application d'une seule enzyme, d'une seule bactérie, d'un seul parc naturel, et, bien sûr, une valorisation indirecte bien plus grande encore…

Le biomimétisme vaut donc bien des milliers de milliards de dollars dans son ensemble, et des milliards d'emplois potentiels pour tout le XXIe siècle !

---

1. M. A. Innis, « Structure-independent DNA Amplification by the Polymerase Chain Reaction », *United States US5091310A*, 1992.

2. Joe Fore, Jr, Ilse R. Wiechers, Robert Cook-Deegan, « The Effects of Business Practices, Licensing, and Intellectual Property on Development and Dissemination of the Polymerase Chain Reaction : Case Study », *J. Biomed. Discov. Collab.*, 3 juillet 2006.

Si le *quorum sensing* des bactéries nous surprend, c'est que la science des assemblées bactériennes est encore très mal développée. Les mères de vinaigre[1] par exemple, ou de kombucha – boisson très ancienne qui date au moins de l'Antiquité et qui est produite par la fermentation acétique du thé –, forment ce que l'on appelle un « Scoby » (*Symbiotic Culture Of Bacteria and Yeast*), c'est-à-dire une couche de cellulose flottant à la surface du pot. On pourrait programmer cette couche de nombreuses manières, notamment par la technologie CRISPR justement, pour produire des molécules d'intérêt, comme la soie. Logiquement, j'appellerais cette technique, le CRISBY, et elle pourrait permettre, par exemple, de produire des anticorps de requin ou des antivenins, à un coût ridiculement bas.

Et si ces Scoby – qui sont de gigantesques métropoles bactériennes à l'épigénétique très complexe, capables d'opérer sur du thé, du café ou d'autres infusions, mais aussi sur les vins qu'elles transforment donc en vinaigre – sont encore mal comprises, on peut déjà en faire un cuir alternatif en les séchant à la façon d'un parchemin[2]. La marque Calvin Klein

---

1. La mère de vinaigre est un biofilm produit par une colonie de bactéries acétogènes, qui a lieu lors d'une fermentation acétique destinée à produire un vinaigre. On retrouve des structures similaires dans la production du vin jaune, dont l'étude a été décisive dans la carrière de Louis Pasteur.

2. A. Payne, D. Brough et P. Musk, « Will We Soon be Growing our Own Vegan Leather at Home ? », *The Conversation*, 2016.

C. Freeman, F. Gillon, M. James, T. French et J. Ward, « Production of Microbial Leather from Culled Sweet Potato Sugars via Kombucha culture », Mississippi State University, 2016.

a déjà testé des vestes de motard avec ce matériau prometteur, plus flexible que le cuir dans sa chaîne de production et plus programmable. La matière de cet essai leur a été fournie par la jeune pousse Biocouture, fondée par la designeuse Suzanne Lee et le biologiste David Hepworth.

La puissance des micro-organismes

La science de la fermentation, ou zymologie, a toujours représenté une puissante valeur économique, très pérenne et robuste, dans l'économie mondiale. Les fromages, les bières, vins, mais aussi les cornichons, les yaourts, les choucroutes, le kimchi, le miso, les sauces soja ou nuoc-mâm, ainsi que le *garum* des Romains – produit à base d'entrailles de poisson fermentées au soleil et source du goût puissant et addictogène du glutamate, appelé aujourd'hui « umami » – représentent tous de la zymologie appliquée. La seule industrie du vin – donc sans la bière et le fromage – emploie 800 000 personnes rien qu'en France[1], et les exportations mondiales totales de vin dépassent les 33 milliards de dollars – pas mal, pour du jus de raisin travaillé aux microbes domestiqués !

Louis Pasteur, dont les pairs ont souvent été odieux et antiscientifiques avec ses découvertes, n'était en réalité guère médecin, mais zymologue : c'est en étudiant la fermentation, en particulier celle du « vin de voile » – une autre appellation du vin jaune de son Jura natal parce qu'il est fermenté sous un voile de levure qui ressemble un peu à une mère de vinaigre –, qu'il a

1. « L'industrie du vin fait travailler 800 000 personnes en France », *Entreprendre*, 10 février 2015.

développé sa théorie des germes. On oublie par ailleurs que le test statistique de Student, ou t-test, utilisé fondamentalement et avec un abus souvent scandaleusement antiscientifique que Nassim Taleb appelle p-hacking (le truquage d'un article pour donner l'illusion qu'il est fiable statistiquement), vient en fait de l'industrie de la bière ; Student étant le pseudonyme du statisticien William Sealy Gosset, payé par la société Guinness – à laquelle on doit aussi le *Guinness des records* – pour faire ce qu'aucun de ses pairs ne maîtrisait à l'époque.

Une autre assemblée de micro-organismes au comportement fascinant pour la bio-inspiration est celle du protiste *Physarum polycephalum*, connu aussi sous le nom de « blob » quand il est en assemblée. Il s'agit d'une colonie de cellules qui forme une sorte de vascularisation jaune qui s'avère très intelligente sur le plan infrastructurel. Il contribue à ce que le mycologue Paul Stamets appelle le *Wood Wide Web*, c'est-à-dire « l'Internet de la forêt », le réseau des champignons qui traverse le sous-sol ou l'humus forestier.

Le blob connecte donc des points entre eux, d'une façon très efficace, au point que le chercheur Mark Fricker à Oxford a pu la tester, positivement, en ce sens. Concrètement, il a placé *Physarum* dans une boîte de Petri, sur une carte du Royaume-Uni, à l'emplacement de Londres, puis il a disposé des flocons d'avoine sur les grandes villes, et a attendu de le voir déployer son réseau de distribution pour aller chercher et digérer ces sources de nourriture. Le résultat en a été une carte optimisée du réseau ferré britannique !

Deux cents ans et des générations d'ingénieurs contre vingt-quatre heures pour une petite amibe sociale[1] !

Des chercheurs ont postulé que *Physarum polycephalum* était si intelligent, collectivement, qu'il pouvait résoudre des problèmes de la classe mathématique « NP-difficile[2] ». C'est aussi à cette classe qu'appartient le célèbre « problème du voyageur de commerce » : vous devez livrer 100 villes, quel chemin est le plus court pour réaliser votre tournée ? On sait aujourd'hui que la seule méthode pour résoudre rigoureusement ce problème serait de tester tous les chemins, sachant qu'il y en aurait 100 ! C'est-à-dire factorielle de 100 – 100×99×98×97…×1 – ce qui fait plus que 9 suivi de 157 zéros ! L'« Internet de la forêt », lui, peut connecter plus de 100 000 points d'intérêt, collectivement certes, mais en tant qu'entité, qu'assemblée de divers champignons. La mycosphère représente ainsi un système d'ordinateur biologique absolument redoutable. Pour la petite histoire, factorielle de 10 000 ferait plus que 284 suivi de 35 657 zéros…

Nous devons concevoir l'Univers comme un vaste calculateur, ce qu'avait déjà proposé le génial mathématicien David Hilbert, et, en particulier, le monde

---

1. D. P. Bebber, J. Hynes, P. R. Darrah, L. Boddy et M. D. Fricker, « Biological Solutions to Transport Network Design », *Proceedings of the Royal Society of London B : Biological Sciences*, 274, n° 1623, 2007, p. 2307-2315.

2. Marcello Caleffi, Ian F. Akyildiz et Luigi Paura, « On the Solution of the Steiner Tree NP-hard Problem via Physarum BioNetwork », *IEEE/ACM Transactions on Networking*, 9 juin 2014.

vivant, par sa capacité à explorer massivement les possibles. Cela constitue une source d'inspiration très exacte en matière informatique, que l'on appelle la « computation biologique » et qui dépasse de loin la nôtre. Tristement, les premiers travaux sur le blob ont été ridiculisés : le chercheur japonais Toshi Nakagaki, qui fut le premier à tester l'intelligence de *Physarum polycephalum* sur des cartes, a été en son temps décoré du « Prix de la honte », « Ig Nobel ». *Homo academicus*[1] dans ses œuvres, encore et toujours…

Les insectes

Mais qu'importe, la computation bio-inspirée et l'ordinateur en essaim sont des débouchés majeurs de l'étude des assemblées d'organismes et de leur intelligence collective. En étudiant les nuages de criquets on a ainsi pu développer de nouveaux systèmes anticollision pour les voitures autonomes – les criquets possèdent, en effet, un neurone géant capable de filtrer très efficacement les signaux pertinents hors d'un vaste brouhaha de mouvements collectifs complexes. Pour passer le filtre, l'information doit être digne de survie. Des sociétés comme Volvo ont imité ce système et l'ont adapté au trafic routier, et en particulier aux camions autonomes. Chez l'humain, il existe aussi des neurones géants, capables de relier tout le cerveau et dont le rôle est certainement essentiel dans l'émergence de la conscience[2].

---

1. Pierre Bourdieu, *Homo academicus*, Minuit, 1984.
2. S. Reardon, « A Giant Neuron Found Wrapped around Entire Mouse Brain », *Nature News*, 543, n° 7643, 2 mars 2017, p. 14.

Les systèmes anti-collision sont également décisifs dans le contrôle des assemblées de drones. Cela est vrai dans le divertissement, quand les événements du Super Bowl mettent en avant la coordination de plus de deux cents unités, chacune porteuse d'une petite lumière colorée pour représenter le drapeau ondulant des États-Unis. Cela est aussi vrai dans l'art militaire pour qui les assemblées de drones constituent un enjeu tactique, opérationnel et stratégique décisif.

La guerre en essaim – qui était la grande spécialité des Mongols et a expliqué leur capacité à annihiler la fine fleur de la chevalerie européenne, khwarezmienne, chinoise et indienne – consiste à pouvoir se disperser et s'assembler très rapidement. Ce qui compte dans une situation militaire, ce n'est pas tant la rigueur d'une formation donnée, mais la capacité à adopter rapidement la formation nécessaire et à circuler de l'une à l'autre sur le plan de l'organisation – ou, comme disent les soufis, d'adopter la « posture juste ». Si un régiment d'infanterie charge des nids de mitrailleuses en ordre serré, il se fera réduire en charpie. Si des manifestants affrontent des forces de l'ordre en état dispersé, ils se feront débander. C'est par leur capacité à maintenir le bon ordre, et à marcher avec détermination – et, en l'occurrence, diversité ethnique – que Martin Luther King a pu passer le pont Edmund Pettus sur la rivière Alabama en 1965, une victoire tactique aux conséquences stratégiques majeures.

La guerre en essaim représente un enjeu au moins aussi important, sur le plan tactique, que la guerre interarmes, qui a donné le terme ultérieur de *Blitzkrieg* puis, aujourd'hui, de *airland battle* et de *full spectrum operations*. Dans l'idéal, une assemblée de drones devrait pouvoir se rendre indétectable, aussi longtemps que nécessaire, camouflant ses traces en se répartissant d'une façon anodine dans le paysage, pour être virtuellement impossible à cibler. Puis elle devrait se réunir à une vitesse foudroyante pour former un superorganisme aux grandes capacités offensives. Chaque unité devrait pouvoir vivre sans avoir besoin d'un vaisseau mère ou d'un porteur, comme dans l'aéronavale actuelle. Et, bien sûr, chaque unité devrait représenter un coût suffisamment dérisoire pour être produite industriellement.

Les assemblées d'insectes sont capables de comportements remarquables. Outre les criquets, il y a, naturellement, les fourmis – notamment les fourmis de feu –, qui sont d'une intelligence extraordinaire. Elles possèdent une capacité à survivre hors norme, or la capacité à survivre est le test d'intelligence suprême, loin devant le QI.

Ces fourmis, en cas d'inondation, peuvent former un radeau collectif pour se transporter sur des dizaines de kilomètres, en perdant le moins d'individus possible, à l'étanchéité garantie – d'une part par l'hydrophobie de leur exosquelette, d'autre part par un rythme de rotation très efficace entre les fourmis basses et hautes. Loin devant les Mongols dans leur capacité à passer d'un ordre collectif à un autre, elles peuvent former des ponts, des « gouttes », et emporter leur nourriture avec elles.

Les fourmis forment ce que l'on appelle en informatique un « système multi-agents » : elles sont capables de trouver des solutions exactes à des problèmes très complexes de *pathfinding* – ce sont des problèmes que l'on mobilise, par exemple, dans la programmation des jeux vidéo, quand il faut permettre à un personnage de trouver automatiquement le chemin le plus efficace à travers une série d'obstacles.

Aussi, l'un des algorithmes les plus efficaces en la matière, celui de Dijkstra, est déjà utilisé depuis longtemps, aussi bien par *Physarum polycephalum* que dans les fourmilières. Les fourmis déploient des gouttelettes de phéromones sur leur passage collectif et sont programmées à suivre le chemin le plus parfumé, qui est aussi le plus efficace. Le biologiste Pierre-Paul Grassé a appelé ce mécanisme la « stigmergie », du grec *stigma*, « signe », et de synergie : il s'agit d'un moyen très efficace de calculer les chemins les plus courts à travers un paysage complexe.

C'est justement de cette méthode que s'est inspiré le logiciel de navigation Waze, plus efficace que les meilleurs logiciels déployés par Google Maps. Waze a été racheté par Google justement, pour plus d'un milliard de dollars[1] ! Là encore, la valeur créée vient de l'adaptation d'une seule méthode d'un seul type d'insecte à un seul problème donné, et nous comprenons, une fois encore – si cela était nécessaire –, pourquoi le biomimétisme représente déjà des milliers de milliards de dollars.

Dans Waze, l'accélération et la décélération de chaque automobiliste sont enregistrées en temps réel, à partir de leur GPS. Cela permet de dresser des cartes

1. M. Pack et I. Nikola, « Are You Gonna Go My WAZE ? », *Institute of Transportation Engineers, ITE Journal* 87, n° 2, 2017, p. 28.

de chaleur manifestant les encombrements en train de se faire ou de se défaire, et donc, d'établir une météorologie du trafic, surtout sur le long terme. L'intelligence urbaine de ce moteur de navigation ne s'arrête pas là : il permet de prédire les tendances des prix de l'immobilier professionnel et de mieux connaître les points chauds d'une ville – en particulier quand la ville est en train de muter, comme en Chine, et que ses « triangles d'or » immobiliers ne sont pas encore gravés dans le marbre. Beaucoup d'argent à gagner pour qui sera le premier à savoir quel quartier sera digne d'une boutique Hermès. À Pékin comme dans beaucoup d'autres villes, la carte scolaire et la connaissance selon laquelle une école est prometteuse ou non, ont un impact majeur sur les prix des appartements au mètre carré[1].

La stigmergie peut aussi s'appliquer aux moteurs de recherche et de recommandation sur Internet. Elle existe dans le développement cérébral d'à peu près tous les organismes dotés d'un crâne.

Mais elle est loin d'être le seul comportement collectif digne d'intérêt industriel. En architecture, on étudie logiquement les termites qui assemblent un vaste gratte-ciel à leur échelle. Dans les faits, un individu mesurant autour de 1,2 cm s'assemble à un million d'autres pour constituer ce que l'on appelle aujourd'hui une « arcologie » (architecture écologique) et, en particulier, une ferme à champignons verticale de plus de 5 mètres, antisismique et remarquablement bien climatisée !

1. C. Shaoyuan, « Beijing Cracks Down on School-Area Housing Bubble – Caixin Global », 22 mars 2017.

puisque la température y demeure précisément autour de 31 °C quand l'extérieur peut monter jusqu'à 55 °C[1]. Comme si sept arrondissements de Paris tenaient dans une tour de la hauteur de la Burj Khalifa (830 mètres) et de la longueur du stade de France (110 mètres) ! Les termites organisent non seulement leur termitière comme une structure lacunaire – qui peut ressembler à une morille dans sa forme, pleine de trous donc, comme la tour Eiffel, légère et résistante –, mais structurent aussi des conduits de différentes tailles, comme les flûtes d'un orgue gigantesque – dont les cellules de convection peuvent aisément évacuer le CO_2 que produisent en masse leurs champignonnières et maintenir ces dernières à une température de culture optimale.

Ce système de ventilation est typiquement copié en architecture pour la climatisation passive, comme dans le fameux centre commercial de Harare (l'Eastgate Centre) au Zimbabwe[2].

Les termites, par ailleurs, sont largement étudiés en robotique bio-inspirée, notamment au Wyss Institute for Biologically Inspired Engineering. Les chercheurs Radhika Nagpal et Justin Werfel essaient de déterminer le « programme » et le « système d'exploitation » des termitières. Avec la chercheuse Kirstin Peterson, ils ont développé une assemblée de petits robots « Termes » qui peuvent construire des structures, sans recevoir

1. Hunter King, Samuel Ocko et L. Mahadevan, « Termite Mounds Harness Diurnal Temperature Oscillations for Ventilation », *Proc. Natl. Acad. Sci. USA*, 15 septembre 2015.

2. A. Doan, « Biomimietic architecture : Green Building in Zimbabwe Modeled After Termite Mounds », *Inhabitat*, 29 novembre 2012.

d'instructions d'un seul grand architecte[1]. Les petits termites de Nagpal peuvent construire des maisons et monter leurs propres escaliers pour accéder à un nouveau site de construction, d'une façon très autonome.

Un autre projet d'intelligence artificielle collective, Kilobots (pour « mille robots »), a montré une grande capacité à passer d'un ordre à un autre pour réaliser différentes tâches, avec des applications majeures en logistique industrielle. Pour en revenir à l'organisation centrale des termitières, la climatisation est l'un des problèmes auxquels la nature a été confrontée longtemps avant nous. Elle a su y répondre de différentes manières, en explorant le champ des possibles.

Résister au froid

Certaines grenouilles, comme Rana sylvatica, possèdent de l'antigel dans leur sang – des cryoprotectants – et peuvent ainsi survivre à la congélation de près des trois quarts de l'eau de leur corps[2] quand elles sont prises dans le givre. Cette stratégie existe également chez certains scarabées.

Les animaux polaires sont bien sûr des champions en la matière. L'ours blanc possède des poils creux qui agissent à la manière d'un thermos – la paroi est doublée, séparée par un vide, comme le double vitrage de nos constructions – et rendent sa fourrure

1. Lisa Margonelli, « Collective Mind in the Mound : How Do Termites Build Their Huge Structures ? », *National Geographic*, 1er août 2014.

2. J. M. Storey et K. B. Storey, « Triggering of Cryoprotectant Synthesis by the Initiation of Ice Nucleation in the Freeze Tolerant Frog, *Rana sylvatica* », *Journal of Comparative Physiology*, B 156, n° 2, 1985, p. 191-195.

particulièrement thermoprotectrice, même mouillée. Ses poils lui permettent également d'absorber les infrarouges, ce qui augmente encore sa chaleur captée[1].

Quant aux *berserkers* anciens – des Vikings ayant semé la terreur dans l'Europe médiévale –, qui chargeaient l'ennemi dans une transe furieuse, ils étaient connus pour porter une fourrure d'ours, d'où leur nom – *bear*, « ours ». Eh bien aujourd'hui, les forces spéciales gagneraient à s'inspirer de la fourrure de l'ours blanc : en absorbant les infrarouges, cette dernière pourrait les rendre indétectables aux caméras spécialisées, tout en les maintenant au chaud.

D'un point de vue géopolitique, la seule et unique raison pour laquelle les vastes – et pourtant richissimes – étendues de Sibérie sont largement inoccupées est que nous n'avons pas encore de solution pour nous maintenir au chaud par – 30 °C, d'une seule couche, simple et immédiatement achetable. Si nous disposions de vêtements isothermes en une seule couche, capables d'encaisser des écarts de 60 °C et de garantir notre température corporelle en tout lieu, nous pourrions sans aucun problème sortir en pleine Sibérie avec un T-shirt à manches longues, un pantalon, une écharpe et un bonnet, ce qui en rendrait le peuplement beaucoup plus attractif.

À l'autre pôle, les groupes de manchots empereurs sont connus pour avoir déployé de très nombreuses stratégies de résistance au froid, aussi bien individuelles

---

1. T. Stegmaier, M. Linke et H. Planck, « Bionics in Textiles: Flexible and Translucent Thermal Insulations for Solar Thermal Applications », *Philosophical Transactions of the Royal Society of London A : Mathematical, Physical and Engineering Sciences*, 367, 1894, 2009, p. 1749-1758.

que collectives. Collectivement d'abord, ils s'organisent en mode « blottissement », qui doit demeurer compact, dense, et suffisamment fluide pour que ceux en contact avec le danger n'y demeurent pas trop longtemps, exactement comme dans le cas des fourmis de feu et de leur radeau collectif pour survivre aux inondations. Les « blottissements » de manchots se réorganisent en permanence, tout en demeurant compacts de façon optimale, un peu comme la dynamique des lipides au sein d'une membrane cellulaire que l'on appelle d'ailleurs « mosaïque fluide ».

Les manchots empereurs ont aussi développé un ingénieux système de refroidissement dans leurs ailes – il s'agit d'un échangeur de chaleur à contre-courant (aussi appelé « méthodique ») qui a évolué chez leurs ancêtres quand leur habitat se trouvait encore très chaud[1] –, ainsi que dans leurs pattes – pour garantir qu'elles ne gèlent pas quand les mâles couvent les œufs.

Ces oiseaux suscitent aussi le plus vif intérêt quant aux applications potentielles de leurs plumes, aussi bien pour les forces spéciales que pour les civils. Grâce à elles, les manchots peuvent en effet survivre pendant des semaines à un blizzard de – 40 °C, dans des vents qui excèdent régulièrement les 100 km/h. La structure de ces plumes – qui maintient des bulles d'air emprisonnées dans un complexe de 1 250 barbules[2] pour

---

1. Daniel B. Thomas, Daniel T. Ksepka et R. Ewan Fordyce, « Penguin Heat-Retention Structures Evolved in a Greenhouse Earth », *The Royal Society Publishing*, 22 décembre 2010.

2. Une barbule est un filament implanté sur les barbes d'une plume.

chacune des 47 barbes[1] de chaque plume – et l'épaisse couche de graisse des empereurs contribuent à les isoler de l'air extérieur et de l'eau dans laquelle ils nagent.

De plus, la libération progressive des bulles d'air piégées dans leur plumage – quand ils plongent ou quand ils nagent à la surface – permet aux manchots de jouer aux torpilles quand ils chassent leurs proies et échappent à leurs prédateurs. Le développement des torpilles a fait intervenir des phénomènes de « cavitation » et de « supercavitation » : concrètement, cela fait évoluer le projectile dans une bulle de gaz plutôt que dans l'eau environnante, pour lui permettre d'atteindre de très hautes vélocités.

La Fédération de Russie a déployé cette technologie sur des torpilles prenant le nom de Shkval, dont elle a équipé l'Iran, et qui pouvaient dépasser les 400 km/h. Aujourd'hui, la République populaire de Chine a publiquement prétendu – via le laboratoire d'étude des flux complexes et des transferts thermiques de l'Institut technologique d'Harbin – qu'elle pouvait réaliser un sous-marin capable de dépasser les 5 800 km/h, soit un comparatif de Ma 4,7[2] si l'on rapporte à la vitesse du son dans l'air. Les conséquences géopolitiques seraient gigantesques pour la Chine, qui essaie de dépasser, aussi souvent que possible, les technologies des anciens

1. L'axe central de la plume présente deux séries latérales de barbes dont l'arrangement ressemble à un peigne : chaque barbe possède à son tour une série de barbules, des petites structures disposées de la même manière.

2. Un mach (Ma) est une unité de mesure déterminant le rapport entre la vitesse d'un mobile à l'endroit où il se déplace avec la vitesse du son.

maîtres du monde, que furent la Russie et les États-Unis pendant la guerre froide.

En rêvant encore, et si le fret pouvait se déplacer à cette vitesse à travers les océans du monde, la croissance commerciale de l'empire du Milieu – qui est le premier exportateur mondial de biens matériels toutes catégories confondues – s'en trouverait décuplée ! Bien que les détails technologiques d'une telle ambition soient secrets, on sait d'ores et déjà qu'il est très difficile de faire manœuvrer un projectile marin en supercavitation. Est-ce l'une des raisons pour lesquelles les manchots, contrairement à l'araignée « à scaphandre » – *Argyroneta aquatica* – qui, elle, n'a pas besoin de manœuvrer aussi vite qu'eux, ne s'entourent que d'un mélange complexe de bulles plutôt que d'un seul volume d'air sous eau ?

Résister aux grandes chaleurs

À l'extrême opposé du spectre des températures terrestres, les stratégies du vivant pour se rafraîchir sont tellement diversifiées que l'on se demande encore comment nos coûteux climatiseurs actuels n'ont pas été mis à jour avec des solutions à énergie positive !

On sait que le rafraîchissement de nos personnes, de nos bureaux, de nos usines et désormais de nos *datacenters* représente un marché en croissance très rapide – il devrait tripler entre 2018 et 2050, notamment avec la percée des classes moyennes chinoises et africaines. Rien que le budget de climatisation pour tout le département américain de la Défense dépasse les 22 milliards de dollars annuels[1] !

1. Kwame Opam, « Air Conditioning the Military Costs More Than NASA's Entire Budget », Gizmodo, 18 juin 2011.

L'un des premiers moyens que nous connaissons pour réguler notre température est la transpiration, dans laquelle l'humain excelle au point d'avoir pu chasser « à l'épuisement »[1] – parce que étant bipède et suant, le chasseur humain surchauffera moins vite qu'un zèbre, ou même qu'un kangourou, bien que ce dernier soit sur ses deux pattes, et qu'il lèche justement ses avant-bras pour se rafraîchir.

Du zèbre, pourtant, on a pensé qu'il disposait d'un système de climatisation très efficace dans ses rayures. D'une part, elles augmenteraient (peut-être) sa capacité à échapper à la vigilance de ses prédateurs – elles ont ainsi inspiré le « Zazzle camouflage » des navires de guerre britanniques pendant la Première Guerre mondiale, pour empêcher l'ennemi d'effectuer un comptage précis sur la ligne d'horizon. D'autre part, les rayures qui génèrent effectivement de petites turbulences à fleur de peau auraient le potentiel de réduire sa température corporelle. Les bandes noires capteraient davantage de radiations lumineuses et auraient ainsi un air plus chaud à leur surface ; or, elles présentent davantage de graisse sous elles pour mieux les isoler du flux sanguin. Au contraire, l'air étant plus frais au-dessus des zones blanches, plus près du sang, cela contribue à rafraîchir les zèbres[2]. Il existe presque une vingtaine de théories pour essayer

1. Méthode encore utilisée aujourd'hui, notamment par les peuples Raramuri de l'État du Chihuahua au Mexique.

2. B. Larison, R. J. Harrigan, H. A. Thomassen, D. I. Rubenstein, A. M. Chan-Golston, E. Li et T. B. Smith, « How the Zebra Got Its Stripes : A Problem with Too Many Solutions », *Royal Society Open Science*, 2, n° 1, 1er janvier 2015.

d'expliquer l'intérêt biologique des rayures du zèbre, mais Susanne Åkesson pense contredire celle du climatiseur en étudiant des bombonnes d'eau couverte de différentes peaux… cette méthodologie bien sûr, très déficiente et incomplète, est très loin de clore le débat scientifique[1]. Il n'en demeure pas moins qu'en architecture, ce système a pu être étudié et déployé avec succès[2]. Il offre également un potentiel intéressant en aérospatiale, bien qu'encore très théorique, puisqu'il nécessite un échange gazeux, donc ne concerne potentiellement que l'intérieur d'une cabine ou l'habitat d'une exoplanète.

En architecture, il faut s'inspirer des arbres qui, dans l'histoire naturelle, ont donc été les premiers véritables « gratte-ciel » avec les champignons géants – que nous verrons plus en détail en étudiant les mycotechs prospères qu'ils inspirent aujourd'hui.

À ce titre, les arbres ont développé des solutions de résistance au climat grâce à l'écorce, dont la puissance est des plus sous-estimées. Les tanins que contiennent certaines écorces, qui font le bonheur de nombreuses pharmacopées traditionnelles, permettent aux arbres de réguler l'impact du rayonnement solaire, aussi bien

---

1. H. Gábor, Á. Pereszlényi, D. Száz, A. Barta, I. M. Jánosi, Balázs Gerics et S. Åkesson, « Experimental Evidence That Stripes Do Not Cool Zebras », *Scientific Reports*, 8, n° 1, 19 juin 2018, p. 9351.

2. Donghwa Shon, Piao Gensong, Kim Youngwoo et Lee Jungwon, « CFD Modelling of Air Temperature Reduction and Airflow Induced by the Use of Chilled Wall Panels Based on the Biological Principles of Zebra Stripes », *Architectural Science Review*, 60, n° 6, 2 novembre 2017, p. 507-515.

sur leur génome et leur biochimie, que sur leur température générale.

L'écorce de nombreux arbres soumis à des écarts thermiques extrêmes – comme le séquoia, l'eucalyptus ou le bouleau – croît également de manière à constituer des feuillets lentement détachables, parfois un peu expansifs, qui agissent comme des parasols et ménagent de micro-zones d'ombre qui, comme chez les zèbres, génèrent des convections climatisantes. Enfin, si la structure des branches et des bourgeons est ronde, c'est simplement que ces formes maximisent le volume abrité par le minimum de surface – c'est en particulier le cas pour la forme des dômes des bourgeons, une forme retrouvée par feu l'architecte californien d'origine iranienne, Nader Khalili, qui avait développé ses « éco-dômes » en terre stabilisée[1].

Par ailleurs, nous avons déjà mentionné la technique du *pad cooling* qui consiste à imbiber un carton, dont la forme peut rappeler celle des structures en nid-d'abeilles, et à laisser l'eau s'en évaporer continûment pour rafraîchir, par exemple, un poulailler, selon le même procédé que les grottes de rafraîchissement dont les grandes familles aimaient doter leurs *palazzi* à la Renaissance florentine. Les abeilles, justement, en avaient développé le modèle bien avant nous.

---

1. Cette technique de construction, à partir de sacs de terre tenus entre eux par une ligne « en scratch » de fil de fer barbelé, a généré de nombreux ouvrages tant elle est fascinante. Voir notamment Kaki Hunter et Donald Kiffmeyer, *Earthbag building : the Tools, Tricks and Techniques*, New Society Publishers, 2004.

Dès 1955, l'éthologiste allemand Martin Lindauer avait observé comment la collecte de l'eau chez les abeilles pouvait soit contribuer à nourrir leurs larves, soit à climatiser leur ruche qu'elles maintiennent constamment humide pendant les fortes chaleurs. Les guêpes et les frelons, qui construisent leur nid dans des fibres très proches du papier – une technologie maîtrisée des millions d'années avant nous –, « pad-coolent » aussi leur habitat de cette manière.

À noter qu'à l'opposé, les abeilles japonaises (*Apis cerena japonica*) sont connues pour avoir développé une stratégie de lutte contre les frelons : elles se jettent sur l'intrus en groupe, forment une pelote d'individus compacte autour de lui, et l'étouffent de chaleur en élevant la température, par vibration de leurs muscles, à 47,2 °C – quand le frelon meurt à 46,1 et les abeilles, elles, à 47,8.

La capacité qu'ont les guêpes à battre de leurs ailes à très haute fréquence – tout en maintenant leur température – a fait penser au chercheur Jacob Ishay qu'elles disposeraient d'une véritable pompe à chaleur électrique installée sur leur cuticule dorsale, un sandwich complexe de thermocouples capable de dissiper la chaleur de l'intérieur vers l'extérieur quand il est soumis à un voltage[1]. Encore une fois, ces découvertes ouvrent sur de nombreuses applications dans la recherche sur les drones.

---

1. J. S. Ishay, M. Plotkin, N. Y. Ermakov, S. Volynchik, Z. Barkay et D. J. Bergman, « The Thermogenic Center in Social Wasps », *Microscopy*, 55(1), 2006, p. 41-49.

Une synthèse élégante des stratégies des abeilles se retrouve chez les engoulevents – une espèce d'oiseaux de la famille des Caprimulgidés. Bien qu'il soit capable d'hiberner, l'engoulevent de Nuttall, qui vit notamment dans le Colorado, est régulièrement exposé à de très fortes températures et à une insolation directe prolongée, qu'il corrige en faisant palpiter son sac gulaire – son gosier –, ainsi qu'en modulant sa respiration pour entretenir une évaporation rafraîchissante, qui le climatise de l'intérieur.

De son côté, l'alouette du désert (*Ammomanes deserti*) préfère conserver au maximum le peu d'eau sur elle en augmentant la quantité de lipides de type « céramides » dans la couche cornée de sa peau[1]. C'est une stratégie que l'on voit aussi émerger chez certaines euphorbiacées – une famille immense qui inclut l'arbre à gomme (*Hevea brasiliensis*) et le manioc – et chez d'autres plantes succulentes, qui se protègent de la sécheresse et des radiations solaires en recouvrant leurs feuilles de cire.

Plus généralement, en milieu aride, ces plantes déploient la « stratégie du cactus », que l'on retrouve chez les Cactées, une branche botanique strictement américaine – à l'exception notable de *Rhipsolis baccifera*. Concrètement, elles limitent la photosynthèse à la seule souche, sans avoir de branches complexes donc, pour stocker l'eau et la protéger en se bardant d'épines. Ces dernières vont également n'offrir qu'une prise minimale au soleil, en zébrant toutefois la plante

1. H. B. Lillywhite, « Water Relations of Tetrapod Integument », *Journal of Experimental Biology*, 209(2), 2006, p. 202-226.

de leurs ombres. Ces plantes organisent leur souche en longues lamelles pour s'auto-ombrager de la manière la plus efficace.

Le peyotl, le cactus qui produit la fameuse mescaline – qui a tant émoustillé Michaud, Artaud, Huxley, Sartre, Santana ou Morrison –, pourrait ainsi nous inspirer pour des architectures adaptables en milieux très arides. Le petit cactus, à l'instar de la « pierre vivante » (*Ariocarpus fissuratus*), est capable de se rétracter littéralement dans le sol quand il se déshydrate, puis, en contractant ses racines, il peut à nouveau émerger aux premières pluies[1]. Ces techniques ont nourri des applications pour les architectures désertiques et les stations spatiales. Pour la petite histoire – sans savoir si c'est sous peyotl que l'idée leur est venue… –, les dépôts de ravitaillement du jeu *StarCraft 2* peuvent se rétracter de la même manière que les pierres vivantes.

L'architecte Jacques Rougerie a conceptualisé un projet, la superbe tour blanche « Shualaa » pour la ville de Sharjah aux Émirats arabes unis, en s'inspirant de la forme d'un coquillage. Cette tour fait 357 m de haut pour une surface hors œuvre nette (SHON) de 345 000 m^2 ! Et je ne parle même pas de l'émotion esthétique qu'elle procure.

Or, justement, certains gastéropodes du désert comme les *Sphincterochila boissieri* peuvent survivre

1. T. Y. Garrett, C. V. Huynh et G. B. North, « Root Contraction Helps Protect the "Living Rock" Cactus *Ariocarpus fissuratus* from Lethal High Temperatures when Growing in Rocky Soil », *American Journal of Botany*, 97(12), 2010, p. 1951-1960.

à des températures de 50 °C tout en demeurant, par essence, des organismes dont le corps, hors coquille, est composé à plus de 90 % d'eau. En utilisant un composé à base de laponite, une argile, des chercheurs du MIT ont développé un robot inspiré de la propulsion si particulière des escargots, afin de pouvoir explorer des recoins géologiques sans risquer de se détacher des parois qu'il parcourira[1].

Si le petit escargot blanc du désert survit aux températures inhospitalières de son environnement, c'est que là aussi il déploie un système de climatisation passif : il se réfugie au fond de sa coquille, qui réfléchit déjà 95 % du rayonnement incident, et s'éloigne du sol qui peut monter à 65 °C. La forme et l'écart de température de sa coquille génèrent une ventilation, par aspiration, qui le rafraîchit aussi longtemps que dure l'ensoleillement[2].

Le chien de prairie – petit rongeur d'Amérique du Nord – sait aussi bien ventiler son habitat. Il incline différemment le terril à l'entrée du système de ventilation de ses conduits. Assurant une forte vélocité du vent incident d'un côté, et une faible vélocité de l'autre. Le différentiel de pression ainsi généré est suffisant pour ventiler tout son terrier[3] !

---

1. B. Chan, S. Ji, C. Koveal et A. E. Hosoi, « Mechanical Devices for Snail-like Locomotion », *Journal of Intelligent Material Systems and Structures*, 18(2), 2007, p. 111-116.

2. N. Schmidt, K. N. U. T., C. R. Taylor et A. Shkolnik, « Desert Snails : Problems of Heat, Water and Food », *Journal of Experimental Biology*, 55(2), 1971, p. 385-398.

3. S. Vogel, C. P. Ellington et D. L. Kilgore, « Wind-induced Ventilation of the Burrow of the Prairie-dog, *Cynomys ludovicianus* », *Journal of Comparative Physiology*, 85(1), 1973, p.1-14.

L'hôtel Votu, à Bahia au Brésil, développé par la biologiste Alessandra Araújo, directrice de GCP Architecture, a été inspiré par la technologie des chiens de prairie et par la capacité des cactus à s'auto-ombrager par leur forme en lamelles pour se rafraîchir par convections. Ainsi, des panneaux de bois zèbrent certaines façades des bungalows, et les entrées et sorties d'air ont une inclinaison différente pour amplifier les courants naturels.

Une autre technologie, dont s'est inspirée Araújo, est celle du bec du grand toucan (*Ramphastos toco*), un remarquable régulateur thermique qui ajuste le flux sanguin qui l'irrigue, une méthode qui pourrait être adaptée très efficacement dans les systèmes de refroidissement des cartes graphiques pour les ordinateurs et data centers aujourd'hui. De la même façon, Araújo s'est assurée que les cuisines de ses bungalows soient rafraîchies par le passage d'une conduite d'eau à travers une toiture végétalisée.

Jean Nouvel s'était aussi inspiré de la nature pour réguler la température : d'abord avec les architectures orientales qui ont inspiré les moucharabiehs de l'Institut du monde arabe régulant comme des iris le rayonnement reçu par les façades ; il s'est aussi inspiré des ombrages des oasis pour le « Louvre des sables » à Abu Dhabi, pour lequel l'ingénieur Decker Yeadon a, quant à lui, développé une façade homéostatique capable d'ajuster automatiquement son ouverture au soleil, en s'inspirant de l'auto-ombrage des cactus et de la forme des coraux.

Le système développé par le bec du toucan, ou encore les ailes du manchot, existe également dans les oreilles du fennec – le renard du désert – et dans celles de l'éléphant et du lièvre éthiopien. Concrètement, les vaisseaux sanguins des oreilles se dilatent dès que le lièvre entre en contact avec un air sous sa température corporelle, un procédé de rafraîchissement qui, contrairement à la transpiration ou aux palpitations du gosier des engoulevents, ne consomme pas d'eau[1]. L'éléphant d'Afrique, aux larges oreilles caractéristiques, déploie une stratégie similaire et peut également s'en servir comme d'éventail.

Baleines et éléphants, les rois de la com'

Les communications sur de très longues distances dans le vivant – si elles sont d'une efficacité admirable – ne nous surprennent plus quand nous savons que les baleines bleues peuvent communiquer sur des milliers de kilomètres, ce qui les rend extrêmement sensibles à la pollution sonore, par exemple quand nous forons ou implantons des autoroutes sur pilotis.

Le cas de la nouvelle route du littoral de l'île de la Réunion a été un exemple tout à fait typique de ce genre de problèmes pour les grands cétacés. D'un rayon acoustique de 1 600 km en 1940, les baleines bleues ont réduit l'essentiel de leurs communications observées par les scientifiques à 100 km[2].

---

1. R. W. Hill et J. H. Veghte, « Jackrabbit Ears : Surface Temperatures and Vascular Responses », *Science*, 194(4263), 1976, p. 436-438.
2. M. Castellote, C. W. Clark et M. O. Lammers, « Acoustic and Behavioural Changes by Fin Whales (*Balaenoptera Physalus*) in Response to Shipping and Airgun Noise », *Biological Conservation*, 147(1), 2012, p. 115-122.

Des chercheurs de l'université de Cornell ont également observé que ces baleines communiquaient à deux tiers d'une octave plus aiguë que dans les années 1940, probablement pour élever leur voix au-delà du brouhaha causé par l'activité humaine[1]. C'est pourquoi il faut mettre en place des hélices et des engins de chantier sous-marins plus silencieux, d'autant que les grands cétacés, s'ils représentent un marché touristique certain, protègent aussi les littoraux des attaques de requins. Pour l'heure, les longs gémissements de baleines, allant de 180 dB – le plus bruyant du monde vivant connu – à 14 Hz – imperceptible pour l'oreille humaine –, peuvent traverser des océans entiers et présentent même différents « dialectes » géographiques. Ils sont malheureusement brouillés par une pollution sous-estimée[2].

Concernant la régulation thermique, les cétacés aussi – qui sont des cousins assez proches des éléphants, puisqu'ils sont des ongulés, on y reviendra pour parler du fascinant concept d'exaptation – ont clairement leur mot à dire. En premier lieu, leur « lard » – *blubber* en anglais – forme un système isolant beaucoup plus malin qu'on ne le pensait. Celui du grand dauphin contient des acides gras capables de changer collectivement de phase aux températures de son corps : ils peuvent passer de l'état liquide à l'état solide et vice versa, des

---

1. D. A. Croll, C. W. Clark, J. Calambokidis, W. T. Ellison et B. R. Tershy, « Effect of Anthropogenic Low-frequency Noise on the Foraging Ecology of Balaenoptera Whales », *Animal Conservation Forum*, Cambridge University Press, février 2001, vol. 4, n° 1, p. 13-27.

2. « Blue Whales and Communication », *National Geographic*, 16 mars 2001.

transitions qui lui permettent d'emmagasiner, puis de libérer de la chaleur – avec des points de fusion entre 29 et 38 °C[1]. En deuxième lieu, les baleines grises disposent d'un système d'irrigation de leur langue qui minimise la déperdition de chaleur quand elles brassent de l'eau dans leur bouche, en refroidissant progressivement le sang veineux au plus proche de l'eau, qui ainsi n'est que de 0,5 °C plus chaud que la température extérieure.

L'éléphant est également un as de la communication. La liste des « elephantechs » est très diversifiée. Le pachyderme possède, par exemple, comme des « taches infrarouges », que nous ne voyons pas à l'œil nu, mais qui apparaissent à la caméra thermique : ce sont des fenêtres d'échange de chaleur réparties sur tout son corps, des zones fortement vascularisées qui lui permettent de contrôler très finement par où il peut dissiper ses excès de température[2].

Par ailleurs, en saison sèche – parce que partager un bien matériel revient à le diviser, et que l'eau douce est un bien matériel caractéristique –, les éléphants doivent coordonner leur consommation et leur information collectives quant aux points d'eau. Pour cela, ils utilisent un mode de communication sur de très

1. R. C. Dunkin, W. A. McLellan, J. E. Blum et D. A. Pabst, « The Ontogenetic Changes in the Thermal Properties of Blubber from Atlantic Bottlenose Dolphin *Tursiops truncates* », *Journal of Experimental Biology*, 208(8), 2005, p. 1469-1480.

2. N. M. Weissenböck, C. M. Weiss, H. M. Schwammer et H. Kratochvil, « Thermal Windows on the Body Surface of African Elephants (*Loxodonta africana*) Studied by Infrared Thermography », *Journal of Thermal Biology*, 35(4), 2010, p. 182-188.

longues distances, en émettant des sifflements infrasoniques – sous les 17 Hz. Quand, à la tombée du soir, l'air devient plus froid que le sol, de tels signaux peuvent se percevoir à plus de 10 km[1].

C'est une ornithologue qui a identifié ce chant secret des éléphants, Katherine Payne de l'université de Cornell : la subtile vibration dans l'air autour d'elle lui rappelait la ligne de basse de l'orgue de sa paroisse jouant du Bach…

Et comme souvent dans les stratégies de survie, les éléphants utilisent au maximum leur environnement pour transmettre leurs signaux de danger infrasoniques : la savane leur offre alors un autre canal, plus puissant encore, aussi bien pour complémenter que pour dépasser leurs signaux vocaux, grâce aux vibrations du sol. Dans ce cas, la distance de communication atteint au moins 50 km !

La chercheuse de Stanford Caitlin O'Connell-Rodwell, auteure de l'excellent *The Elephant's Secret Sense* (« Le sens secret des éléphants »[2]), a découvert dans les années 1990 que les pachydermes disposaient d'un organe ostéoacoustique dans leurs pattes. Si nous entendons notre propre voix d'une façon différente de la perception des autres, c'est qu'elle traverse et se transmet à notre tympan par les os de notre mâchoire : or, dans le cas des éléphants, cet organe permet de produire des écouteurs qui laissent les oreilles libres. Cela peut nous inspirer aussi bien pour les systèmes

1. M. Garstang, « Long-distance, Low-frequency Elephant Communication », *Journal of Comparative Physiology*, A, 190(10), 2004, p. 791-805.

2. University of Chicago Press, 2008 (non traduit en français).

de soldats connectés – le prototype défaillant « Félin » en France en a déployé une version – que pour les lunettes informatiques, la réalité virtuelle et la correction de nombreuses maladies.

Mieux, on rapporte souvent que les éléphants peuvent de la sorte « prédire » les séismes[1]. Leur système de réception des infrasons terrestres pourrait inspirer une nouvelle génération de capteurs en ce sens.

Si la baleine bleue, avec un record de 33 mètres de longueur, demeure le plus grand animal connu – même devant tous les fossiles découverts à ce jour –, l'éléphant est le plus grand animal terrestre de notre époque, ce qui subodore une *tekhnê* bien particulière pour répartir son poids sur le sol. En effet, ses pattes sont dignes d'étude en robotique et ont d'ailleurs inspiré les fameux AT-AT de l'univers de *Star Wars*. Quant à leur trompe, elle a inspiré un robot emblématique à la firme allemande Festo, le Bionic Handling Assistant, dont toutes les parties sont facilement imprimables en 3D. Le principe anatomique de la trompe, appelé « hydrostat musculaire », permet de réaliser des mouvements dans toutes les directions sans modifier son volume – très peu compressible donc, ce qui est la caractéristique typique des liquides[2].

S'il n'a pas de trompe bien qu'il puisse aussi communiquer de façon infrasonique, l'hippopotame – dont

---

1. Y. P. Aggarwal, L. R. Sykes, J. Armbruster et M. L. Sbar, « Premonitory Changes in Seismic Velocities and Prediction of Earthquakes », *Nature*, 241(5385), 1973, p. 101.

2. Y. Liang, R. M. McMeeking et A. G. Evans, « A Finite Element Simulation Scheme for Biological Muscular Hydrostats », *Journal of Theoretical Biology*, 242(1), 2006, p. 142-150.

la peau est beaucoup plus lisse que celle de l'éléphant – sécrète sa propre crème solaire via des glandes subdermales qui produisent un substitut de sueur également antiseptique. On parle d'une « sueur rouge ». Celle-ci peut augurer de prometteuses applications en cancérologie, en particulier dans certains cancers de l'estomac[1].

Soigner le diabète

Nous sommes aujourd'hui presque certains du fait que le lait des mammifères a évolué à partir de sécrétions subdermales – chez les reptiles mammaliens –, que l'on retrouve aujourd'hui chez l'ornithorynque, le dernier des mammifères pondeurs, avec l'échidné.

Or, on savait déjà que l'adorable petit monotrème[2] si friand de chatouilles possédait un sens électrique très raffiné qui lui sert à trouver ses proies en plongée, alors qu'il ferme littéralement ses yeux, ses oreilles et ses narines. On a aussi récemment découvert que l'exsudat dont ses petits se nourrissent en léchant ses poils possédait une protéine hors du commun, en forme de bouclettes – la raison pour laquelle les chercheurs qui

---

1. V. Galasso et F. Pichierri, « Probing the Molecular and Electronic Structure of Norhipposudoric and Hipposudoric Acids from the Red Sweat of *Hippopotamus amphibious* : a DFT Investigation », *The Journal of Physical Chemistry*, A, 113(11), 2009, p. 2534-2543.

T. Takahashi, Y. Saikawa, T. Igarashi, S. Tsuwano, K. Kumagai, R. Nakamura et Y. Kitagawa, « Octreotide Acetate Enables the Administration of Chemoradiotherapy, Including the Oral Anticancer Drug S-1, in Gastric Cancer Patients with Malignant Gastrointestinal Obstruction », *Oncology Letters*, 1(4), 2010, p. 673-677.

2. Les monotrèmes sont un ordre animal se caractérisant par le fait qu'ils sont à la fois mammifères et ovipares.

l'ont découverte l'ont appelée « Shirley Temple », du nom de l'actrice[1].

Cette protéine est dotée de puissantes propriétés antibactériennes, capables d'ouvrir la voie à toute une nouvelle famille d'antibiotiques. Enfin, le venin que produisent les ornithorynques mâles et qu'ils libèrent par leurs griffes postérieures s'est aussi avéré être un analogue de la protéine GLP-1, un médiateur de la libération d'insuline et naturellement produite dans les tripes humaines. À l'inverse de son semblable humain, la version monotrème se dégrade très difficilement, ce qui pourrait lui ouvrir une voie royale dans le traitement des diabètes de type 2.

Le pied du diabétique reste la première cause d'amputation dans les pays riches aujourd'hui. Une autre découverte majeure de la bio-inspiration pourrait apporter à ce problème une solution globale. Solution d'autant plus conséquente, d'ailleurs, que certains travaux de recherche permettent de penser que la maladie d'Alzheimer serait un « diabète de type 3[2] », caractérisé en effet par une résistance des cellules cérébrales à l'insuline. Dans ce cas le traitement du pied du diabétique pourrait aussi mieux aider à traiter et accompagner la démence sénile.

La solution pourrait provenir du petit ver marin *Arenicola marina* – arénicole signifiant littéralement « qui

1. Marilyn B. Renfree *et al.*, « Evolution of Genomic Imprinting : Insights from Marsupials and Monotremes », *Annual Review of Genomics and Human Genetics*, 10, 2009, p. 241-262.

2. S. M. de la Monte et J. R. Wands, « Alzheimer's Disease is Type 3 Diabetes – Evidence Reviewed », *Journal of Diabetes Science and Technology*, 2(6), 2008, p. 1101-1113.

vit dans le sable » –, dont l'hémoglobine miracle est universellement transfusable, tout en étant cinquante fois plus oxygénante que l'hémoglobine humaine[1] – ce qui fait qu'elle pourrait non seulement prévenir et guérir les nécroses périphériques du diabétique, mais aussi révolutionner l'oxygénation des plus que précieux greffons humains.

Avant son introduction, toute récente, dans la greffe d'organe, nous perdions un organe sur deux en moyenne, notamment parce que ceux-ci étaient préservés dans une solution saline très faiblement oxygénante. Or, même pour un greffon immunocompatible, la suffocation des cellules, c'est-à-dire le manque d'oxygène, est la première raison derrière un rejet. La transplantation est donc une course contre la montre. Avec l'hémoglobine d'arénicole, l'organe peut être conservé au moins huit jours – ce qui dépasse largement tous les scénarios cliniques –, et les risques de rejet sont considérablement réduits. Les essais cliniques sur les humains sont déjà très concluants, et une greffe de visage récente en France[2] a démontré le très haut potentiel de l'hémoglobine d'arénicole.

C'est au génie Franck Zal, un chercheur français devenu capitaine d'industrie, que nous devons cette découverte, dont les multiples applications sont loin d'avoir toutes été commercialisées. Il s'était interrogé sur la façon dont un petit ver pouvait rester en apnée

---

1. D. Dutheil *et al.*, « Use of Extracellular Hemoglobin Obtained from the Marine Worm, *Arenicola marina*, for the Preservation of Organs, Tissues, Cells », *US Patent*, n° 9, 861,095, 9 janvier 2018.

2. « The Story of How a Worm Turned… into a Bringer of Medical Miracles », *The Express Tribune*, 31 juillet 2017.

pendant les longues heures de la marée basse. Si son histoire est fascinante, elle démontre aussi à quel point la France n'est pas la Silicon Valley : là où le chercheur Brent Constantz s'est vu ouvrir une voie royale pour développer les ciments osseux inspirés des coraux, le chercheur français, lui, a été littéralement persécuté par ses pairs et a même été entendu en commission disciplinaire au motif notamment que certains jaloux considéraient que sa découverte ne constituait pas une véritable recherche scientifique ! Il sortit bien entendu blanchi de cette commission, mais avec la ferme conviction que le CNRS n'était pas fait pour l'innovation : s'il est certes propice à un peu d'*epistêmê*, il est incapable de la convertir en *tekhnê* et encore moins en emplois, ce que fait, outre-atlantique, la Silicon Valley.

Franck Zal, par le fruit d'un Love Can Do édifiant, a ainsi fondé la géniale société Hemarina, spécialiste des transporteurs d'oxygène à très haut rendement, qui, pour l'heure, produit de nombreuses applications biomédicales, mais pourrait demain faire exploser le potentiel de nos piles à combustible et de nos nanomoteurs en phase liquide. Cerise sur l'arénicole : l'hémoglobine de ce ver, n'étant pas portée par des cellules sensibles à la dessiccation[1], est tout simplement lyophilisable, de sorte qu'elle peut être stockée presque indéfiniment avant transfusion par adjonction d'un simple sérum physiologique (de l'eau purifiée salée). La découverte de Franck Zal devrait, si l'Académie est honnête et rigoureuse, lui valoir le prix Nobel de physiologie ou de médecine !

1. La dessiccation est l'élimination de l'humidité d'un corps.

Ce que j'aime le plus dans cette étude de cas – qui concerne un petit ver que tous les pêcheurs de Bretagne et de Normandie connaissent sur le bout de la ligne –, c'est que lorsque les Alliés ont débarqué sur les plages du Cotentin et du Calvados en 1944, ils cherchaient désespérément un substitut d'hémoglobine. De nombreux chercheurs, comme Harvey Itano et Linus Pauling, planchèrent sur ce travail, sans succès.

Si l'eau de coco peut être utilisée pour l'hydratation intraveineuse d'urgence, avec un résultat digne d'intérêt mais souvent surestimé[1], la solution à ce problème était juste sous les pieds des Alliés ! Quand j'écris que la nature est une bibliothèque dont on a brûlé les livres au lieu de les lire, ce n'est même pas une métaphore : nous avons littéralement éradiqué ou ignoré la solution à des problèmes – qui ont causé des centaines de milliers de morts –, alors qu'elle était sous nos yeux.

« Je meurs de soif au pied de la fontaine », encore et toujours.

---

1. D. Campbell-Falck, T. Thomas, T. M. Falck, N. Tutuo et K. Clem, « The Intravenous Use of Coconut Water », *Am. J. Emerg. Med.*, 18 janvier 2018.

2.

Le second âge de la robotique

On l'a vu, le vivant inspire aussi bien la structure que la logique des robots contemporains et, en la matière, nous n'en sommes qu'aux balbutiements. Tout d'abord, la totalité des organismes vivants est contrainte par une règle extrêmement simple, celle du profit énergétique. Contrairement à nos États qui feraient bien de s'en inspirer, les êtres vivants ne peuvent en aucun cas dépenser plus qu'ils ne gagnent à l'année. Certes, pour eux, il s'agit d'énergie et, pour les États, d'argent public, mais l'énergie est supérieure à l'argent, et le vivant la traite avec l'efficacité qui lui est due.

L'économie d'énergie

L'univers vivant foisonne de stratégies très diverses pour respecter la règle du profit énergétique : l'énergie que me coûte la recherche de nourriture doit être inférieure à celle que sa digestion va me rapporter. Le bas de bilan énergétique d'un organisme doit être positif à l'année, ce qui nécessite soit d'engranger un gros chiffre d'affaires, soit de réduire ses charges énergétiques. Un éléphant d'Afrique va consommer 50 000 kcal par jour, contre les 2 500 à 3 000 recommandées pour un humain – bien que le bodybuilder Casey Viator en ait métabolisé 39 000 par jour pendant la très disputée « expérience du Colorado » en 1973, durant laquelle il gagna en moyenne plus d'un kilo de muscle par jour pendant vingt-huit jours !

Avec 50 000 kcal par jour, le plus grand animal terrestre ne représente pourtant que 58 % d'une charge de Tesla d'aujourd'hui – 100 KWh. Pourtant cette dernière n'affiche que 12,3 kg de graisse humaine, alors que la batterie qui la stocke pèse, elle, plus de 630 kg. L'ordinateur que j'utilise pour écrire ce livre « mourrait de faim » en moins de cinq heures, avec moins de 41,5 Wh de batterie, qui coûtent moins que quatre morceaux de sucre, et beaucoup moins qu'un verre de Coca-Cola.

Moi, pour mourir de faim, je devrai jeûner environ trente-trois jours. Moralité : perdre de la batterie, c'est facile, perdre du gras, c'est difficile, parce que nous sommes incroyablement mieux optimisés, énergétiquement, que nos machines. Dommage que l'on ne puisse pas brancher nos ordinateurs directement sur un bourrelet…

Les colibris, par exemple, nous offrent une leçon étourdissante. En matière d'intelligence et de symbiose, certains sont connus pour établir leur nid auprès de ceux des faucons, qui les protègent ainsi des geais, parmi leurs pires ennemis. Eh bien, en matière d'énergie, ces petits oiseaux – qui peuvent vivre dans un état très proche de la mort de faim durant certaines saisons, de par leur seule activité de vol – battent des ailes 80 fois par seconde, soit 8 fois plus que la cadence de tir d'un AK-47, et leur cœur peut battre à 1 000 pulsations par minute[1], derechef, plus vite que la kalachnikov. Ils sont toutefois capables, comme le colibri à gorge rubis (*Archilochus colubris*), de parcourir de faramineuses distances sur leurs réserves de calories : ils peuvent notamment traverser le golfe du Mexique, sur presque 1000 km, avec moins de 2 g de graisse de consommation.

Aujourd'hui, le quadcoptère DJI Phantom 4, avec ses 83 Wh de batterie – 5,35 Ah à 15,5 V – n'a une autonomie que de 7 km au maximum, pour un poids de 1,38 kg –, alors que celui du colibri à gorge rubis n'excède jamais 6 g, et que la plupart des colibris ont le poids d'une pièce de 1 centime. Le record connu de consommation d'oxygène pour un athlète humain – VO2max – s'approche des 100 ml par kilo et par minute : un colibri moyen peut atteindre dix fois cette valeur. Le colibri roux réalise une migration de plus de 8 600 km aller-retour, du sud du Mexique jusqu'à l'Alaska.

De fait, parce que leur métabolisme est aussi exceptionnel, et qu'ils consomment de telles quantités de sucres à travers leur vie, les colibris nous renseignent sur de nouvelles manières de combattre le diabète et le syndrome métabolique.

Par ailleurs, dans leur orientation, la façon dont les colibris et d'autres oiseaux repèrent l'horizon a ins-

1. James Gorman, « The Amazing Metabolism of Hummingbirds ? », *New York Times*, 20 mars 2018.

piré diverses recherches pour développer des capteurs robotiques similaires[1].

La langue des colibris peut également inspirer de nouveaux systèmes de pompes dans sa façon d'absorber le nectar : Alejandro Rico-Guevara et ses collaborateurs ont récemment démontré que, sans utiliser la capillarité ni la respiration de l'oiseau, la langue s'aplatit pour se refermer sur le liquide, et c'est l'expansion de la langue qui le fait monter jusqu'à son gosier[2].

Sur une note plus effrayante, on sait que les mantes religieuses peuvent attaquer les colibris pour dévorer leur cerveau. Ce qui nous intéresse ici ce sont les yeux des mantes religieuses, impeccablement stéréoscopiques malgré un système nerveux très limité. Ils sont en passe de susciter une révolution dans la vision robotique en 3D[3].

D'une façon générale, plus un animal volant a des ailes pesantes, plus sa fréquence de battement sera faible. Les ailes longues permettent une autre économie d'énergie qui consiste à profiter de l'effet de sol en aérodynamique. Concrètement, quand la distance entre le corps de l'animal et le sol, ou l'eau, est inférieure à son envergure il est soumis à une réduction

---

1. Wei Shyy, Chang-kwon Kang, Pakpong Chirarattananon, Sridhar Ravi et Hao Liu, « Aerodynamics, Sensing and Control of Insect-scale Flapping-wing Flight », *The Royal Society Publishing*, 3 février 2016.

2. Alejandro Rico-Guevara, Tai-Hsi Fan et Margaret A. Rubega, « Hummingbird Tongues are Elastic Micropumps », *The Royal Society Publishing*, 10 août 2015.

3. Greg Nichols, « A Praying Mantis Wearing Tiny Glasses Holds the Key to Robot Vision », ZDNet, 15 février 2018.

sensible de la traînée et à une hausse de sa portance, un phénomène qui a beaucoup été utilisé dans l'ingénierie aéronautique pendant la guerre froide – en particulier avec les fameux « ekranoplanes » ou « monstres de la mer Caspienne » qui pouvaient filer à plus de 400 nd au-dessus de l'eau et des champs de mines en projetant jusqu'à 200 t d'hommes et de matériel, soit facilement une demi-brigade d'infanterie motorisée ou 12 blindés PT-76B avec leur équipage. La conception de ces « monstres » – l'OTAN les a aussi appelés « canards » – s'était-elle inspirée du pélican qui, par effet de sol justement, peut réduire sa traînée de presque 50 % quand il vole tout près de la surface de l'eau[1] ? « Pelican » sera en tout cas le nom donné par Boeing quelques années plus tard à un projet d'avion à effet de sol.

Dans la loi immuable du profit énergétique, certains animaux, toujours pour réduire leurs charges, ont le sang froid. On peut, par exemple, citer le crocodile du Nil qui peut survivre plus d'une année sans manger, en ralentissant son métabolisme – jusqu'à trois ans pour certains alligators ! Une fois le repas dans la panse, sa digestion est tellement exigeante, sans mastication et avec la nécessité de dissoudre les os, que son cœur dispose d'un système dédié pour surirriguer son estomac. On sait que les crocodiles peuvent également poursuivre sur terre une proie si nécessaire – bien qu'à une vitesse inférieure à 15 km/h – et que certains de leurs

1. F. Reed Hainsworth, « Induced Drag Savings from Ground Effect and Formation Flight in Brown Pelicans », *Journal of Experimental Biology*, 135.1, 1988, p. 431-444.

lointains cousins, au Crétacé[1], pouvaient chasser des dinosaures en « galopant » sur terre ! Quoi qu'il en soit, si la rencontre avec un crocodile actif est beaucoup plus dangereuse « en micromorts » – un micromort est une chance sur un million de mourir – que celle avec un requin, c'est qu'il bouge soit pour manger, soit pour se reproduire, donc si vous en croisez un, fuyez !

Quant aux arbres, ils consomment très peu d'énergie par rapport à leur masse. Ils en perdent le minimum en hiver, soit parce que leurs épines ménagent très peu de ponts et de fenêtres thermiques, soit parce qu'ils perdent leurs feuilles et inversent l'influx de leur sève. Nous, les humains, consommons beaucoup, parce que nous avons le sang chaud notamment. Certains requins, comme le grand blanc, sont entre les deux. De même, les dinosaures avaient développé un système intermédiaire entre l'ecto- et l'endo-thermie.

Copier la propulsion et les moyens de se déplacer

L'École polytechnique fédérale de Lausanne s'est rendue célèbre concernant la propulsion robotique dans son étude de la transition entre la nage et la marche et en développant plusieurs générations de robots-salamandres, dont la dernière s'appelle « Pleurobot ». En copiant la propulsion et la stabilité des arachnides, Hexa de la firme Vincross, un petit robot-araignée – certainement très mignon, parce que ses concepteurs

1. Le Crétacé est la dernière période du Mésozoïque – ou ère secondaire –, il s'étend de – 145,5 millions d'années à – 65,5 millions.

ont parfaitement intégré le problème de son adoption –, s'avère moins gourmand en énergie que la moyenne. L'université de Harvard, par son Wyss Institute for Biologically Inspired Engineering, a développé un robot en forme de poulpe – ces « robots mous » forment en effet un domaine à part entière, avec de nombreuses applications aussi bien sur terre qu'en mer ou dans l'espace. L'« Octobot » peut être partiellement imprimé en 3D.

Entre le Pleurobot et l'Octobot, l'université de Carnegie Mellon a développé un autre robot inspiré du serpent et de la trompe de l'éléphant, dont la firme Festo a tiré un levier de manipulation industrielle très efficace.

Festo s'est aussi inspirée des baleines, des kangourous et des papillons et possède, dans son catalogue, un robot simplement inspiré du bras humain, le Bionic Cobot, dédié à la cobotique – c'est-à-dire la collaboration homme-robot, l'assistance guidée et multipliée d'un humain.

En plus de la cobotique, nous développons actuellement des exosquelettes ou de la robotique *wearable*, pour amplifier les mouvements aussi bien en amplitude – pour la course à pied – qu'en puissance à l'impact. La combinaison de plusieurs solutions bio-inspirées pourrait – comme d'habitude, priorité à la défense – inspirer une nouvelle combinaison pour un fantassin, isotherme face aux fortes chaleurs et aux grands froids, et capable de lui permettre de courir à cent kilomètres à l'heure en réalisant des enjambées contrôlées de presque trente mètres par seconde, tout en étant doté d'un détecteur de collision pour traverser une forêt sans peine. Cette combinaison couvrirait également l'individu de plaques ultra-légères en mousses métalliques, bien plus efficaces que les céramiques actuelles des vestes balistiques. D'autre part, ces systèmes bipèdes pourraient être utilisés pour développer de nouveaux blindés à deux pattes. La Russie programme déjà de transformer ses chars – à chenilles certes – en drones terrestres.

La résistance dans la nature

Nous ne connaissons pas de céramique plus prometteuse que celle de l'ormeau, mollusque marin à la chair par ailleurs délicieuse. Nos céramiques ont tendance à se briser facilement en mille morceaux, ce qui empêche encore de construire des robots, ou des réacteurs d'avion avec.

Celle de l'ormeau – et celle des nacres en général – est constituée de millions de feuillets de calcaire, ce qui lui donne en premier lieu, à nos yeux, la capacité d'arrêter sans problème une balle de fusil d'assaut.

La coquille de l'ormeau a également inspiré de nouveaux composites biomimétiques qui mélangent, comme la nacre, une phase minérale et une phase organique en feuillets superposés, et dont les applications existent aussi bien dans l'aérospatiale que la robotique extrême. On savait déjà, par exemple, que les dents de la radula, de modestes escargots ou des chapeaux chinois qui collent aux rochers avec une pression de presque trente kilos au centimètre carré, formaient le matériau biologique le plus résistant connu à l'heure actuelle. Leur entrelacs subtile de chitine et de goethite (une forme de cristal d'oxyde de fer) les rend à la fois solides et résistantes à l'éclatement, bien au-delà du Kevlar par exemple[1]. L'escargot des fonds marins *Chrysomallon squamiferum*, lui, se constitue une armure en écailles de fer, peu impressionnante par morceaux, mais très efficace dans sa globalité, et qui intéresse tout autant l'industrie de défense[2].

La céramique de l'ormeau possède une résistance à la compression supérieure à celle de la porcelaine – avec une valeur de 540 MPa – 5 400 fois l'atmosphère terrestre donc, ou 1 800 fois celle de vos pneus de voiture. C'est l'une des plus élevées au monde – elle est plus de 3 fois supérieure à celle de l'os humain –, mais la porcelaine est cassante, quand justement la coquille du bivalve est incroyablement résistante à la fracture parce qu'elle force les failles à s'y développer en spirales, une des meilleures façons de maximiser l'énergie nécessaire pour fracturer un matériau.

Par ailleurs certaines soies d'araignées peuvent exercer une résistance à la traction maximale – *ultimate tensile strength* – supérieure à celle des pénétrateurs militaires – en alliage d'uranium appauvri – à 1 600 MPa. Les alliages Krupp de forte épaisseur, utilisés pour les chars allemands à la fin de la Seconde Guerre mondiale, atteignaient un score entre 750 et 1 600 MPa. Même si aujourd'hui le graphène explose tous ces records, la combinaison soie-céramique en sandwich ou en supercomposite présente un vaste intérêt robotique, militaire et aérospatial. Dire que le

1. Damien Faivre et Tina Ukmar Godec, « From Bacteria to Mollusks : the Principles Underlying the Biomineralization of Iron Oxide Materials », *Angewandte Chemie International Edition*, 54.16, 2015, p. 4728-4747.

2. Lisa Grossman, « Deep-Sea Snail Shell Could Inspire Better Body Armor », *Wired*, 20 janvier 2010.

Pentagone s'intéresse aux ormeaux et aux araignées pour ses robots et ses exosquelettes est un euphémisme…

Aujourd'hui l'équipe de Robert Ritchie à l'université de Berkeley sait ainsi s'inspirer de la céramique de l'ormeau pour produire des matériaux à la fois très résistants – au-delà de la porcelaine – et non cassants[1] : l'équipe a appris du coquillage comment rendre la propagation des failles de rupture quasiment impossible.

C'est de la même façon que l'architecte Nader Khalili, déjà cité plus haut pour la terre stabilisée, avait réussi à rendre l'« adobe » – une technique de construction traditionnelle en terre – antisismique, en utilisant du fil de fer barbelé entre chaque couche de sac de terre pour agir comme un scratch ou un velcro. Une technologie qui avait d'ailleurs été inspirée par la bardane, une plante dont les capitules s'accrochent aux pantalons des randonneurs et qui est aujourd'hui un cas d'école de biomimétisme. Le « superadobe » de Khalili, parce qu'il est littéralement composite bien que très simple, fait lui aussi augmenter le prix énergétique pour fracturer un mur de son ciment de terre stabilisée.

Toujours en s'inspirant de l'ormeau, Kenneth Vecchio, à l'université de Californie à San Diego, a créé un composite d'aluminium et de titane dont deux cents seulement peuvent arrêter une fléchette de tungstène impactant à la vitesse de 2,6 mach – intérêt aérospatial et militaire, derechef[2] !

---

1. « Scientists Create tough Ceramic that Mimics Mother of Pearl », Berkeley Lab, 5 décembre 2008.

2. Charles Petit, « Material as Tough as Steel ? The Abalone Fits the Bill », *The New York Times*, 22 mars 2005.

Au sujet de la résistance, il faut ici s'arrêter quelques lignes sur le haut potentiel des muscles artificiels – plus puissants que les muscles naturels – et de l'origami pneumatique. Si la NASA s'inspire très rigoureusement de l'origami traditionnel pour concevoir des panneaux solaires déployables dans l'espace – repoussant même les limites connues de cet art[1] –, la façon dont certaines fleurs, comme celles des nénuphars ou des cactus, « packagent » leurs bourgeons tout en facilitant leur déploiement demeure une source d'inspiration très actuelle[2]. La manière dont les feuilles de lotus s'autonettoient est aussi un cas d'école en bio-inspiration.

En matière de suspension et de résistance à la secousse, les modèles hydropneumatiques, qui ont fait le succès de la première Citroën DS, avaient depuis longtemps été découverts par les crabes. Les origamis pneumatiques actuels peuvent soulever des poids, réaliser différents travaux, et, bien sûr, former des ailes pour propulser soit un humain, soit un aéronef complet. Autre avantage majeur, ces muscles artificiels coûtent très peu à produire, à l'inverse d'un autre matériau prometteur, l'aérogel – un solide qui flotte littéralement dans l'air, mais qui coûte autour de 40 000 dollars le kilo, bien que des recherches comme celles de Svenska Aerogel promettent d'en réduire le coût de 90 %[3].

---

1. « Solar Power, Origami-style », Nasa, 14 août 2014 ; Elizabeth Stinson, « NASA Invents a Folding Solar Panel Inspired by Origami », *Wired*, 22 septembre 2014.

2. Philip Ball, « Better Origami Using Nature and Maths », BBC, 10 mai 2013.

3. Michael Kanellos, « Aerogel Prices to Drop by 90 Percent ? », *Greentechmedia*, 17 juin 2011.

Cette tendance ne devrait pas nous étonner : l'aluminium était, du temps de Napoléon III, un matériau d'une grande rareté, plus cher que l'or. Durant les grandes réceptions du Second Empire, les couverts en or étaient présentés aux invités de seconde zone, et ceux en aluminium aux plus prestigieux. L'Empire exhibait aussi ses lingots d'aluminium aux côtés des joyaux de la couronne. De leur côté, les États-Unis, en signe de prestige, couvrirent l'obélisque du Washington Monument d'un pyramidion d'aluminium en 1884. Ajusté de l'inflation, un kilo d'aluminium pouvait coûter autour de 30 000 dollars d'aujourd'hui en 1850. Il n'en vaut plus que 10 dans les années 1920. Jamais Napoléon III n'aurait pensé que ses descendants emballeraient leurs sandwichs ou leurs dosettes de café dans du papier alu : ridicule, dangereux, évident. La même histoire s'est passée pour le fer pendant le logiquement nommé âge du bronze.

Relier terre et ciel

Il nous reste beaucoup de progrès à faire en matière de robotique volante. Le glossophage de Pallas (*Glossophaga soricina*), par exemple, une espèce de chauve-souris, peut retourner ses ailes pour maintenir sa portance à faible fréquence de battement, un mécanisme de « flip-flop » qui lui permet de générer des vortex portants pendant qu'elle butine le nectar des fleurs dont elle se nourrit[1]. Cette compétence ne lui est permise que parce que justement elle dispose d'ailes flexibles, que nous commençons à imiter avec nos

1. F. T. Muijres *et al.*, « Leading-edge Vortex Improves Lift in Slow-flying Bats », *Science*, 319.5867, 2008, p. 1250-1253.

muscles artificiels. Aussi bien, nous pourrions concevoir des harnais porteurs pour des humains individuels, et démocratiser mondialement la capacité à s'envoler et à faire du sur-place à faible fréquence de battement, réduisant ainsi la pollution sonore – surtout si nous nous inspirons aussi des dentelures des plumes des chouettes. Si nous savions nous concentrer suffisamment sur ce problème, il ne serait plus loin le temps où tous les paralysés pourraient s'équiper d'un exosquelette aussi léger qu'un vêtement, simple à porter donc, autonettoyant comme la surface d'un lotus, et capable non seulement de leur garantir la liberté de mouvement d'un humain adulte moyen, mais bien plus, de se déplacer et de voler à grande vitesse…

La Suisse, qui est un des leaders mondiaux de la robotique bio-inspirée – une place méritée quand on se souvient du rôle de Karl Culmann dans la bionique en architecture, et du cadeau qu'il fit indirectement à la France en formant Koechlin, l'ingénieur de la tour Eiffel –, investit également dans les technologies de drones stratosphériques, à la suite notamment du succès de Solar Impulse, porté par Bertrand Piccard dont le grand-père, Auguste Piccard, avait inspiré le Professeur Tournesol dans *Tintin*. Le « savanturier » – comme il aimait donc se définir – serait ravi de voir que les preneurs de risques de la Confédération helvétique visent des drones capables de demeurer six mois dans la stratosphère pour jouer le rôle d'intermédiaires entre les antennes relais et les satellites dans les télécommunications modernes, tout en pouvant, à l'inverse des satellites, descendre sous la couche nuageuse aussi souvent que nécessaire. Là encore, pour développer des drones endurants, capables de rester six mois en vol, nous ferions bien de nous inspirer du martinet noir *Apus apus*, qui peut passer dix longs mois en vol sans jamais se poser[1]…

Rappelons-nous que tous les technopôles – Bagdad, Silicon Valley, Santorin, Alexandrie, le Machu Picchu ou Xi'an – ont vécu une passion merveilleuse à relier la Terre et l'espace.

Même si nous ne connaissons pas encore de vie dans le cosmos, qui est pourtant si grand qu'il semble certain à l'intuitif que l'on y découvrira une très grande diversité astrobiologique un jour, alors qu'une vaste étendue d'eau liquide a déjà été localisée sur Mars[2], la bio-inspiration est richissime de leçons technologiques pour l'aérospatiale la plus pointue. Les technologies inspirées des geckos, en robotique, sont à cet égard passionnantes. L'équipe du grand chercheur Mark Cutkosky à Stanford s'est inspirée de l'adhésion très particulière des pattes du petit lézard pour concevoir des gants d'escalade pour les forces spéciales et des robots capables d'adhérer à presque n'importe quelle surface[3]. Ce même modèle a inspiré la technologie du robot Abigaille pour l'Agence spatiale européenne. En effet, la maintenance de la station spatiale internationale posait un problème précis d'adhésion à

---

1. Anders Hedenström *et al.*, « Annual 10-month Aerial Life Phase in the Common Swift *Apus apus* », *Current Biology*, 26.22, 2016, p. 3066-3070.

2. Robbie Gonzalez, « Scientists Discover Evidence of the First Large Body of Liquid Water on Mars », *Wired*, 25 juillet 2018.

3. Paul Day *et al.*, « Effects of He++ Ion Irradiation on Adhesion of Polymer Microstructure-based Dry Adhesives », *Nuclear Science and Engineering*, 167.3, 2011, p. 242-247.

une surface amagnétique sans pouvoir y déployer ni de colle ni de ventouse – qui ne fonctionneraient ni dans le froid ni dans le vide intersidéral[1].

Construire mieux

Si nous voulons réaliser le plus grand rêve d'Elon Musk, celui de vivre sur Mars, il est impératif d'apprendre à domestiquer les écosystèmes[2]– nous reviendrons sur ce point plus tard –, mais aussi de construire mieux et plus vite, en utilisant ce qui est immédiatement à notre disposition.

Aujourd'hui, nous nous intéressons aux robots constructeurs, à ceux qui peuvent imprimer des ponts ou des maisons directement. C'est le cas de l'imprimante D-shape de l'architecte Enrico Dini, dont les structures produites s'inspirent des radiolaires[3]. L'Agence spatiale européenne imagine qu'elle pourrait bâtir ce type de robots en mobilisant les régolithes – le sol – lunaires ou martiennes.

La Chine s'intéresse aujourd'hui à la capacité d'imprimer des maisons par millions, une tâche par laquelle ses robots constructeurs sauront peut-être s'inspirer de la façon dont le corbicrave leucoptère (*Corcorax melanorhamphos*), un oiseau appartenant à la famille des Corcoracidés qui, du long de ses 45 cm, conso-

---

1. European Space Agency, « Wall-Crawling Gecko Robots Can Stick in Space Too », *European Space Agency*, 2 janvier 2014.

2. H. Morowitz *et al.*, « Closure as a Scientific Concept and its Application to Ecosystem Ecology and the Science of the Biosphere », *Advances in Space Research*, 36.7, 2005, p. 1305-1311.

3. Les radiolaires sont des animaux unicellulaires – protozoaires – marins.

lide pourtant un nid de terre stabilisée qui peut peser jusqu'à trois kilos à vingt mètres du sol. Il est constitué d'anneaux de terre vibrée renforcés par de la paille[1].

La société française Argilus, qui conçoit des enduits et des bétons de terre, semble avoir tiré d'élégantes leçons du petit corbicrave. Quant à la société PassivDom, basée en Ukraine et en Californie, elle se propose d'imprimer des maisons d'une façon assez similaire.

Les robots humanoïdes

Dans la conception des robots humanoïdes, il nous reste encore beaucoup à apprendre, aussi bien à l'intérieur qu'à l'extérieur. Si nous savons fabriquer de petits androïdes mignons, nous butons encore sur un problème très complexe appelé *uncanny valley* ou « vallée de l'étrange[2] » : plus un humanoïde est réaliste, plus nous avons tendance à nous y attacher ; mais si nous poussons le réalisme plus loin, la réaction des gens qui interagissent avec la machine se dégradera soudainement. Un robot trop réaliste – mais jamais assez pour être indiscernable d'un humain – nous évoque quelque chose de malade ou de mort-vivant, et nous ne savons pas encore exactement pourquoi.

Même dans le monde de la guerre, le vivant « nature », dirait-on, demeure irremplaçable, malgré nos ambitions les plus folles. On continue à dresser des animaux renifleurs d'explosifs, des rats ou des chiens

1. James L. Gould et Carol Grant Gould, *Animal Architects : Building and the Evolution of Intelligence*, Basic Books, 2012.

2. Masahiro Mori, « The Uncanny Valley », *Energy*, 7(4), 1970, p. 33-35.

qui peuvent détecter certains cancers ou la tuberculose[1], ou des dauphins pour espionner et pour attaquer l'ennemi – l'Ukraine disposait de dauphins en Crimée, par exemple, et l'on sait que la France, Israël ou les États-Unis ont entraîné les leurs… Ce qui ne doit pas nous faire oublier le comportement plus naturel des dauphins sauveteurs – comme ceux qui ont donné une seconde chance à une jeune fille suicidaire en aidant à la ramener sur les rives de Los Angeles, comme le rapporte la chercheuse Maddalena Bearzi[2]. Des dauphins qui, bien entendu, ne nous auront pas attendus pour utiliser et façonner des outils : comme on l'a vu, ils peuvent garnir leur rostre – le bec – d'éponges pour fouiller plus facilement le sable et les rochers sans se blesser.

Si je sais bien que l'industrie de défense représente aujourd'hui l'essentiel des investissements dans la robotique mondiale – en se souvenant de l'exemple des frères Wright pour l'aviation –, nous devons considérer qu'elle n'en tirera pas forcément l'essentiel des résultats, et c'est tant mieux. De petites initiatives passionnées inspirent davantage les peuples, avec des moyens comparativement dérisoires : je pense au brillant innovateur Keahi Seymour qui a conçu, en s'inspirant du tendon d'Achille des autruches, d'ingénieuses extensions de la jambe permettant à leurs porteurs de courir à une vitesse pouvant aller jusqu'à quarante kilomètres

1. Emma Young, « The Animals that Sniff Out TB, Cancer and Landmines », *Mosaic Science*, 16 février 2016.
2. Maddalena Bearzi, *Dolphin Confidential*, University of Chicago Press, 2016.

à l'heure[1] en réalisant deux enjambées de 5,5 mètres en une seule seconde. Seymour n'en était pas à son coup d'essai, puisque inspiré des kangourous il avait déjà repoussé les limites de la motricité humaine.

Dans *Libérez votre cerveau !*, j'ai beaucoup mentionné l'empan de notre esprit et la raison pour laquelle certains concepts nous échappent. L'empan de la main, comme l'enjambée dans le cas des exosquelettes inspirés de l'autruche, peut aussi être amélioré par la bio-inspiration : le bec des macareux moines, par exemple, avec leurs serrations si particulières, leur permet de tenir jusqu'à vingt poissons en même temps[2] ! J'ai hâte de voir un monde où de nouvelles et nuancées serrations de l'esprit nous permettront de tenir aussi vingt concepts à la fois dans notre caboche. Un tel monde laisserait aux humains assez d'empan cognitif pour mieux saisir toutes les conséquences de leurs actes. Aussi étrange que cela puisse paraître, voilà qui m'inspire davantage que les dauphins militaires tueurs[3].

Dépolluer

Philosopher, c'est apprendre à mourir. À l'heure où des sociétés comme Palantir, dans un mouvement global, se mettent à souhaiter la mort de la mort donc, par extension et d'une façon tristement prévisible,

---

1. Ellie Zolfagharifard, « Bionic Boots Let You Run as Fast as a Car », *Mail Online*, 30 octobre 2014.

2. Michael P. Harris *et al.*, « The Winter Diet of the Atlantic Puffin *Fratercula arctica* Around the Faroe Islands », *Ibis*, 157.3, 2015, p. 468-479.

3. John M. Kistler, « Animals in the Military : From Hannibal's Elephants to the Dolphins of the US Navy », *ABC-CLIO*, 2011.

la mort de la sagesse[1], il serait immature de réduire la nature à une seule source de technologies. Elle est bien plus que cela, comme nous allons le voir en considérant les peuples premiers et le rapport qu'ils nous inspirent à la biodiversité. Ici, nous pouvons déjà remarquer comment la nature nous offre elle-même les moyens de corriger les torts que nous lui avons causés.

Nous avons tellement pollué les océans et les terres aux métaux lourds qu'aujourd'hui, même nos os et nos dents sont hautement contaminés au cadmium, à l'arsenic et au plomb, et nos cimetières sont devenus des points chauds de la pollution métallique mondiale[2]. L'innovatrice Jae Rhim Lee a déjà présenté un habile pyjama mortuaire, inoculé au mycélium[3], capable de dépolluer nos cadavres à leur mise en terre. Ce concept, hautement symbolique quand il s'applique à notre chair, s'appelle plus généralement « bioremédiation », c'est-à-dire la capacité à dépolluer un sol, une eau ou un air avec des agents biologiques.

Plus nous prendrons du temps et serons attentifs au contact de la biodiversité, plus nous découvrirons des solutions à la fois simples et accessibles. L'apathie, le pessimisme et la culpabilité ne nous ont fourni aucun espoir, il ne sert à rien de les cultiver dans le débat écologique.

---

1. Bien que l'actuel patron de Palantir possède justement un doctorat de philosophie.

2. S. Fiedler *et al.*, « Graveyards – Special Landfills », *Science of the Total Environment*, 419, 2012, p. 90-97.

3. Le mycélium est un ensemble de filaments plus ou moins ramifiés formant la partie végétative d'un champignon.

Qui, par culpabilité, aurait découvert ces vers et ces bactéries qui digèrent nos plastiques[1] ? Qui, par pessimisme, aurait mis au jour l'ampleur des mycotechs en général, et leur application pour concevoir des matériaux innovants, pour des réseaux de distribution ou pour dépolluer les sols ? Ce n'est guère non plus par apathie que l'architecte Kate Orff, comme on l'a vu, a eu l'idée de réintroduire les huîtres pour dépolluer le canal de Gowanus à New York…

Aujourd'hui on sait utiliser l'aspergille noir, un champignon microscopique (*Aspergillus niger*) et souvent considéré comme nuisible, pour dépolluer certaines fuites d'hydrocarbures ou produire du papier d'une façon plus écologique[2]. On a même découvert à Tchernobyl des champignons radiotrophes[3] qui semblent carrément se « nourrir » du rayonnement gamma – qui doit sa nocivité à ce que ses photons ont une très haute fréquence, donc une très haute énergie. L'hypothèse selon laquelle ces champignons réaliseraient une « radiosynthèse », comparable à la photosynthèse des plantes, est très sérieusement étudiée !

---

1. « Another Way to Recycle Plastic », *The Economist*, 24 mai 2018.

2. Natalia A. Yemashova *et al.*, « Biodeterioration of Crude Oil and Oil Derived Products : A Review », *Reviews in Environmental Science and Bio/Technology*, 6.4, 2007, p. 315-337.

3. Daniel Antonio Vázquez Sánchez, « Black Radiotrophic Fungi : Adaptation and Exploitation of Ionizing Radiation and Potential Applications », *DDD. UAB. Cat*, 2014.

Nelli Zhdanova *et al.*, « Chernobyl Effect : Growth Characteristics of Soil *Fungi Cladosporioides* (Fresen) De Vries With and Without Positive Radiotropism », *Polish Journal of Ecology*, 2001.

Certains petits champignons microcoloniaux peuvent aussi nous inspirer par leur capacité à survivre même dans le désert[1].

Il faut également se souvenir qu'il existe des fossiles de champignons géants qui peuplaient la terre au Carbonifère, et dont la taille peut rappeler celle de la baleine bleue aujourd'hui. Nous verrons dans la conclusion en quoi les champignons lignivores sont une leçon d'espérance qui relativise, sans nous en dédouaner bien sûr, les plus conséquentes de nos erreurs en matière de pollution.

Quand il nous arrive de polluer biologiquement un écosystème, nous pouvons remédier à l'espèce invasive non pas en inondant la terre de pesticides inertes, mais en déployant sa némésis naturelle. L'invasion des fourmis de feu (*Solenopsis invicta*) – en Amérique du Nord, elle a déjà causé des milliards de dollars annuels d'impact écologique[2] – a permis de débroussailler scientifiquement l'étude des champignons insecticides comme le terrifiant cordyceps, connu pour « zombifier » ses victimes et les inciter à contaminer leur colonie ; l'idée qu'une infection pareille pût exister chez l'humain inspira la série de jeux vidéo *The Last of Us*.

---

1. A. A. Gorbushina, E. R. Kotlova et O. A. Sherstneva, « Cellular Responses of Microcolonial Rock Fungi to Long-term Desiccation and Subsequent Rehydration », *Studies in Mycology*, 61, 2008, p. 91-97.

2. John J. Gutrich, Ellen Van Gelder et Lloyd Loope, « Potential Economic Impact of Introduction and Spread of The Red Imported Fire Ant, *Solenopsis invicta*, in Hawaii », *Environmental Science & Policy*, 10, 2 mai 2007.

D'autres champignons comme *Aspergillus flavus*, *Myrmecomyces annellisae*, *Hirsutella* et *Beauveria* semblent prometteurs en matière de contrôle biologique[1]. Et les contre-mesures des insectes méritent également d'être étudiées : le venin des fourmis contient ainsi des antifongiques naturels, de même que celui de la plupart des scorpions – le venin du scorpion *Tityus discrepans* est un fongicide très prometteur en agriculture[2]. La nature fait de la recherche pour nous. Nous serions idiots de ne pas nous en servir au prétexte que ses laboratoires ne nous rappellent pas assez les nôtres.

Au-delà des mycotechs, nous pouvons mobiliser des organismes plus complexes dans d'autres problèmes de prévention biologique, des créatures plus communes mais tout aussi stratégiques. Par exemple, pour le suivi de la qualité de l'eau, les Romains savaient déjà disposer des poissons vivants dans leurs citernes ou les abreuvoirs de leurs chevaux comme témoins de potabilité. Ils utilisaient également certains poissons électriques pour tenter, parfois avec succès, de guérir des crises d'épilepsie ou des migraines en les apposant vivants sur le front des patients. Aujourd'hui, nous savons utiliser le petit poisson-éléphant dont l'activité électrique nous ren-

1. Danielle Venton, « 4 New Species of Zombifying Ant Fungus Found », *Wired*, 3 mars 2011.

2. Galax Joya *et al.*, « Scorpion Toxins Modify Phytopathogenic Fungus Physiology. A Possible Source of New Fungicides », *Journal of Agricultural and Food Chemistry*, 59.11, 2011, p. 6327-6337.

seigne sur de nombreux paramètres concernant la qualité de notre eau[1].

Condition extrême, connaissance extrême

Si philosopher, c'est donc apprendre à mourir – et l'intelligence la capacité à survivre –, c'est la confrontation à la mort imminente qui permet l'intensité de R&D la plus remarquable du vivant, et qui a la plus haute valeur économique.

On a ainsi vu que l'ADN polymérase[2] de la bactérie *Thermophilus aquaticus* avait représenté des milliards de dollars en chiffre d'affaires. De très nombreux extrêmophiles[3] inspireront d'autres biologistes ainsi que la fibre entrepreneuriale des meilleurs innovateurs.

Si l'on a déjà vu en quoi le record d'apnée du ver marin, l'arénicole, peut sauver des millions de vies, il faut aussi savoir que d'autres vers marins, comme *Alvinella pompejana*[4], quand ils sont courageusement

---

1. Walter Geller, « A Toxicity Warning Monitor Using the Weakly Electric Fish, *Gnathonemus petersi* », *Water Research*, 18.10, 1984, p. 1285-1290.

J. W. Lewis, A. N. Kay et N. S. Hanna, « Responses of Electric Fish (Family Mormyridae) to Chemical Changes in Water Quality : II. Pesticides », *Environmental Technology*, 14.12, 1993, p. 1171-1178.

2. L'ADN polymérase est un complexe enzymatique intervenant dans la réplication de l'ADN au cours du cycle cellulaire.

3. « Extrêmophile » se dit d'un organisme dont les conditions de vie normales sont mortelles pour la plupart des autres organismes.

4. Mohammed Riajul Islam et Dirk Schulze-Makuch, « Adaptations to Environmental Extremes by Multicellular Organisms », *International Journal of Astrobiology*, 6.3, 2007, p. 199-215.

développés en entreprise biomédicale – comme chez Hemarina – peuvent survivre à des écarts de température dépassant les 60 °C d'un décimètre à l'autre de son corps.

Par ailleurs, survivant à une température prolongée de plus de 105 °C – et à une pression de plus de 250 At –, le ver de Pompéi est l'organisme multicellulaire le plus thermorésistant connu à l'heure actuelle. Ses collagènes – stabilisés aux hautes pressions et températures par une plus grande teneur en proline – et son système enzymatique thermophile font du petit ver marin une autre source d'opportunité biotechnologique, mais aussi pour des matériaux bio-inspirés dans l'aérospatiale – car l'humanité ne sera jamais une « espèce interplanétaire », comme Musk l'appelle de ses vœux, si elle n'est pas capable d'emporter dans ses vaisseaux un peu du savoir et de la sagesse de la planète qui l'a vue naître. Si nous voulons être les spermatozoïdes de notre planète, allant en féconder une autre, nous devons emmener sagesse et savoir terriens avec nous.

Or en matière d'inspiration spatiale, deux autres extrêmophiles fascinent la science et la technologie depuis des décennies.

D'une part, le tardigrade[1] peut résister au vide intersidéral, à la surgélation, à la dessiccation, à des températures supérieures à 150 °C ou proches du zéro absolu, et survivre sans absorber de nourriture pendant plus de trente ans. Le fait que techniquement nos manuels n'en font pas un extrêmophile parce qu'il « survit à »,

1. Ordre d'animaux arthropodes de la classe des Arachnides, vivant dans les lichens et les mousses.

plutôt que « d'avoir besoin de » ces conditions aussi extrêmes, et le fait qu'on en retrouve plus de mille espèces – aussi bien dans les abysses où ils peuvent survivre à plus de 5 000 At, que sous la calotte glaciaire ou dans certains volcans de boue en ébullition – en font une prouesse biologique. Ces fascinants petits animaux ont survécu, depuis le Cambrien[1], à cinq extinctions massives : ils peuvent donc nous en apprendre beaucoup.

D'autre part, à l'instar du tardigrade, la bactérie *Deinococcus radiodurans* (littéralement : « la coque terrible qui résiste aux radiations », aussi appelée « Conan la bactérie ») a la particularité de survivre, entre autres, à des doses formidables de rayonnement gamma. Si certains tardigrades peuvent encaisser plus de 7 700 Gy – avec de rares survivants encore au-delà de 10 000 Gy –, quand 10 Gy en font une dose fatale pour l'homme, certains représentants de la « coque terrible » – autour de quelque 10 % dans la population, selon leur épigénétique – survivent à plus de 20 000 Gy d'exposition gamma, donc deux mille fois la dose mortelle pour un humain. Si une telle résistance aux radiations ionisantes semble ne trouver aucune explication particulière dans la nature, bien que la Terre ait vu sa protection magnétique s'inverser de nombreuses fois dans son existence, certains chercheurs en sont carrément venus à postuler que « Conan la bactérie » aurait évolué – tel Superman sur Krypton – sur rien moins que la planète Mars avant d'arriver sur Terre par le transport d'une météo-

1. Le Cambrien est la plus ancienne des six périodes du Paléozoïque et s'étend de – 542 millions d'années à – 488 millions.

rite[1] ! Si nous avons depuis découvert d'autres bactéries similaires en radiorésistance, le mécanisme de réparation de l'ADN si particulier de *Deinococcus* en fait un organisme remarquable pour les nanotechnologies, et la nano-bioremédiation. Il suffit de l'équiper des plans génétiques relatifs à la dégradation ou au biotraitement de certains métaux lourds ou de certains toluènes[2] pour qu'il puisse les prendre en charge, même dans un environnement hautement radioactif.

Comme beaucoup je suis convaincu qu'il demeure assez futile d'essayer d'habiter Mars avant d'avoir habité durablement, et sans gâcher, la Terre, aussi bien les hauts plateaux sibériens que le désert du Sahara.

Dans ces deux cas, nous avons vu respectivement comment les poils des ours blancs et les plumes des manchots empereurs pouvaient inspirer des vêtements isothermes et comment certaines souches de *Bacillus pasteurii* pouvaient nous aider à solidifier les dunes. Nous avons mentionné aussi le rêve pragmatique des rivières inversées, qui pourrait aider à résoudre de nombreux conflits et créer une valeur économique encore inimaginable aujourd'hui, en ne s'inspirant que des baobabs et des palétuviers. Une autre stratégie extrême – mais qui mérite d'être mentionnée ici pour sa douceur – est de capter la rosée du désert ou de

---

1. A. K. Pavlov, V. L. Kalinin, A. N. Konstantinov, V. N. Shelegedin et A. A. Pavlov, « Was Earth Ever Infected by Martian Biota ? Clues from Radioresistant Bacteria », *Astrobiology*, décembre 2006.

2. Le toluène est un hydrocarbure aromatique dérivé du benzène, de formule chimique C_7H_8.

« récolter le brouillard » (*fog harvesting* en anglais). Cela a inspiré au MIT une gamme de matériaux pour transformer la brume en source d'eau potable[1] : il suffit de poser une gourde au sommet d'une dune, au petit matin, pour la voir se remplir d'eau et… de poésie[2].

Le scarabée *Lepidochora* peut carrément labourer le sable pour y former des tranchées de collection de la rosée[3]. Mais la stratégie bio-inspirée la plus connue en la matière reste celle des ténébrions de Namibie[4], des coléoptères de couleur noire, dont les élytres – ailes dures et cornées – présentent de petites protrusions régulières qui facilitent la condensation de la rosée et son cheminement jusqu'à leur bouche. De la même manière, les forêts de nuages – les forêts tropicales de montagne –, qui prospèrent jusqu'à 3 000 mètres d'altitude en zone tropicale humide, à Bornéo, Madagascar ou au Venezuela, par exemple, peuvent littéralement « boire les nuages »,

1. Baha E. Abulnaga, « Harvesting the Skies of Egypt : An Option to Recover the Evaporation Losses from the Aswan High Dam Reservoir », 2018, p. 1-31.

2. Charles Phua Chao Rong et Calvin Seah Ser Thong, « Learning from Mother Nature : "Biomimicry" for the Next-Generation Armed Forces », *Australian Defence Force Journal*, 197, 2015, p. 51.

3. Mary K. Seely et William J. Hamilton, « Fog Catchment Sand Trenches Constructed by Tenebrionid Beetles, *Lepidochora*, from the Namib Desert », *Science*, 193.4252, 1976, p. 484-486.

4. William J. Hamilton III et Mary K. Seely, « Fog Basking by the Namib Desert Beetle, *Onymacris unguicularis* », *Nature*, 262.5566, 1976, p. 284.

une stratégie qui nous surprend encore en 2018 et qui n'a toujours pas été industriellement adoptée[1].

De retour dans le désert, le petit reptile que l'on connaît sous le nom de « diable cornu » (*Moloch horridus*) peut carrément faire remonter l'eau du sol à sa bouche par la capillarité de ses écailles. Il peut également capter la rosée la nuit, comme le scarabée de Namibie[2]. Aujourd'hui, les matériaux à très forte capillarité, capables de hisser passivement de l'eau, jusqu'à plusieurs centimètres par seconde, constituent un enjeu industriel majeur[3] ; je les verrais biens déployés dans les futures technologies de rivières inversées qui pourraient changer la face du monde.

Dans un registre industriel connexe, les chercheurs en urbanistique solaire savent qu'un autre défi – outre l'approvisionnement en eau – qui s'appliquera aussi bien dans nos déserts que sur Mars est la résistance au contact du sable, en particulier dans les tempêtes. Celles de la planète rouge étant très inférieures à celles de la Terre, en vitesse (moins de 100 km/h) comme en intensité (la densité de l'atmosphère martienne est presque cent fois inférieure à la terrestre), les déserts constituent un excellent terrain de préparation à la colonisation de Mars.

---

1. Cleiton B. Eller, Aline L. Lima et Rafael S. Oliveira, « Foliar Uptake of Fog Water and Transport Belowground Alleviates Drought Effects in the Cloud Forest Tree Species, *Drimys brasiliensis* (*Winteraceae*) », *New Phytologist*, 199.1, 2013, p. 151-162.

2. Philip Withers, « Cutaneous Water Acquisition by the Thorny Devil (*Moloch horridus* : *Agamidae*) », *Journal of Herpetology*, 1993, p. 265-270.

3. A. Y. Vorobyev et Chunlei Guo, « Metal Pumps Liquid Uphill », *Applied Physics Letters*, 94.22, 2009.

En matière d'anti-abrasion, problème typique de l'aérospatiale et de l'hélio-énergétique, le scorpion (*Androctonus australis*) et le petit poisson de sable (*Scincus scincus*) pourront inspirer les instituts de recherche pour développer des surfaces pouvant protéger les panneaux solaires, les miroirs, les hélices ou les ailes des avions[1]. Dans le cas du scorpion, là encore, ce sont les fines irrégularités de sa cuticule qui l'immunisent contre les tempêtes de sable même les plus extrêmes : en soufflerie, une surface d'acier couverte de petites bosses – de 4 mm de haut, 5 mm de large et espacées de 2 mm chacune – ne souffrira qu'un cinquième de l'abrasion d'une même surface lisse. Du côté du poisson de sable, qui peut quasiment « nager » dans l'arène, sa kératine glycosylée[2] pourra inspirer de nouveaux vêtements pour la vie dans le désert ainsi, bien sûr, que des revêtements pour les précieux miroirs des centrales solaires thermiques.

Nous avons vu les sharktechs, les coraltechs et les mycotechs, parmi toutes les prometteuses physiotechs que nous offre la nouvelle physiocratie. Mais les beetletechs aussi valent le détour : en plus de la capacité des ténébrions de Namibie à capter la rosée du matin, le scarabée *Dynastes hercules*, dont les élytres passent du kaki au noir quand l'humidité aug-

---

1. Werner Baumgartner *et al.*, « The Sandfish's Skin : Morphology, Chemistry and Reconstruction », *Journal of Bionic Engineering*, 4.1, 2007, p. 1-9 ; « Not a Scratch », *The Economist*, 4 février 2012.

2. Qui possède un glucose fixé sur un acide aminé terminal.

mente, a déjà inspiré de nouveaux détecteurs d'humidité industriels[1].

Par ailleurs, le scarabée *Melanophila acuminata*, qui pond ses œufs dans les forêts fraîchement brûlées par les incendies saisonniers d'Amérique du Nord, est connu depuis les années 1990 pour pouvoir détecter les incendies sur de très longues distances[2] – on sait aujourd'hui que celles-ci dépassent les 80 km ! Leurs antennes sont ainsi sensibles à la molécule de guaiacol libérée par les arbres brûlés, dans des proportions impressionnantes.

On savait en fait, depuis les années 1960, que ces petits insectes détectent le rayonnement infrarouge des forêts en flammes, sur une distance bien plus grande que celle permise par la détection chimique[3]. Déjà dans les années 1940, les spectateurs venus assister aux rencontres de football du Californian Memorial Stadium de Berkeley connaissaient les invasions de ces petits scarabées accrocs au feu : la fumée collective de leurs cigarettes suffisait à les attirer en masse[4].

Les chercheurs Helmut Schmitz et Herbert Bousack de l'université de Bonn pensent que les scarabées peuvent en réalité détecter les feux à plus de 130 km

---

1. H. E. Hinton et G. M. Jarman, « Physiological Colour Change in the Elytra of the Hercules Beetle, *Dynastes Hercules* », *Journal of Insect Physiology*, 19.3, 1973, p. 533-549.

2. Henry Gee, « Beetles Sniff Out Forest Fires », *Nature*, 25 mars 1999.

3. Menno Schilthuizen, « A Six-legged Smoke Alarm », *Science*, 25 mars 1999.

4. G. E. Linsley, « Attraction of Melanophila Beetles by Fire and Smoke », *Journal of Economic Entomology*, 36(2), 1943, p. 341-342.

de distance. En se basant sur un incendie de 1925 à Coalinga en Californie, qui aurait attiré les mélanophiles depuis les parcs nationaux de Sequoia et Kings Canyon, ils estiment la sensibilité de leurs détecteurs d'infrarouges à 130 µW/m², ce qui est du niveau de nos meilleurs appareils, et nécessite bien sûr des méthodes hautement sophistiquées pour distinguer le signal qu'ils recherchent hors du bruit électromagnétique ambiant – un peu comme si nous pouvions distinguer les étoiles de la façon la plus limpide même sous la lumière crue des projecteurs d'un stade olympique[1].

Enfin, le coléoptère bombardier (*Metrius contractus*), qui se défend en émettant un fluide chauffé sur ses ennemis, a inspiré un liquide extincteur, mais aussi la conception de nouvelles chambres de combustion pour les carburants, en particulier en aéronautique[2].

Ce n'est pas tout. Les beetletechs nous inspirent aussi des matériaux : ces insectes sont en effet capables de produire des bords tranchants et solides de différentes façons pour équiper leurs cornes et leurs mandibules. Ils y parviennent soit en contrôlant la fine cristallisation de sels de zinc et de manganèse sur la lame, comme chez le *Dynastes hercules*[3] ; soit en développant des composites de chitine et de protéines – comme on l'a déjà observé

1. Helmut Schmitz, Herbert Bousack, « Modelling a Historic Oil-Tank Fire Allows an Estimation of the Sensitivity of the Infrared Receptors in *Pyrophilous melanophila* Beetles », 21 mai 2012.

2. Thomas Eisner et Daniel J. Aneshansley, « Spray Aiming in the Bombardier Beetle : Photographic Evidence », *Proceedings of the National Academy of Sciences*, 96.17, 1999, p. 9705-9709.

3. Steven Vogel, « Comparative Biomechanics : Life's Physical World », Princeton University Press, 2013. p. 333.

dans le monde marin – pour construire une lame plus performante encore et sans métaux cette fois[1], comme chez les Buprestidés ou certains scarabées, dont les élytres sont d'autres superbes exemples de coloration structurelle[2] qui peuvent nous inspirer pour de nouvelles surfaces réfléchissantes, dont l'intérêt serait donc d'autant plus grand si nous les couplions aux propriétés de la cuticule de scorpion pour les rendre anti-abrasives.

Quant aux scarabées tortues d'or – *Deloyala guttata* ou encore *Charidotella egregia*, leurs élytres forment de véritables métamatériaux optiques, comme la peau des petits céphalopodes, nos « anti-sèches » souvenez-vous –, eux aussi peuvent modifier, en cas de stress, les caractéristiques de leur coloration structurelle pour échapper à leurs ennemis. Ces matériaux hygrochromiques ou éléctrochromiques de leur carapace, qui changent donc de couleur selon l'humidité et/ou le voltage, peuvent s'appliquer dans de nombreux domaines de la chimie et de l'électronique[3]. Ils pourraient aussi inspirer d'impressionnants aéronefs, civils ou de combat, d'autant plus que les élytres des scarabées sont déjà étudiés pour développer des ailes résistantes et légères[4].

---

1. B. W. Cribb *et al.*, « Hardness in Arthropod Exoskeletons in the Absence of Transition Metals », *Acta biomaterialia*, 6.8, 2010, p. 3152-3156.

2. S. Kinoshita, S. Yoshioka et J. Miyazaki, « Physics of Structural Colors », *Reports on Progress in Physics*, 71.7, 076401, 2008.

3. Jean Pol Vigneron *et al.*, « Switchable Reflector in the Panamanian Tortoise Beetle *Charidotella egregia* (*Chrysomelidae* : *Cassidinae*) », *Physical Review*, E 76.3, 031907, 2007.

4. Jinghong Fan *et al.*, « Mechanisms in Failure Prevention of Bio-materials and Bio-structures », *Mechanics of Advanced Materials and Structures*, 12.3, 2005, p. 229-237.

Parmi les autres lépidoptères, les coccinelles – dont on connaît déjà l'utilité grandissante en matière de lutte biologique contre les pucerons, et dont le pliage des ailes souples inspire encore la NASA dans sa haute spécialisation en matière d'origami solaire[1] – illustrent également le principe de l'aposématisme, c'est-à-dire la caractéristique qu'ont la plupart des organismes toxiques à dissuader leurs prédateurs en se parant de couleurs vives. En effet, les larves de la simple coccinelle sont elles-mêmes toxiques, produisant en cas d'attaque une vive saignée réflexe qui libère leur hémolymphe pleine d'alcaloïdes au fort potentiel venimeux[2].

Le principe assez général de l'aposématisme, à moindre coût biologique, permet de dissuader efficacement les prédateurs. En d'autres termes, ce qui est vénéneux le signale à son environnement en étant voyant, kitsch et flashy, à l'instar, chez les humains, du pont du Golden Gate, peint aujourd'hui d'un vif « International Orange », et même envisagé à sa construction en jaune et noir comme une guêpe, ou encore auréolé d'un cône de signalisation : le danger doit être voyant. Plein de petites bébêtes vont vérifier ce délicat principe qui dit « vénéneux = kitsch » « dangereux = flashy » : l'abeille, le frelon, l'amanite tue-mouches, le serpent corail, la grenouille à poison, la

1. David Pohl et W. D. Wolpert, « Engineered Spacecraft Deployables Influenced by Nature », *Advances in Optomechanics*, vol. 7424, International Society for Optics and Photonics, 2009.

2. Satoru Sato, Kohei Kushibuchi et Hironori Yasuda, « Effect of Reflex Bleeding of a Predatory Ladybird Beetle, *Harmonia axyridis* (*Pallas*) (*Coleoptera* : *Coccinellidae*), as a Means of Avoiding Intraguild Predation and its Cost », *Applied Entomology and Zoology*, 44.2, 2009, p. 203-206.

seiche flamboyante, la pieuvre venimeuse, Kim Kardashian, Roselyne Bachelot, etc.

On a vu que les anticorps de requins peuvent constituer un produit biologique d'une valeur immense, notamment pour soigner la maladie d'Alzheimer, le sida ou une majorité de cancers par immunociblage. Ils permettent également de réaliser des antivenins : la plupart des contre-mesures à l'envenimement, en effet, tiennent à produire un anticorps, idéalement monoclonal – issu d'une même souche de globules blancs donc ciblant la même partie du venin –, contre la toxine cible, ce qui suppose de l'inoculer à différents organismes pour en recueillir la réponse immunitaire. Si là encore, nous parvenons à entraîner ces superbes micro-usines que sont les levures, à produire des anticorps de requin en grande quantité pour en réduire le coût, un horizon biomédical faramineux s'offrira à nous pour produire tous les inhibiteurs possibles à tous les venins.

Pour l'heure, les toxines représentent un autre argument massue en faveur de la valeur économique – à la fois gigantesque et immédiate – de la préservation de la biodiversité. Même sans évoquer l'aérospatiale, l'urbanisme, l'architecture, la logistique, l'informatique ou la robotique, le seul potentiel commercial des toxines – sachant que la majorité de leur diversité mondiale est encore béatement ignorée – justifie de protéger le patrimoine biologique mondial, en particulier pour les industries et pour les États, parce qu'elles représentent du PIB, de la croissance, de l'emploi et de la prospérité partageable. Rien qu'en 1997, 10 des 25 drogues les plus vendues au monde provenaient bien sûr de sources biologiques, et au moins les quatre cinquièmes de la biodiversité mondiale nous sont inconnus, tous domaines confondus[1].

Prenez le cône du pacifique par exemple, ce petit coquillage chatoyant qui produit une vaste gamme de toxines. Les Pentagon Papers ont ainsi révélé que la CIA[2] s'en était servie pour assassiner discrètement des cibles et avait envisagé d'en utiliser dans l'un de ses nombreux plans contre Fidel Castro[3] !

Aujourd'hui, la moins chère de ces « conotoxines » s'échange autour de 300 dollars du milligramme. La plus chère, la mu-conotoxine, tourne, bien purifiée, autour de 800 et 1 600 dollars du milligramme, donc entre 800 millions et 1,6 milliard de dollars au kilo. L'or et le platine ne sont que du terreau de jardin en comparaison. Et ce n'est même pas une image : un sac de 20 l de terreau à pélargonium, pesant 4,8 kg, coûte 18 euros au moment où j'écris ces lignes, soit 3,75 euros du kilo. Un kilo d'or, au-dessus du platine aujourd'hui, en vaut 35 800, soit 10 000 fois plus. Or même dans sa fourchette de prix basse, à 800 millions de dollars le kilo, la mu-conotoxine est 21 000 fois plus onéreuse que l'or. On peut donc dire que l'or n'est *même pas* du terreau à pélargonium en comparaison.

---

1. Laura Hood, « Biodiversity : Facts and Figure », scidev.net, 8 octobre 2010.

2. Mark J. Costello, « Biodiversity : the Known, Unknown, and Rates of Extinction », *Current Biology*, 25.9, 2015, R368-R371.

René Pita, « Toxin Weapons : from World War I to Jihadi Terrorism », *Toxin Reviews*, 28.4, 2009, p. 219-237.

3. Frank Church, « Covert Action : Swampland of American Foreign Policy », *Bulletin of the Atomic Scientists*, 32.2, 1976, p. 7-11.

L'anémone de mer, qui fait le bonheur des aquariophiles, produit quant à elle des toxines à 600 dollars le milligramme. Les toxines de scorpions, de serpents et d'araignées sont souvent moins chères mais plus faciles à produire, tout comme celles de nombreuses grenouilles venimeuses, qui pourtant sont souvent menacées d'extinction. Voir la nature avec un regard d'une subjectivité limpide, c'est constater la supériorité infinie de sa richesse sur la nôtre, c'est voir des « palais ouvragés dont la féerique pompe / serait pour vos banquiers un rêve ruineux », dirait Baudelaire.

L'araignée chinoise des oiseaux (*Haplopelma hainanum*) produit une toxine qui peut atteindre, purifiée, un prix de 2 milliards de dollars du kilo, alors même que son habitat naturel était menacé par des travaux publics – on voit tout de suite l'intérêt comptable du corridor écologique.

Quant au captopril, une autre drogue antihypertensive, elle a été inspirée du venin de la vipère brésilienne (*Bothrops jararaca*[1]), et de l'araignée-banane péruvienne (*Phoneutria nigriventer*), dont la piqûre est bien connue pour provoquer de – dangereux – priapismes chez l'homme. Cette drogue est logiquement étudiée pour traiter les troubles de l'érection et elle peut représenter un bon milliard de valeur économique sur dix ans.

Mais de toutes les toxines, la plus ruineuse est celle du redoutable bacille *Clostridium botulinum*, qui doit son nom d'espèce aux saucisses mal conservées

1. James Mitchell Crow, « Venomous Drug : Captopril », *New Scientist*, 5 mai 2012.

dans lesquelles il avait de grands risques d'infecter les humains au XIXe siècle, et qui produit la célèbre toxine « botulique » ou « botox ». Il suffit de quelques milliardièmes de gramme de cette toxine pour mettre en péril la vie d'un humain. Par conséquent, une dizaine de malheureux grammes pourraient menacer la vie de tous les humains sur terre, d'où le fait que sa fabrication soit aujourd'hui limitée aux cercles militaires. Il serait en réalité assez facile à des bioterroristes très décidés, voire aidés par un État, de générer des levures modifiées génétiquement pour en produire en grande quantité au contact de simples sucres – amidon ou raffiné –, ce qui serait une catastrophe mondiale, bien supérieure à la détonation d'une bombe nucléaire... Imaginez que chaque pain en train de lever, chaque bière en brassain produise la plus meurtrière des toxines connues !

Malgré la célébrité de ses applications cosmétiques, le botox permet aussi de traiter l'hyperhidrose palmaire. Cette biotoxine restant donc la toxine la plus assassine connue de l'homme, son prix atteint les 160 milliards de dollars le kilo ! Une seule toxine, provenant d'une seule bactérie, rapporte plus de trois millions et demi de fois l'or ! Bon sang, réveillons-nous ! La biodiversité, même pour le profiteur le plus bas de plafond, ça vaut beaucoup d'argent !

Et le plus affligeant, quand on considère le cône du Pacifique, par exemple, c'est qu'il se vend sur les marchés, comme souvenir, autour de 3 malheureux dollars après qu'on l'ait pêché, tué et que l'on ait jeté sa toxine : j'ai un *business model* qui marche !

Récemment, nous avons été captivés par la vente aux enchères au dictateur saoudien Mohammed ben

Salmane (MBS) du chef-d'œuvre de Léonard de Vinci, le *Salvator Mundi*, pour plus de 450 millions de dollars, hors commission d'adjudication. Eh bien, les chefs-d'œuvre de la biodiversité, que faisons-nous pour les préserver ? Où sont leurs enchères et leur criée mondiale ? Qui les transmettra au plus offrant ?

Si la nature était une huître, nous jetterions la perle et nous garderions la coquille. La perle, c'est le savoir. La coquille, c'est la matière, et comme nous savons mieux vendre la matière que la connaissance naturelle, priorité au direct, nous nous débarrassons de notre futur, comme de grands idiots. Imaginez donc que votre grand-père vous ait légué la collection la plus complète qui soit des œuvres de Léonard de Vinci, sur bois ou sur toile, incluant les deux *Joconde*, celle de Paris, et celle d'Isleworth – plus ancienne, plus mystérieuse, plus daliesque, et pourtant authentique, qui est conservée quelque part en Suisse[1]... parce qu'elle vaut bien plus que le hochet artistique du jeune Al-Saoud. Imaginez que ces superbes toiles soient présentées dans des cadres d'époque, admirables. Et vous, vous affirmeriez : « Chic ! je vais pouvoir devenir marchand de cadre ! » Si tel était le cas, vous seriez le prince des idiots, or l'humanité, collectivement, en est là. Elle dispose d'une bibliothèque somptueuse – la connaissance –, sur étagères – la matière –, et elle y voit l'opportunité de se faire marchande d'étagères.

1. J. F. Asmus, Parfenov V. A. et J. P. Elford, « Seeing Double : Leonardo's Mona Lisa Twin », *Optical and Quantum Electronics*, 48.12, 2016, p. 555.

Éloge de la supercrevette

Extraire les toxines du petit cône du Pacifique – ce qui nécessite aujourd'hui de l'élever pour le sacrifier, toujours par manque de connaissance –, n'est que le degré 0 du biomimétisme pour lequel il existe plusieurs niveaux, quatre au total.

Le niveau 0 consiste à considérer l'animal comme un distributeur de matières fines – ici, les toxines. Le niveau 1 consiste à savoir refaire lesdites matières fines nous-mêmes – le niveau du produit, donc. Le niveau 2 consiste à savoir les refaire avec le même procédé que l'organisme, dans toute son efficacité industrielle et énergétique. Le niveau 3, enfin, consiste à pouvoir refaire toutes les matières et tous les apprentissages de l'organisme ensemble, en écosystème industriel. Au-delà, nous entrons dans le biomimétisme suprême, qui sera l'objet de la dernière partie de notre livre.

Nous avons discuté des fascinantes beetletechs, que l'on pourrait classer, dans la grande bibliothèque, dans le plus vaste département des ecdytechs – c'est-à-dire les technologies inspirées des Ecdysozoaires, ce qui nous permet d'inclure, entre autres, les remarquables tardigrades et les araignées. Cette famille des Ecdysozoaires inclut également les crustacés, comme les squilles ou crevettes-mantes que j'ai souvent appelées dans mes conférences « supercrevettes » pour les caractéristiques extraordinaires qu'elles déploient dans leur milieu naturel, aussi bien en matière d'action que de perception. Il est bon de garder ces bêtes fabuleuses pour la fin parce qu'à elles seules, elles concentrent toute la légitime capacité de sidération du biomimétisme, qui rappelle à quel point nous sommes faits pour ressentir de la fascination pour la nature.

La supercrevette, dont il existe plusieurs centaines d'espèces, dispose de deux appendices en un matériau – littéralement – blindé qui peuvent supporter sans aucun problème 4 GPa de pression, c'est-à-dire deux fois et demie la crème absolue des alliages du complexe militaro-industriel nazi à la fin de la Seconde Guerre mondiale, et bien sûr, bien plus que la résistance du kevlar ou de la plupart des carbures de bore qui, eux, sont fabriqués à des températures atteignant 1 500 °C.

La supercrevette, quant à elle, dépasse ce score à température ambiante. Ses marteaux, dont la structure fine oblige les failles à se propager en spirale – ce qui réduit considérablement leur fragilité –, sont un modèle d'excellence pour nos composites. En effet, la façon dont ces marteaux combinent, en spirale, la chitine – molécule de la famille des glucides – et l'hydroxyapatite – espèce minérale de la famille des phosphates – en sandwichs complexes, toujours pour minimiser la propagation des fractures, pourrait nous inspirer des composés similaires, notamment avec des matériaux plus performants encore quand ils sont bien employés comme le nanotube de carbone et le nitrure de bore en wurtzite.

Ce n'est pas tout, notre supercrevette peut frapper à une vitesse de 23 m par seconde, alors qu'elle est vingt fois plus petite qu'un humain. Elle tabasse ainsi avec une force de 1 500 N, dégainant un *jab* (un coup direct du poing) en 0,8 ms, quand il nous faut 125 fois plus de temps pour cligner de l'œil. La vitesse de pointe du marteau est de 80 km/h sous l'eau, sur une distance bien entendue très courte donc maximisant la secousse[1] et sans utiliser d'explosifs[2]. Son marteau à la surface duquel la chitine forme comme des bandes de boxeur pour en maintenir l'intégrité coup après coup réalise du *crack control* – un phénomène récurrent dans les armures animales qui permet de contrôler les fissures au lieu d'essayer de les interdire. Notre supercrevette frappe tellement vite qu'elle produit des bulles de cavitation, dont l'effondrement contribue à détruire encore plus la coquille de leurs proies, un peu comme les atroces munitions thermobariques[3] en plein air, qui vaporisent un carburant avant de le détonner pour pulvériser bunkers, grottes et chair humaine… mais la supercrevette fait tout ça sous l'eau. L'onde de choc, par conséquent, peut tuer à elle seule les poissons dont elle se nourrit, leur infligeant un massif baiser de la mort hydrostatique. Oui, la supercrevette pêche à la dynamite… à bout portant.

L'effondrement des bulles de cavitation engendrées par le mouvement de ses marteaux produit une sonoluminescence, qui émet de la lumière et de la chaleur, pour une température très brève et très localisée,

1. La secousse est la variation de l'accélération : si un véhicule accélère ou freine brutalement, il secoue ses passagers.

2. « How Mantis Shrimps Deliver Armour-shattering Punches without Breaking their Fists », *National Geographic*, 7 juin 2012 ; S. N. Patek et R. L. Caldwell, « Extreme Impact and Cavitation Forces of a Biological Hammer : Strike Forces of the Peacock Mantis Shrimp *Odontodactylus scyllarus* », *Journal of Experimental Biology*, 11 août 2005.

3. Une arme thermobarique combine des effets thermiques de dépression et d'onde de choc pour des effets abominables sur les humains en position retranchée.

pouvant atteindre 10 000 K – soit deux fois la température de la photosphère, juste à la surface du Soleil.

Si nous savions domestiquer ce comportement, la supercrevette nous inspirerait pour réaliser des nanoréactions nucléaires, pour tout simplement souder à ultra-haute température ou bien pour générer des plasmas très localisés, voire pour maîtriser la fusion nucléaire dans l'espace d'une tête d'épingle… Ridicule ? Dangereux ?

Notre supercrevette est comme de juste aposématique : elle est parée des couleurs les plus vives pour signaler sa dangerosité. Il se trouve qu'elle possède également les yeux les plus sophistiqués du monde vivant connu, armés de douze cônes – contre trois pour les humains – qui lui permettent de voir les ultraviolets et la lumière polarisée, entre autres, ce dont elle se sert pour transmettre des signaux particuliers durant sa parade nuptiale, qu'à notre connaissance aucun autre animal ne peut voir. Elle perçoit non seulement la lumière polarisée sur un plan, mais également en spirale – une élégance physique qui n'aurait pas déplu à l'ingénieur Nikola Tesla, et une performance bien supérieure à nos lecteurs Blu-ray[1].

Par ailleurs, si le système oculaire du homard avait déjà inspiré un nouveau télescope à rayons X à l'université de Leicester[2], notre supercrevette peut, là encore, nous inspirer pour de nouvelles caméras capables de

1. Ed Yong, « Mantis Shrimp Eyes Outclass DVD Players, Inspire New Technology », *National Geographic*, 25 octobre 2016.

2. « Lobster Telescope Has an Eye for X-Rays », University of Leicester, 5 avril 2006.

détecter les cellules cancéreuses in situ, ce qui serait une révolution absolue en médecine. Concrètement, il n'y aurait plus besoin de séparer l'imagerie de l'opération : pour une tumeur au cerveau, on verrait en temps réel, exactement – peut-être bientôt à la cellule près –, ce qui est cancéreux et ce qui ne l'est pas, avec tous les gains de précision, donc de bien-être que cela peut impliquer pour le patient. Mieux, l'outil permettrait de dépasser dans une seule technologie unificatrice les longues et fastidieuses méthodes de diagnostic actuelles pour le cancer. Les travaux pionniers d'une équipe de chercheurs menée par Viktor Gruev et ses collaborateurs[1] vont dans ce sens.

Cerise sur le sashimi – puisque c'est ainsi qu'on consomme la supercrevette au Japon –, ses yeux contiennent l'un des meilleurs écrans solaires au monde : les mycosporin-like aminoacids, qui ont le très bon goût de ne pas perturber la reproduction des coraux, comme le font nos crèmes aujourd'hui.

La chercheuse Hanne H. Thoen a produit une fascinante étude comportementale de la supercrevette. Malgré ses douze photorécepteurs, elle s'avère moins capable qu'un humain de faire la distinction entre des couleurs par contraste – l'humain possède de nombreux logiciels cérébraux qui peuvent être pris en défaut et créer ainsi de nombreuses illusions, mais augmentent sa capacité à distinguer de fines nuances de couleurs dans le spectre visible.

1. Timothy York, Viktor Gruev *et al.*, « Bioinspired Polarization Imaging Sensors : from Circuits and Optics to Signal Processing Algorithms and Biomedical Applications », *IEEE*, octobre 2014.

Il ressort des travaux de Thoen que le stomatopode voit le monde comme nos satellites, c'est-à-dire objectivement, et non selon l'interprétation de logiciels de contraste. La supercrevette voit les couleurs pour ce qu'elles sont, indépendamment de leur différence de spectre entre elles[1]. Cette capacité lui permettrait d'alléger au maximum le poids logiciel du traitement de sa vision, pour ne pas saturer son système nerveux. Cela montre encore – comme on l'a vu avec le système anti-collision des criquets et la stigmergie des fourmis –, que la nature sait aussi massivement optimiser l'empreinte logique de ses décisions, de son intelligence et de sa survie.

L'informatique bio-inspirée

Pour le moment, nos intelligences artificielles les plus brillantes ne savent pas encore être autonomes ni démontrer de capacité de survie – ce que sait faire la nature en grande qualité et quantité.

Il existe un théorème mathématique, le théorème NFL (*No Free Lunch*)[2], qui spécifie qu'aucun algorithme n'est plus efficace qu'une recherche aléatoire pour optimiser n'importe quelle classe de problème. Concrètement, si une méthode informatique est donc plus rapide que le pifomètre pour un problème donné – ce qui n'est pas difficile en soi –, alors elle est forcément moins bonne sur d'autres types de problèmes.

---

1. Hanne H. Thoen, Martin J. How, Tsyr-Huei Chiou et Justin Marshall, « A Different Form of Color Vision in Mantis Shrimp », *Science Mag*, 24 janvier 2014.

2. D. Wolpert, « No Free Lunch Theorem for Optimization », *IEEE Transactions on Evolutionary Computation 1*, 1997, p. 467-482.

Comme la nature fait face à une diversité de possibles absolument faramineuse et sans comparaison dans son foisonnement, par rapport au monde qui n'est pas vivant par exemple, elle pare à toutes les éventualités en ne se concentrant que sur l'essai-erreur, sans jugement, sans chapelle, sans comités de lecture, sans rapports de faisabilité ou autres frivolités intellectuelles consacrées aujourd'hui, mais dont la ténacité historique est dérisoire. Les méthodes naturelles doivent nous inspirer, comme nous le verrons juste après cette partie, et nous donner des leçons, certes, mais aussi nous transmettre de la sagesse.

S'il y a une intelligence artificielle (IA), il y a aussi une évolution artificielle (EA) : une informatique bio-inspirée, capable d'être créative. Ce monde de la programmation évolutionnaire et génétique est si vaste qu'il mériterait qu'on lui consacre un ouvrage entier, mais ce qu'il faut en retenir, c'est que là où l'IA est exploitative, et aujourd'hui, largement supervisée – on lui confie un objectif avec des facteurs de succès mesurables et on l'entraîne –, l'EA peut découvrir des solutions techniques si originales qu'elles sont brevetables – comme quand elle permet de concevoir une forme d'antennes complètement inattendue pour des micro-satellites[1].

Avec les algorithmes évolutionnaires et génétiques, nous pouvons formuler plus précisément les mélanges de café ou l'assemblage de certaines bières à partir de

1. Jason D. Lohn, Gregory S. Hornby et Derek S. Linden, « Human-competitive Evolved Antennas », *AI EDAM*, 22.3, 2008, p. 235-247.

malts venus du monde entier[1]. Nous pourrons demain concevoir des bâtiments, des villes entières et tout un système immunitaire pour le *World Wide Web*, comme l'a très bien anticipé le président-fondateur de la société d'antivirus par intelligence artificielle Cylance[2] aux États-Unis. De la même façon, la société Palantir, qui est de notoriété publique *in bed with the NSA*[3] et qui agrège des données pour former des modèles prédictifs de guerre ou du crime, utilise l'évolution artificielle, et l'intelligence artificielle bio-inspirée obtient des résultats qui lui permettent de valoir des milliards de dollars aujourd'hui.

Si Steve Jobs avait donc dit que « le logiciel, c'est le pétrole des années 1980 et 1990 », on peut supposer que le logiciel bio-inspiré représentera un relais de croissance considérable pour les années 2020 et 2030.

C'est que la nature est un excellent modèle de théorie des jeux, de stratégies gagnantes dans différentes confrontations, coopératives ou non, avec trahison ou non et d'optimisation en général. Adam Smith avait apporté à la science économique l'idée que les intérêts individuels servent le bien de la communauté, ce à quoi John Nash, presque deux siècles plus tard, a apporté un contre-exemple dans l'économie humaine, en démontrant que la convergence des stratégies perçues comme

1. Voir entre autres Li Xiang, Mohammad Reza Bonyadi, Zbigniew Michalewicz et Luigi Barone, « A Hybrid Evolutionary Algorithm for Wheat Blending Problem », *The Scientific World Journal*, vol. 2014, article ID 967254, 13 pages, 2014.

2. Stuart McClure et Idriss Aberkane, « Only Biomimicry Will Save Cybersecurity », *The Huffington Post*, 25 octobre 2016.

3. NSA : Agence nationale de la sécurité.

individuellement gagnantes pouvait être collectivement sous-optimale – c'est le problème des traités internationaux en matière de dépollution ou de désarmement nucléaire. Dans la nature, au contraire, comme nous le verrons avec la *Blue Economy*, les intérêts individuels servent le bien de la communauté, et dans une élégance extraordinaire encore. Pourquoi ? Parce que algorithmiquement, dans la nature, toute offre tend à avoir sa demande, une prouesse d'optimisation qu'aucun économiste humain ne saurait aujourd'hui réaliser dans ses rêves les plus fous. Dans la partie suivante, et en conclusion de ce livre, on verra qu'il existe notamment un Airbnb des bernard-l'hermite, par lequel ceux-ci ont développé un système d'échange de coquilles très efficace et considérablement optimisé !

Quant aux plantes, elles nous inspirent des systèmes dits de « génération procédurale » : il s'agit d'une recette mathématique très courte et très simple, qui pour un ordinateur tient en quelques lignes, mais qui permet de générer une immense diversité de formes, avec tout l'intérêt que cela peut représenter en urbanisme, en architecture, dans l'industrie de la mode ou du jeu vidéo. Concrètement, la majorité des plantes connues peuvent être graphiquement générées, dans leur port – aspect général – et leur phyllotaxie – la répartition de leurs feuilles le long de leur tige – selon un modèle que l'on appelle « L-system », du nom de son inventeur Lindenmayer[1], très étudié en mathématiques, et dont l'utilité dépasse largement la botanique.

1. Christian Jacob, « Genetic L-system Programming », *International Conference on Parallel Problem Solving from Nature*, Springer, Berlin, Heidelberg, 1994.

Autrefois, pour générer un monde virtuel, il fallait des armées de concepteurs graphiques ; aujourd'hui nous pouvons éditer les règles démiurgiques d'un monde et le laisser évoluer, se peupler et se développer selon certaines règles sans avoir à intervenir à la main dans chacun des événements virtuels.

La génération procédurale est en plein boom scientifique et technique, et la bio-inspiration n'y est pas pour rien. Le mathématicien Johan Gielis[1] a par exemple développé une élégante « superformule » qui permet, en ajustant moins d'une dizaine de paramètres, de générer graphiquement, en 3D, soit des arbres, des pierres, des fleurs, des coquillages, etc., pour fabriquer des milliards de milliards de mondes jouables. Si l'usage de la superformule dans l'industrie du jeu vidéo a fait l'objet d'un dépôt de brevet[2], on soupçonne fortement le jeu *No Man's Sky* – dont le nombre de planètes visitables possibles dépasse les dix-huit quintillions (18 446 744 073 709 551 616 exactement), ce qui reste bien moins que le nombre d'étoiles dans l'Univers, mais qui est proche de l'ordre de grandeur du nombre de grains de sable sur Terre – de s'en être inspiré.

Par ailleurs, on s'inspire du vivant pour développer aussi des puces « neuromorphiques » : en copiant la synapse adaptative humaine, nous avons pu inventer

---

1. Johan Gielis, « A Generic Geometric Transformation that Unifies a Wide Range of Natural and Abstract Shapes », *American Journal of Botany*, 90.3, 2003, p. 333-338.

2. Johan Gielis, Edwin Bastiaena et Bert Belrinckx, « Computer Graphics Systems and Methods », *United States US20050140678A1*, 2005.

un nouveau type de transistor, le « memristor », si original en fait qu'il constitue la découverte d'une pièce fondamentale dans les circuits électriques[1] – au même titre que le capaciteur, la résistance et l'inducteur. Aujourd'hui nous avons aussi de véritables « ordinateurs à ADN », qui peuvent réaliser du calcul massivement parallèle et briser de nombreux codes en cryptographie, et il se développe encore un *swarm computing* – *swarm* peut se traduire par « essaim » –, qui militairement donne lieu non plus à une « course aux armements » mais à une *swarm race*[2].

Les fourmilières nous inspirent des « homilières », soit l'étude d'assemblées collectives d'humains qui calculent ensemble des solutions complexes à des problèmes, comme celle qui consiste à trouver le meilleur chemin en voiture, développée par Waze.

Dans mes travaux j'ai d'ailleurs appliqué les méthodes des fourmis à la navigation sur Internet : aujourd'hui, la façon dont nous consommons du contenu sur Internet, la façon dont nous faisons un repas de connaissance, reposent sur un certain nombre d'onglets dans une même fenêtre. Cette collection pertinente d'onglets est longue à réaliser, et aucune machine ne sait l'assembler pour nous, pour le moment : si vous faites une recherche, disons, sur les cryptodevises, vous ne pouvez pas simplement ouvrir les quinze premiers résultats de Google et en faire une fenêtre de contenu pertinente.

---

1. B. Vines et M. H. Rashid, « Memristors : The Fourth Fundamental Circuit Element », *IEEE*, 18 décembre 2009.

2. Robert Beckhusen, « Chinese Robo-boats Swarm the South China Sea », *War Is Boring*, 31 mai 2018.

En fait, la méthode des humains pour construire un espace Web adéquat consiste en une sorte de « couture » : nous tapons un mot-clé, ouvrons des contenus, en fermons la plupart, puis ouvrons des liens dans les contenus survivants – ceux que nous avons gardés donc –, puis cherchons un nouveau mot-clé plus exact, et réitérons ce procédé, créateur d'exactitude et de pertinence. Cependant, chaque fois que vous fermez une fenêtre Internet que vous avez patiemment éditée – entre quinze minutes et quinze heures en général, selon le niveau de profondeur de la recherche entre disons « quels écouteurs acheter pour Noël ? » et « quel est l'avenir possible du Bitcoin ? » –, vous détruisez de la connaissance, ce qui est rarement bon.

Avec Chréage, le logiciel bio-inspiré dont j'ai théorisé et conçu le prototype, chaque fois que vous réaliserez une fenêtre d'onglets pertinents, vous pourrez la partager avec la communauté – de façon totale, ou juste dans votre voisinage social – afin qu'elle puisse repartir, en un seul clic, de là où vous en étiez vous-mêmes. Il y a là une sorte de « génétique de l'Internet », dont les brins ne seront plus d'ADN mais de « noèmes », des unités d'objets mentaux. On s'échangera de l'information noétique comme les bactéries s'échangent leurs gènes pour progresser plus rapidement dans leur adaptation collective. Ce modèle, très prometteur, est donc inspiré des stigmergies des fourmilières, comme Waze, et de la reproduction des bactéries.

Les mathématiques et l'économie bio-inspirées

Les abeilles et les criquets nous soufflent de quoi mettre en œuvre des méthodes de gestion de portefeuille et des stratégies d'investissement résilientes. Katherine Collins en a tiré le succès de son livre *The Nature of Investing*[1], ainsi que de sa fondation Honeybee Capital.

Le grand penseur belge de la diversification monétaire, Bernard Lietaer, s'est lui aussi inspiré des écosystèmes pour développer ses idées révolutionnaires sur le « futur de la monnaie[2] ». Quant au probabiliste libano-américain Nassim Nicholas Taleb, il ne manque jamais de rappeler le réalisme et le pragmatisme naturels, humbles et sages, comme remède à l'hubris et à l'intellectualisme idiot qui ont contaminé notre finance moderne. Il a en particulier observé que, dans la nature, des événements rares sont en réalité inévitables – ce qu'il appelle la « théorie du cygne noir » – et que le vivant se sert justement d'eux pour organiser des formes très complexes comme le bec de certains oiseaux, improbable mais pourtant bien là, sous nos yeux, ou comme la forme de certaines protéines. En mathématiques financières, donc, la nature est infiniment plus avancée que nos modestes et archaïques modèles – comme le modèle Black-Scholes pour l'évaluation d'une option, qui bien qu'il ait suscité tout un « prix Nobel » d'économie, a été vivement critiqué par

---

1. Routledge, 2014 (non traduit en français). Voir également l'article : « Saved by the Bee : Biomimicry and the Nature of Investing », Bioneers, 12 septembre 2017 ;

Geoff Mulgan, *The Locust and the Bee : Predators and Creators in Capitalism's Future*, Princeton University Press, 9 mars 2015 ;

Kent Osband, *Pandora's Risk. Uncertainty at the Core of Finance*, Columbia University Press, 2011.

2. Bernard Lietaer, *The Future of Money*, Random House, 2013.

Taleb comme par Benoît Mandelbrot, le découvreur des fractales.

Au sujet de la critique affirmant qu'*Homo economicus* n'existe pas – c'est-à-dire l'agent économique parfaitement rationnel, sans émotion, sans prise de position inutile ou émotionnelle et sans aversion au risque –, c'est encore la nature qui a fait le plus évoluer nos modèles économiques.

De la théorie des jeux aux modèles révolutionnaires de Maurice Allais, Daniel Kahneman, Amos Tversky, Nassim Nicholas Taleb et Benoît Mandelbrot, il faut voir la nature comme un modèle, non pas dans l'histoire des technologies mais dans celle des idées : d'une part, le vivant nous inspire des problèmes de mathématiques appliquées dont la résolution, ou la simple conception, va produire des concepts révolutionnaires, comme dans le « jeu de la vie » – un automate cellulaire – de John Horton Conway, ou les travaux de Maturana et Varela en biologie, qui sont passés à deux doigts de donner une définition mathématique du vivant. D'autre part, même quand nous pérégrinons librement dans les idées et les nouvelles preuves mathématiques, nous ne pouvons jamais oublier que la nature est souvent passée là avant nous : nos théories du chaos, nos systèmes dynamiques, nos théories des catastrophes, nos schémas de réaction-diffusion – qui expliquent la mise en place du camouflage du léopard, aussi bien que les motifs mystérieux de la coquille du cône du Pacifique –, notre théorie de la bifurcation, etc., ont été une *tekhnê* appréhendée par le vivant, avant que nous n'en écrivions une *epistêmê* dans nos manuels.

La nature est si riche de savoirs à valeur hautement théorique que nous avons trouvé, dans les yeux des poulets, un nouvel état de cristaux liquides : l'« hyperuniformité désordonnée[1] ». Cela constitue une prouesse mathématique extraordinaire et intéresse notamment les spécialistes du pavage du plan. Les conséquences industrielles pour l'industrie des écrans, des lasers, etc., sont énormes. Par ailleurs, les plumes de l'oiseau dit « merlebleu de l'Est » (*Sialia sialis*) sont passionnantes : les minuscules bulles d'air emprisonnées dans leur structure en bêta-kératine créent des couleurs, sans iridescence cette fois – contrairement aux plumes des paons –, optimisant la tension entre le camouflage et les chamarrures de la reproduction. Cette technique nous a poussés à développer des lasers industriels, plus stables et moins coûteux – aussi bien à opérer qu'à produire[2].

Un autre domaine où la nature nous éveille est celui des courbes de remplissage, comme les courbes de Hilbert, qui servent notamment à résoudre des problèmes de traitement de l'image, en particulier dans les algorithmes de compression des vidéos en streaming. L'idée d'une courbe de remplissage est de recouvrir un espace, en plusieurs dimensions donc, avec un fil,

1. Yang Jiao *et al.*, « Avian Photoreceptor Patterns Represent a Disordered Hyperuniform Solution to a Multiscale Packing Problem », *Physical Review*, E 89.2, 022721, 2014.

2. Hui Cao, « Bio-Inspired Photonic Nanostructures and Lasers », *Frontiers in Optics*, Optical Society of America, 2011 ;

Richard O. Prum *et al.*, « Development of Colour-producing β-keratin Nanostructures in Avian Feather Barbs », *Journal of The Royal Society Interface*, 6, suppl. 2, 2009, p. S253-S265.

qui n'a lui qu'une dimension exactement comme une pelote de laine utilise un fil pour remplir une sphère, mais le but est d'aller plus loin dans la géométrie de ce remplissage. Au-delà, l'idée est de recouvrir un espace de dimension $n + k$ avec un objet qui n'a qu'un nombre n de dimensions.

Si le problème semble abstrait, il se retrouve très souvent dans la nature, où le « chiffonnement » – comme celui, subtil, de la structure de notre cortex cérébral, ou les origamis des ailes de coccinelle – permet d'empaqueter, dans un espace confiné, une grande surface de contenus. Elle inspire notamment le déploiement de voiles solaires pour nos projets aérospatiaux les plus ambitieux[1].

En botanique, le chou romanesco est connu pour sa capacité à produire des motifs auto-similaires et nous évoquant des fractales – c'est-à-dire des motifs dans lesquels on peut zoomer indéfiniment, mais qui, contrairement à une simple ligne, changent constamment d'orientation à mesure qu'on l'explore en détail. Ce phénomène est loin de n'être qu'une simple curiosité : l'observation des formes naturelles pourrait nous aider à développer de nouvelles mathématiques fondamentales, au-delà de l'appliqué, dans la résolution de problèmes considérés comme extraordinairement difficiles.

Car la nature est un calculateur abstrait, elle peuple les possibles par ses connexions et son exploration permanente du réel qui est un espace clos par faisabilité,

1. Edwin A. Peraza-Hernandez *et al.*, « Origami-inspired Active Structures : a Synthesis and Review », *Smart Materials and Structures*, 23.9, 094001, 2014.

dans lequel existent des solutions – qui sont les technologies – et où les preuves sont les prototypes. Par exemple, quand les frères Wright réalisent leur avion, ils en prouvent la « possibilité », et c'est donc un théorème du réel. Le vivant passe son temps à démontrer de telles choses, et il est infiniment meilleur mathématicien que nous.

Si la structure du chou romanesco a déjà inspiré des stratégies mathématiques pour la déposition chimique en phase vapeur – ce qui reste donc des mathématiques appliquées aux nanotechnologies[1] –, je voudrais terminer ici, en prémices à la façon dont la nature nous véhicule de la sagesse et des idées, sur l'inspiration non plus technologique mais abstraite et mathématique qu'elle nous offre. Cette inspiration est applicable aux problèmes les plus fondamentaux, au-delà de l'économie, de la finance, du traitement du signal, etc.

Deux problèmes de mathématiques fondamentales me semblent être les plus fascinants et les plus prometteurs à cet égard.

Le premier est, selon moi, le plus élégant des problèmes mathématiques, parce qu'il bouleverse les fondations mêmes de cette science tout en explorant subtilement la notion d'infini. Il s'agit de l'« hypothèse du continu » : existe-t-il un infini intermédiaire entre la ligne et la collection de points, entre les nombres entiers – 1, 2, 3, etc. – et les nombres réels qui, eux, abritent

1. Mario Castro, Rodolfo Cuerno, Matteo Nicoli, Luis Vázquez et Josephus G. Buijnsters, « Universality of Cauliflower-like Fronts : From Nanoscale Thin Films to Macroscopic Plants », *IOP Science*, 23 octobre 2012.

effectivement une infinité d'éléments entre toute paire de nombres. Si la logique a démontré que, de même que nous pouvons concevoir des géométries euclidiennes ou non euclidiennes, nous pouvons développer une théorie des ensembles – c'est-à-dire une théorie de l'infini –, avec ou sans l'idée d'un infini intermédiaire entre les points et la ligne, ce que serait, intuitivement, un tel objet est encore profondément mystérieux pour notre esprit. La puissance de ce problème n'est donc pas tant qu'elle nous confronte aux limites de notre logique, mais surtout qu'elle nous manifeste celles de notre conception même : nous n'arrivons pas à imaginer un infini intermédiaire entre les nombres entiers et les nombres réels, comme les artistes médiévaux n'arrivaient pas à appréhender la perspective.

Pour essayer de mieux comprendre, nous pouvons considérer un objet à la fois plus simple et, dans l'absolu, plus riche que le chou romanesco, il s'agit de l'arbre binaire complet sur les nombres entiers, un arbre dont la racine est composée des nombres 0 et 1, puis les deux premières branches 2 et 3, et ainsi de suite, 2 donnant 4 et 5, 3 donnant 6 et 7, et tout entier n donnant $2n$ et $2n + 1$.

Si l'ensemble des entiers naturels est de nature discrète – du premier infini –, l'ensemble de toutes les branches de l'arbre binaire complet, si on le continue à l'infini donc, est de nature continue, et forme exactement une collection de points aussi « serrée » que la droite des réels. En étudiant les relations qui existent entre les branches de l'arbre binaire complet – et en particulier la transition très abstraite entre sa conception finie et sa continuation à l'infini – pourrait-on isoler un objet mathématique exact, concevable et éventuellement employable dans un problème ou une démonstration, qui soit plus infini que l'ensemble des entiers naturels, et moins infini que l'ensemble des réels ? Encore une fois, parce qu'il dépasse toutes les mathématiques actuelles mais se pose d'une façon étonnement simple, ce sujet d'investigation me fascine.

Et quelle n'a pas été ma surprise de constater que en jouant avec les permutations et les possibles en général des branches de l'arbre binaire complet, on pouvait ouvrir une faille absolument majeure dans un problème sur lequel un certain mathématicien français a ouvertement confessé son impuissance, et dont l'expert académique actuel, un certain Jeffrey Lagarias, a ouvert son compendium[1] retraçant plus de quarante ans d'investigation collective[2] en écrivant : « Dans l'état actuel de nos connaissances, ce problème est complètement hors de portée. »

Ce deuxième problème réputé quasiment impossible est la « suite de Syracuse » ou « conjecture de Collatz » qui, lui aussi, se pose très simplement mais s'avère extraordinairement difficile. Prenez un entier, s'il est pair, divisez-le par 2 ; s'il est impair, multipliez-le par 3 et ajoutez 1 – d'où le nom, aussi, de « problème des $3n + 1$ ». La question est, si vous itérez ces opérations indéfiniment sur tout nombre entier, retournerez-vous systématiquement au nombre 1, ce qui a été observé

1. Un compendium est un résumé de l'ensemble d'une doctrine ou d'une science.

2. Sous la direction de Jeffrey C. Lagarias, « The Ultimate Challenge : The $3x + 1$ Problem », *American Mathematical Soc.*, 2010.

empiriquement par ordinateur jusqu'à de très grands nombres sans que l'on sache pourquoi ? Par exemple le nombre 7 donne 22 qui donne 11 qui donne 34 qui donne 17 qui donne 52 qui donne 26, puis 13 qui donne 40 donc 20, puis 10, puis 5, puis 16 qui, étant une puissance pure de 2, ramène à 1.

En plaçant le problème de Syracuse dans l'arbre binaire complet, on décrypte une très grande partie du mystère des trajectoires des nombres impairs et, mieux, on peut en quelque sorte « catalyser » de nouvelles démonstrations, originales et puissantes, qui réduisent considérablement la complexité du problème. En quelque sorte, sans abuser dans l'approximation, on peut dire que l'arbre binaire complet a le potentiel de résoudre le problème tout seul, c'est-à-dire d'exhiber lui-même des vulnérabilités majeures du problème, en positionnant ses faiblesses afin de les résoudre.

De même, pour moi, sans exagérer la métaphore, c'est véritablement parce que l'arbre se comporte comme une enzyme qui catalyse des démonsrations. Ayant étudié abondamment la biochimie, je n'ai pu m'empêcher d'observer à quel point le placement du problème de Syracuse dans ce nouvel environnement géométrique ressemblant à la façon dont la nature réalise des réactions chimiques complexes, qui pour nous mobiliseront des températures extrêmes – c'est-à-dire des efforts énergétiques extrêmes –, alors que pour elle, tout se fera dans la simplicité de la température ambiante.

Or qu'est-ce qu'une preuve mathématique sinon un enchaînement de concepts et d'éléments, comme dirait le mathématicien allemand David Hilbert, selon des règles simples, en manipulant des symboles qui n'ont, en soi, aucune importance particulière ? Des éléments qui semblaient cryptés et mystérieux, posés dans l'arbre binaire complet, rendaient le problème de Syracuse éminemment abordable. J'en ai ainsi tiré, pour le moment, les théorèmes suivants, qui sont bien sûr originaux et complètement inattendus :

soit a, un nombre impair, alors

1. quiconque peut prouver que $4a + 1$ et $8a + 3$ ont un nombre en commun dans leur orbite résout Syracuse ;
2. quiconque peut prouver que $4a + 1$ et $8a + 1$ ont un nombre en commun dans leur orbite résout Syracuse ;
3. plus précisément, il suffit pour résoudre Syracuse de montrer que $4a + 1$ et $8a + 3$ ont un nombre commun dans leur orbite, uniquement pour les nombres a qui sont divisibles par 3 ;
4. systématiquement, soit a et $2a + 1$ soit $2a + 1$ et $4a + 3$ auront un nombre en commun dans leur orbite ;
5. systématiquement, soit $16a + 1$ et $8a + 1$ auront un nombre commun dans leur orbite, soit ce sera le cas de $16a + 1$ et $2a - 1$, ainsi que de $8a + 1$ et $64a + 17$;
6. il est possible d'attaquer les problèmes posés par le théorème 1 avec le théorème 4 en particulier si a est divisible par 3, et a un nombre commun avec $2a + 1$ dans son orbite, et que le premier chiffre à succéder à un 0 à droite de son écriture en base 3 est 2, alors une relation du type $4b + 1$ et $8b + 3$ sera démontrée, où b est impair ;

7. si *a* est divisible par 3 ou que $a + 2$ est divisible par 3, quiconque peut démontrer que *a* possède un plus petit que lui dans son orbite résout Syracuse[1].

Je ne saurais trop insister sur le fait que ces théorèmes, c'est-à-dire ces preuves irréfutables, sont non seulement originales, donc jamais démontrées plus tôt, mais surtout qu'elles donneront l'impression très justifiée de sortir de nulle part, tout en réduisant considérablement la complexité du problème, ouvrant une faille majeure dans sa difficulté, contredisant ainsi l'affirmation d'inaccessibilité « dans l'état actuel de nos connaissances ».

Pourtant, sans aucune ambiguïté, jamais je n'aurais pu produire de tels théorèmes sans m'inspirer de la structure des chaînes catalytiques en biochimie. Je peux ainsi affirmer qu'il y a une « biochimie du problème de Syracuse » et que l'arbre binaire complet possède des « sites actifs » qui catalysent la simplification du problème.

Je suis convaincu que cette réduction du problème en sous-produits intermédiaires peut aboutir à une preuve totale, et qu'une fois de plus la ressemblance naturelle ne laisse pas de nous impressionner : il suffit que l'on veuille bien consacrer à ce phénomène suffisamment d'attention et de temps.

---

1. Idriss Aberkane, « On the Syracuse Conjecture Over the Binary Tree », HAL CCSD CNRS, 2017.

3.

Leçons de la bio-inspiration

On l'a rappelé, la sagesse est infiniment supérieure à la connaissance, même si elle ne repose sur aucune sacro-sainte data, même si elle n'a pas de comité de lecture ou de bourses scientifiques : c'est elle seule qui sauve les civilisations, quand justement leur excès de science et leur défaut de conscience les entraînent systématiquement vers l'abîme « où des millions vivent leur vie affreuse, en en tuant d'autres millions[1] », comme dit Richard Francis Burton.

J'ai voulu montrer, inlassablement, que même dans notre époque où l'académisme menace sournoisement de former une religion, avec son clergé, ses rituels, ses excommunications et ses chapelles ; où l'homme est naturellement enclin à vénérer ses petits morceaux d'*epistêmê* et de *tekhnê* qui demeurent minuscules face

1. Sir Richard Francis Burton, *The Kasîdah (Couplets) of Hâjî Abdû El-Yezdî, a Lay of the Higher Law*, Bernard Quaritch, 1880, p. 5.

à l'Univers ; où existent une religion de l'esprit humain pour lui-même, que l'on appelle transhumanisme, et une vénération technologique, même alors la nature nous est encore infiniment supérieure.

Mais j'ai suffisamment parlé de techniques, il faut maintenant parler de sagesse.

La loi de l'ornithorynque

La première loi, que l'industriel belge Gunter Pauli connaît bien et que nous emploierons dans l'ultime partie de ce livre, c'est celle de l'ornithorynque. Dans le vivant, il y a de nombreuses exceptions, parce que c'est la nature de l'intelligence que de résister à la classification, pour demeurer imprévisible, quand c'est au contraire la nature de l'éducation actuelle que de maximiser la prédictibilité des hommes. De plus, dans la nature, il n'y a pas de bien, il n'y a pas de mal, il n'y a que ce qui marche ou pas. Certains organismes défendent leur progéniture avec un acharnement qui force notre admiration, d'autres l'abandonnent sans vergogne. Certaines pratiques reproductives nous écœurent et nous semblent pleinement immorales ou choquantes tout simplement, à l'instar du cannibalisme des embryons du requin-taureau *in utero*[1] ! Des choses nous semblent admirables, d'autres atroces, mais l'ordre naturel repose sur le « faire » et les conséquences du « faire », qui est lui-même une conséquence de l'« être ».

---

1. R. Grant, W. Dodrill et A. Linley, « Reproduction and Embryonic Development of the Sand Tiger Shark, *Odontaspis Taurus (Rafinesque)* », *Fishery Bulletin*, 81.2, 1983, p. 201-225.

L'élan vital est l'élan d'être pour faire, pour avoir. L'élan pathologique humain est celui d'avoir pour faire, pour être. De plus, la nature ne regrette pas le passé et n'a pas peur de l'avenir ; malgré toutes les menaces gigantesques qui pèsent sur elle, elle « danse sur la margelle glacée de la mort », comme dit Richard Francis Burton, « mais la danse en est-elle moins drôle pour autant[1] ? » Et puis, comme le dit le soufi, c'est la nature de la mort que de mourir, et celle de la vie que de vivre, de sorte que, sans ambiguïté, le sage affirmera que la mort n'est qu'une invention utile de la vie et, en aucun cas, la vie une invention de la mort. La mort sert la vie. Mais la vie ne sert qu'elle-même.

Si la nature est une bibliothèque, alors ceux qui vivent à l'intérieur, qui la nourrissent de leur vénération, d'attention et de temps, ont forcément des leçons merveilleuses à nous donner. C'est l'arrogance de notre civilisation industrielle qui nous a menés à les mépriser, jusqu'à ce que mort s'ensuive, et par millions encore.

Pourtant, comme l'écrivait le cheikh Ahmad al-Alawi, l'humanité est un corps, constitué des peuples, encore dans l'âge bête de ses réactions auto-immunes, où un organe mange l'autre, où un peuple se déclare supérieur à un autre ; l'Humanité se trouve dans un âge où elle n'est qu'un tas d'organes, fonctionnels certes, mais en guerre les uns contre les autres, formant une vague abomination sanguinolente dont c'est le rêve et le destin secret, inévitable, que de former un Grand Humain sain de corps et d'esprit. Ce principe, appliqué à la réalité d'aujourd'hui, nous rappelle que le monde « émergent » se trouve confronté au risque de faire les

1. Richard Francis Burton, *op. cit.*, p. 6.

mêmes erreurs que les États-Unis d'Amérique pendant leur industrialisation – alors que leur histoire aurait pu prendre un tout autre tournant, quand on pense au sens même de *Thanksgiving* et à l'histoire pleine d'espoir de William Penn et de sa relation aux peuples premiers du continent. Les BRICCA (Brésil, Russie, Inde, Chine, Canada, Australie) – qui ont tous de vastes territoires riches en ressources et en potentiel comptable, même dans le paradigme actuel – sont tentés de détruire leur patrimoine natif, pas forcément frontalement, mais « en passant » : en brûlant la bibliothèque, ils brûleront les bibliothécaires avec elle, dont le mérite et la mémoire sont un trésor caché pour l'humanité.

La sagesse

Au sujet de la sagesse, j'aime l'idée que les sages, chez les Indiens Kogi, passent les premières années de leur vie dans le noir, enfermés dans une grotte, pour vivre dans leur chair ce qui n'est plus qu'un concept chez nous, avec l'allégorie de la caverne de Platon.

Une fois sortis, les couleurs, les sons, les splendeurs naturelles leur apparaissent à leur juste valeur, un peu comme chez saint François ou Siddhartha – dont la perception du monde naturel a inspiré des dizaines de générations, d'États et de gouvernements.

Nous ne voulons pas de richesse, nous voulons la paix et l'amour[1], disait en l'espèce le chef sioux

1. En hommage à l'oralité de la culture amérindienne, on ne donnera pas les citations ici, afin de rappeler que la réalité humaine les surpasse. L'imbécile voudra mettre l'humain au service de l'écrit. Le sage sait que c'est à l'écrit de servir l'humain.

Red Cloud. Comment peut-on acheter et vendre le ciel ou la chaleur de la terre, disait de son côté le chef indien Seattle, considéré par J. M. G. Le Clézio comme l'une des plus grandes sagesses de sa vie.

Un proverbe indien énonce également en ce sens que « quand le sang de tes veines retournera à la mer, et que la terre de tes os retournera au sol, peut-être te rappelleras-tu que cette terre ne t'appartient pas mais que c'est toi qui appartiens à cette terre ».

Aucune tradition, seule, ne suffit à faire tourner le monde et l'humanité, mais nous avons urgemment besoin de celle des Indiens, comme un corps carencé peut avoir besoin de minéraux et de vitamines, ou un esprit fatigué doit se nourrir de sommeil.

La bio-inspiration, menée à son terme, celle qui respecte – non pas par calcul politique, par pitié et misérabilisme, mais par pur pragmatisme naturel – l'importance de la sagesse indienne, peut nous aider à mieux appréhender la marche de la globalisation.

Elinor Ostrom, prix de la Banque de Suède a, par exemple, démontré que les méthodes de nombreux peuples premiers dans la gestion des biens communs – comme les stocks de pêche ou les canaux d'irrigation – surpassaient souvent les nôtres en efficacité et en durabilité.

C'est, par exemple, aux Amérindiens que l'on doit la connaissance sage – en dehors de tout « ésotourisme[1] » – de la « liane des esprits » (*ayahuasca*), qui est aujourd'hui étudiée pour le traitement des troubles bipolaires, de nombreuses autres pharma-

---

1. Mélange de tourisme et d'ésotérisme.

copées et modes psychédéliques, dont ils ont été les premiers à explorer le bon usage, celui du juste milieu et de la transcendance : les chamans d'Amazonie utilisent les psychédéliques pour autrui, pour la tribu, et non juste pour eux-mêmes comme le font les ésotouristes.

S'il y a une certaine continuité dans la tradition chamanique, des tous premiers chamans de Sibérie jusqu'aux peuples de l'Amérique la plus méridionale – alors que les uns utilisaient l'amanite tue-mouches et son muscimole psychédélique, d'autres le peyotl[1], la liane, le simple jeûne et la méditation patiente au pied d'un arbre, comme les Nez-percés –, c'est peut-être que les ancêtres communs à tous ces peuples ont reproduit, indépendamment ou non, la stratégie des chimpanzés en matière de pharmacopée végétale.

Ces grands singes en effet, face à de nouvelles plantes, envoient l'un des leurs en consommer une, puis observent et mémorisent le résultat, positif ou négatif. Les éléphants, avec leur mémoire légendaire, ont aussi retenu que la consommation des écorces du seringat rouge (*Combretum apiculatum*) pouvait accélérer leur mise bas[2].

Peut-être que les peuples de Sibérie, quand ils ont passé le détroit que nous appelons aujourd'hui « de Bering », ont ainsi emporté un peu de champignon séché avec eux et, une fois leurs réserves épuisées, sont partis explorer le potentiel de la terre fraîchement explorée dans leurs pratiques spirituelles, menant à des

1. Petit cactus sans épines de la famille des Cactées.
2. Karl Shuker, « The Hidden Powers of Animals : Uncovering the Secrets of Nature », *Reader's Digest*, 2001.

découvertes qui ont une valeur considérable pour le monde entier.

Le curare, par exemple, est utilisé aujourd'hui dans toutes les anesthésies générales, pour relaxer les muscles du patient, et son introduction sous forme générique par l'Institut Pasteur en 1947 a produit une révolution majeure dans la chirurgie mondiale, en stabilisant les opérations, permettant de les rendre beaucoup plus longues et précises, donc de réaliser notamment des transplantations de plus en plus complexes. Nous avons vu que l'hémoglobine d'arénicole a récemment permis de rendre beaucoup plus simple une greffe de visage – certes elle ne relevait pas de connaissance native, encore que les savoirs et sagesses de la tradition druidique sont aussi largement perdus. Bref, nous avons exterminé des dizaines de millions d'individus chez les peuples premiers, quand eux ont déverrouillé des connaissances qui, même dans leur dimension la plus bassement matérielle – la gestion des biens communs avec l'économiste Elinor Ostrom qui y a consacré une large partie de sa recherche, le curare, etc. –, ont sauvé des dizaines de millions de vies chez l'homme industrialisé. Mais n'opposons pas les deux, de même qu'il est stupide d'opposer le cœur et les poumons, il est stupide d'opposer l'humain des villes et celui des tribus premières.

Parmi les sagesses indiennes, la Concurrent Resolution 331 du Congrès des États-Unis reconnaît que « les grandes lois de la Paix des nations iroquoises » ont décisivement influencé la Déclaration des droits, qui est le cœur de la Constitution des États-Unis et un grand manuel du vivre-ensemble – quand la fraternité réelle est la base la plus fondamentale du pouvoir sur terre.

Les natifs ont également beaucoup à nous apprendre au sujet des méthodes de culture, comme le rappellent très bien la scientifique américaine Janine Benyus, la mère du biomimétisme moderne, et les extraordinaires travaux du biologiste Wes Jackson sur les « prairies domestiques[1] ».

Jackson s'intéresse à l'impact des réseaux racinaires et des polycultures de plantes pérennes sur la stabilité des prairies : quand on observe la biomasse capturée sous terre par les plantes que l'on n'a pas à ressemer année après année, comme le myscanthus ou le bambou – et de très nombreuses autres –, on ne peut s'empêcher de promouvoir une agriculture en « quatre ou cinq dimensions », c'est-à-dire les deux dimensions de la surface du terrain – l'hectare –, la dimension supplémentaire de sa profondeur – de quelle qualité est le système racinaire ? est-il profond ? etc. –, la dimension supplémentaire du temps, que les vignerons connaissent bien – autrement Bollinger ne ferait pas une telle fortune sur son champagne « vieilles vignes françaises », pas plus que Krug sur son « Clos d'Ambonnay » –, et enfin une éventuelle cinquième dimension qui considère la sociologie des plantes (phytosociologie), c'est-à-dire avec quelles autres espèces votre culture se trouve en évolution. Réduire l'agriculture à la simple surface,

1. Wes Jackson, « Natural Systems Agriculture : a Truly Radical Alternative », *Agriculture, Ecosystems & Environment*, 88.2, 2002, p. 111-117.

comme réduire l'océan à sa seule surface aussi, est une des pires stupidités de notre temps.

Les natifs utilisaient des polycultures, par exemple maïs, haricot ou citrouille ensemble, l'une fixant l'azote dans les sols, l'autre servant de tuteur, et obtenaient ainsi de meilleurs rendements à l'hectare que les monocultures. Certes, ces systèmes ne sont jamais parfaits et nécessitent beaucoup de travail manuel, ce qui les rend intéressants sur les petites surfaces dans les sociétés traditionnelles, mais il faut les voir comme une invitation à développer de nouveaux leviers agricoles, même dans l'industrie mécanisée actuelle, qu'il serait idiot de disqualifier complètement et sans nuance.

N'oublions pas que la vérité et la vertu sont toujours dans la nuance. Les prairies domestiques nous incitent à ne plus domestiquer une seule espèce, un seul gène, mais tout un écosystème, de passer de la micro- et de la nano-domestication à la macro-domestication : il faut penser en système, considérer ce qui se voit et ce qui ne se voit pas – typique des sagesses indiennes – dans l'impact de nos agricultures et produire, donc, plusieurs espèces ensemble. Nous pouvons ainsi envisager des modes de culture sans retournement des sols, sans intrants, sans désherbants, plus productifs à l'hectare et, surtout, patrimoniaux, c'est-à-dire, comme le rappelle l'écologiste française Patricia Ricard, qui « agradent » les sols plutôt que de les dégrader, qui partent d'une terre à faible valeur et la transforment en un patrimoine beaucoup plus prospère, exactement comme nos ancêtres transformaient des gâtines apparemment ingrates en foyers de richesse avec de la patience, de l'attention et du temps. Le vin légendaire Gevrey-Chambertin, grand ambassadeur des vins de Bourgogne toujours plus chers, n'est-il pas un toponyme issu du savoir-faire d'un certain Bertin, dont l'excellence agronomique, alors qu'il était certainement analphabète, nous a fascinés jusqu'au XXIe siècle ?

Si nous parvenons un jour au « type I[1] » de l'échelle de Kardachev – cette échelle est une méthode théorique de classement des civilisations selon leur niveau technologique matériel et leur consommation énergétique – et à peupler Mars, ce sera aussi grâce à la sagesse des Indiens, dont nous avons pourtant exterminé la très vaste majorité.

La capacité à entraîner tout un écosystème est certainement le premier pas technologique, le plus essentiel, à la terraformation de Mars, et c'est sur notre Terre qu'il commence. Déjà dans les années 1970, l'espiègle David Latimer avait montré que l'on pouvait enfermer une plante, de l'eau et une petite faune dans une bouteille et laisser le système ne se nourrir que de soleil. Aujourd'hui on poursuit les expériences de type « biosphère » et la pensée du biologiste britannique James Lovelock, dont la proximité intellectuelle avec la notion native de « Pachamama » nous semble évidente, rappelle que la Terre doit s'envisager comme un seul vaste organisme capable de réguler sa température, le pH de ses océans, ses cycles de l'azote et du phosphore et bien d'autres dimensions qui échappent à nos esprits étriqués. Nous appelons

---

1. Une civilisation de « type I » peut accéder à l'intégralité de l'énergie disponible sur sa planète.

cela l'« hypothèse Gaïa », l'idée que la terre entière forme une seule vie, unique. La pensée systémique, qui accouche d'un nouveau modèle industriel, imminent, dans lequel nous pourrions dépasser les déchets, vient avant tout de cette considération de la nature comme une vérité unique.

Aujourd'hui nous commençons donc, on l'a vu en Corée et ailleurs, à cultiver les algues. Dans ce domaine, nous avons toute la profondeur de l'océan pour capturer davantage de matière sur une petite surface – 4D, 5D, derechef. Nous pratiquons l'aquaponique : les déchets de nos poissons nourrissent les produits de notre maraîchage, et on a découvert que la peau stérilisée des tilapias – des poissons exotiques – pouvait aussi servir de pansement pour les grands brûlés[1], comme on savait déjà utiliser les mandibules des fourmis pour suturer des plaies, et ce depuis 1925 au moins[2] !

Penser l'interdépendance, c'est se rappeler que le dévastateur *dust bowl* – ce bassin de poussière, à cheval sur le Kansas, l'Oklahoma et le Texas – de la Grande Dépression a été amplifié par l'érosion des sols aux États-Unis, c'est être conscient que la surpêche des saumons du Pacifique Nord peut avoir une conséquence imprévisible sur l'apparition des pluies acides

1. Zhang Hu *et al.*, « Marine Collagen Peptides from the Skin of Nile Tilapia (*Oreochromis niloticus*) : Characterization and Wound Healing Evaluation », *Marine Drugs*, 15.4, 2017, p. 102.

2. Eugene Willis Gudger, « Stitching Wounds with the Mandibles of Ants and Beetles. A Minor Contribution to the History of Surgery », *Journal of the American Medical Association*, 84.24, 1925.

au Canada et que la disparition des loups à Yellowstone a modifié l'écosystème d'une façon imprévisible[1].

L'écologie nous enseigne le concept d'« espèce clé de voûte » (*keystone species*) : prenez un mur de brique, si vous en retirez un nombre aléatoire de pièces il ne s'effondrera pas forcément, mais retirez une brique critique – qui n'est d'ailleurs pas forcément définie au départ, mais dont l'importance dépend de ce que vous avez déjà retiré – et un pan entier s'effondrera… pour être remonté plus tard par d'autres espèces, car ainsi va la vie, mais a-t-on vraiment envie de se trouver sous le mur quand il tombera ?

On a vu que les abeilles nous inspirent pour des stratégies d'investissement, et nous pouvons nous aussi développer des banques bio-inspirées – un sujet sur lequel j'avais d'ailleurs consacré une partie de mes études de master en 2009, menant à la création de ma première banque de microcrédit à taux zéro au Sénégal – et observer comment la nature coopère et dépasse certaines rivalités.

---

1. Et toujours plus subtile qu'on le croit : on a longtemps pensé que la réintroduction des grands prédateurs sociaux avait eu un impact extraordinaire sur le cours des rivières, en empêchant les herbivores et les castors de ravager les saules des vallées. Il s'avère que ce scénario n'a pas exactement eu lieu, et que nous ne savons toujours pas mieux prédire les comportements écosystémiques que ceux de la météorologie.

William J. Ripple *et al.*, « Trophic Cascades Among Wolves, Elk and Aspen on Yellowstone National Park's Northern Range », *Biological conservation*, 102.3, 2001, p. 227-234 ;

Douglas W. Smith, Rolf O. Peterson et Douglas B. Houston, « Yellowstone After Wolves », *BioScience*, 53.4, 2003, p. 330-340.

J'aime le cas de la petite salamandre toxique *Taricha granulosa* et de son prédateur résistant la couleuvre *Thamnophis sirtalis* sur la côte Ouest de l'Amérique du Nord. Il illustre l'importance de ne pas travailler plus, en quantité, mais mieux, en qualité, pour dépasser une situation compétitive. Les couples proie-prédateur peuvent engendrer des courses aux armements dans la nature, qui expliquent pourquoi certaines espèces se retrouvent assez toxiques pour anéantir des métropoles entières.

Ces espèces coévoluent, en effet, avec un prédateur, ou une proie résistante, comme notre supercrevette avec les bivalves et les crustacés dont elle se nourrit. Par ailleurs, le développement d'un caractère voyant – et en apparence inutile –, cette sorte de *bling* naturel, permet à certaines espèces – comme le paon – de laisser au mâle le luxe de manifester son opulence énergétique à la femelle, comme un indicateur du fait que sa progéniture, génétiquement et matériellement, ne manquera de rien. S'il se promène avec une telle aisance dans son écosystème et qu'il peut se permettre d'arborer de longues plumes inutiles… le paon signale en somme qu'il est la Lamborghini des oiseaux.

Dans le couple *Taricha-Thamnophis*, les chercheurs Brodi – père et fils – et leurs collaborateurs[1] ont démontré que le serpent était toujours en avance dans la compétition, du nord au sud de l'Amérique. Pourquoi ? Parce qu'il a la possibilité de changer qualitativement sa résistance, alors que la petite salamandre, elle, ne

1. Charles T. Hanifin, Edmund D. Brodie Jr et Edmund D. Brodie III, « Phenotypic Mismatches Reveal Escape from Arms-race Coevolution », *PLoS Biology*, 6.3, e60, 2008.

peut que produire davantage de venin. C'est en d'autres termes la compétition linéaire contre la compétition non-linéaire : c'est la stratégie de plus d'heures de vol, plus de pilotes, plus d'avions pendant la Seconde Guerre mondiale face à la stratégie du développement de l'aviation à réaction et de la bombe atomique, les *Kick & Kiss* que nous avons vus en première partie.

La nature a découvert, avant nous, que dans les compétitions mortelles, il faut maintenir le contact linéaire – rester dans la course – tout en développant le non-linéaire sur le long terme – essayer de changer les règles du jeu, ce qui est moins prévisible. C'est ce qu'essaie de faire la Chine face aux États-Unis aujourd'hui, et c'est ce qu'ont tenté les Alliés contre l'Axe pendant la Seconde Guerre mondiale : tenir la ligne de front, mais innover brutalement à l'arrière. Cependant, c'est quand l'Humanité aura compris que son véritable ennemi, ce sont les conflits eux-mêmes, qu'elle saisira l'importance de les contrôler linéairement sur le court terme – on peut l'appeler la « diplomatie de la concession », qui est instable – pour se laisser le temps de les dépasser sur le long terme – c'est la « diplomatie de la transcendance » qui, elle, est stable. Cela encore sera une leçon de la nature.

L'exaptation

De même il faut se pencher sur l'exaptation, un fabuleux concept naturel, par lequel le vivant peut aller explorer une niche écologique qui ne semble avoir aucun rapport avec celle à laquelle il est habitué : il agit toujours par la méthode de l'essai-erreur en n'ayant pas peur du futur et pas de regret du passé.

D'ailleurs, nous pensons que c'est ainsi, par cette exploration peut-être en pure perte, que nos ancêtres ont pu aller peupler l'Océanie malgré tous les risques encourus. Un bel exemple d'exaptation est la façon dont le serpent *Chrysopelea ornata* peut planer sur des dizaines de mètres[1], et dont les écailles de son ventre, en conséquence, ont évolué pour le rendre plus compétent à cet exercice inattendu : pour pouvoir avaler des proies beaucoup plus grosses que lui, il n'a pas, comme tous les serpents, de sternum, et, toutes ses côtes étant flottantes, il s'est donc retrouvé avec la liberté de les aplatir pour former comme une aile. Et voilà.

Rapportée à la gestion d'entreprise, associative ou politique, l'exaptation est une merveilleuse leçon : si *Chrysopelea* avait été géré comme une entreprise, disons Chrysocorp, jamais un conseil d'administration, un tant soit peu formé à nos glorieux MBA modernes, n'aurait envisagé un positionnement dans l'aéronautique. Imaginez le dialogue de sourds : « Hé, si on se mettait à planer ? » Réponse : « Notre cœur de métier, c'est de ramper, t'es con ou quoi ? »

On a vu en première partie en quoi le management suprarationnel permettait de naviguer à travers les révolutions schopenhaueriennes, eh bien la nature, elle, en est un très grand maître, parce qu'elle n'a aucun a priori à entreprendre. Pour s'adapter elle n'hésite pas à aller vers le ridicule, le dangereux, l'évident et ainsi de suite. Encore une fois, regardez un ornithorynque,

---

1. W. Ronald Heyer et Sukhum Pongsapipatana, « Gliding Speeds of *Ptychozoon lionatum (Reptilia : Gekkonidae)* and *Chrysopelea ornata (Reptilia : Colubridae)* », *Herpetologica*, 1970, p. 317-319.

vous comprendrez bien que dans la nature non seulement le ridicule ne tue pas, mais qu'il permet même de survivre.

Un serpent qui plane, c'est une belle leçon. Une autre est celle des baleines et du dauphin : ongulés, ils sont issus d'un ancêtre qui était un prédateur terrestre, dont l'allure nous aurait rappelé un mélange de loup et de tigre, avec des griffes. Qui encore, au conseil d'administration d'une telle bébête, aurait eu la vision d'orienter son positionnement vers les niches marines ? C'est que la nature a une vision émergente, elle manage par la conséquence, pas a priori, du coup ses performances stratégiques sont infiniment meilleures que celles de nos conseils d'administration.

Les pandas, eux, sont des ours qui se sont exaptés vers l'herbivorisme, tout comme la petite araignée *Bagheera kiplingi*, qui n'est quasiment plus qu'herbivore. En management, l'exaptation portera le nom de « pivot » dans la gestion des start-up : c'est ainsi que le géant du chewing-gum, Wrigley, qui offrait des chewing-gums pour vendre ses savons, a su changer de métier ; que Nintendo, société fondée dans le Japon de l'ère Meiji à la fin du XIXe siècle, est demeurée compétitive plus de treize décennies à travers les jeux à bille, les jeux de société et les jeux vidéo ; ou encore que Twitter est né d'une entreprise de podcasting, appelée Odeo. Nous verrons en *Blue Economy* à quel point l'exaptation, si elle relève de l'exception managériale aujourd'hui, doit devenir la norme au XXIe siècle ! De même que les guerriers précolombiens s'inspiraient de l'aigle et du jaguar, il y aura des « gens du serpent volant », des « gens des baleines galopeuses », bref des gens qui méditeront toutes les leçons de l'exaptation pour créer et partager la prospérité.

Et puis il y aura des « gens du mamba noir ». Ce terrifiant serpent d'Afrique – dont la toxine est un antidouleur bien plus efficace que la morphine par l'absence, au bon dosage, de nombreux effets secondaires[1] – peut atteindre des vitesses proches de trente kilomètres à l'heure en rampant, mais seulement dans son environnement, en s'appuyant sur la base des hautes herbes, comme un nageur olympique utilise le bord du bassin pour se propulser ou comme les truites s'appuient sur les tourbillons apparaissant devant elles pour nager à contre-courant.

Les sages du kung-fu, du kalarippayatt, du systema ou même du krav-maga – où existe la posture simple dite « du Rhinocéros » pour le débutant confronté à un adversaire plus grand que lui – nous apprennent à s'inspirer de la nature pour survivre.

Bruce Lee résumait l'art du jeet kune do par la phrase : « Sois de l'eau, mon ami. » Aussi, peut-être, devrait-on dire à l'aspirant *Blue Economist*. « Sois un mamba noir mon ami, appuie-toi sur ce qui est juste à côté de toi, comme le serpent file par les hautes herbes de son monde. »

1. Sylvie Diochot, Anne Baron, Miguel Salinas, Dominique Douguet, Sabine Scarzello, Anne-Sophie Dabert-Gay, Delphine Debayle, Valérie Friend, Abdelkrim Alloui, Michel Lazdunski et Eric Lingueglia, « Black Mamba Venom Peptides Target Acid-sensing Ion Channels to Abolish Pain », *Nature*, 25 octobre 2012.

4.

Pourquoi la Fondation Bioniria ?

Dans un livre, où est la valeur, dans les lettres ou dans le papier ? La réponse est évidente : on peut avoir un livre sans papier, aujourd'hui nous appelons cela le format document portable (PDF), hier nous appelions cela une fable, une allégorie, une geste, une ballade, la tradition orale. La plupart des textes anciens nous sont parvenus non pas par le même papier, ou le papyrus, ou la cire, ou même la tablette de terre ou la pierre – bien que celle-ci ait résisté davantage au temps, notamment si l'on pense au Code d'Hammurabi –, mais se sont diffusés dans l'humanité bien davantage par l'esprit, même s'il serait stupide d'opposer les deux.

Or, quand on partage un bien matériel on le divise, alors que quand on partage un bien immatériel on le multiplie : si l'on utilise un livre comme une source de papier, on le détruit, tandis que si on l'utilise comme une source de lettres, on le multiplie. Si vous confiez des livres, de la même taille, de la même couleur, de la même odeur, à des chimpanzés, ils ne feront pas de différence entre eux, parce qu'ils verront dans les livres des objets physiques, pas des objets immatériels, ils ne verront pas la nuance décisive des lettres. Nous sommes dans le même état face à la nature : nous voyons son papier, nous voyons sa matière, mais nous ignorons ses lettres, or ce sont elles qui valent, et de très loin, le plus, aussi bien en matière philosophique qu'économique. Les barils de connaissance et les perles de sagesse que l'on peut tirer de ces lettres représentent une richesse qu'il ne serait aucunement exagéré d'estimer au-delà de tout le PIB mondial actuel – plus de dix-sept mille milliards de dollars en nominal : ce n'est après tout, pas plus d'une vingtaine d'Apple, et Nature Corp, c'est-à-dire la seule dimension industrielle et économique de la nature – qui a bien d'autres facettes évidemment – dépasse de très loin la compagnie à la pomme.

La biodiversité mondiale est un patrimoine esthétique, philosophique, politique, économique et, comme l'a dit un grand sage, l'humanité, comme le vivant, est une vérité unique : seul l'ego la voit hachée en mille catégories séparées. La réalité est un miroir brisé et il existe une « caste de l'ego » dont le métier consiste à la découper en des fragments plus menus et plus écartés encore. Si nous devons appréhender l'humanité comme un seul homme, nous nous serions coupé les doigts en persécutant les Indiens seulement parce qu'ils ne pensaient ni ne vivaient comme nous. Dans le corps humain, la cellule du cœur jugerait-elle celle du cerveau sur sa seule dissemblance ?

Dans son travail le plus documenté sur l'histoire de la Silicon Valley, Piero Scaruffi l'a décrite comme « la plus grande création de richesse de l'Histoire ». Il y a eu les routes du blé, des huiles, des vins, du garum, de l'or et de l'argent, les routes de la soie et des épices qui ont toujours concentré, géographiquement, plus d'un tiers de la richesse mondiale, et une part plus grande encore de ses conflits, il y a aujourd'hui les routes des hydrocarbures que se disputent les Américains, les Russes et les Chinois, et sur lesquelles quelques Européens essaient encore vainement de prendre position ; puis il y aura les routes de la connaissance, infiniment plus prospères, et dont la Silicon Valley a démontré le potentiel. Ce haut lieu de la richesse mondiale, ce spectacle de sociétés – sans oublier leur pendant asiatique avec Tencent et consorts – en pleine course pour dépasser les mille milliards de valorisation boursière, tout cela n'est qu'un petit divertissement de début de concert face à la prospérité naturelle, une fois raffinée. Il y a autant de différence entre Apple et la Nature qu'entre un petit amuseur de rue et cent ans de programmation à Madison Square Garden, bon sang !

Si nous voyons la nature comme une source de connaissance, il n'y a plus d'opposition entre « croissance de la prospérité » et « protection de la biodiversité », parce que encore une fois, si vous avez hérité d'une bibliothèque, la meilleure façon de générer de la richesse avec ce n'est certainement pas de vendre les livres au kilo. Au pis, vous pouvez déjà les faire expertiser, c'est-à-dire leur donner de l'attention et du temps. Mais l'idéal encore est de louer la bibliothèque, de ne pas disperser ou détruire les livres, mais de les protéger pour les générations futures, et de partager la prospérité issue de cette précieuse lecture, génération après génération. Si vous voyez la forêt amazonienne comme une source de bois seulement, alors il faut la couper pour en extraire la richesse, mais si vous la voyez comme une source de connaissance et de sagesse, déracinez tant que vous voulez, la forêt en restera intacte.

J'ai créé la fondation Bioniria et la société General Bionics, avec cette idée très simple en tête : la connaissance est plus précieuse que le pétrole, et la nature en est le plus gros gisement, point. Au début, bien sûr, l'idée d'extraire du pétrole a été ridicule, puis dangereuse, puis évidente ; on se souvient du mépris, mêlé d'idiotie, qu'a rencontré Edwin Drake quand il a voulu monter ses premiers systèmes d'extraction : « Creuser pour du pétrole ? Vous voulez creuser le sol pour trouver du pétrole ? Vous êtes fou ! » Eh bien aujourd'hui, parce que l'ignorance épistémologique est mondialement répandue, parce que même les plus hautes autorités académiques, politiques et économiques ignorent la loi de Schopenhauer – ce qui prouve bien à quel point leur autorité n'est qu'un mirage –, on vous répondra : « Creuser pour de la connaissance ? Vous voulez creuser la nature pour en extraire de la connaissance ? Vous êtes fou ! » Et ce sera un superbe compliment, car il faut s'épingler les insultes d'imbéciles comme des médailles sur son cœur.

Si nous faisons jaillir la connaissance plutôt que la matière de la nature, il n'y aura plus d'opposition entre croissance et biodiversité, parce que les deux trains ne seront plus sur la même voie, parce que la croissance tendra, année après année, vers une proportion de plus en plus immatérielle dans sa création de valeur. En injectant du savoir et, mieux, de la sagesse, dans nos cultures, dans nos usines, dans nos moyens de transport et de production, nous augmenterons nos marges aussi bien que nous réduirons notre empreinte environnementale. Il viendra un jour où les chefs d'État préféreront trouver de la biodiversité plutôt que du pétrole sur leur territoire, et c'est exactement pour ce jour que j'ai conçu la fondation Bioniria, parce qu'on peut tuer les rêveurs mais on ne peut pas tuer leurs rêves.

Quand le Brésil a découvert les gisements d'hydrocarbures de Tupi et d'Iracema, le président Lula a déclaré que le pays tenait là sa seconde indépendance. Étant d'origine algérienne, je sais que les hydrocarbures sont loin de garantir à eux seuls l'indépendance d'un pays, mais que l'intelligence, même au fond du désert, même au fond d'une lagune malarienne et inhospitalière, est la seule source d'indépendance qui mérite d'y investir : demandez à Bagdad, à Venise ou à Pétra !

Viendra un jour où tout le monde traitera la connaissance de la nature avec une déférence industrielle, économique et politique encore supérieure à celle des hydrocarbures aujourd'hui.

Nous sommes entrés dans le noolithique et cette transition est irréversible. Dans mes conférences, j'illustre cette idée d'une image très simple : prenez d'un côté un œuf de casoar, beau, vert, et de l'autre, une poignée de pétrole, qui n'est pas laide et qui porte en elle tout l'enthousiasme et toute la joie du prospecteur.

On comprend l'idée : si vous trouvez du pétrole dans votre jardin, que vous soyez un particulier ou un État, votre banquier est content, alors que si vous trouvez un œuf de casoar dans votre jardin, votre banquier s'en fout. Un jour, il ne s'en foutra plus, parce que même en prenant un exemple totalement au hasard, juste pour la force de son symbole, il y avait déjà deux applications industrielles majeures sur l'œuf de casoar. D'abord, sa surface brillante – son *gloss* – est étudiée pour être reproduite industriellement, avec de nombreuses applications potentielles et des raccourcis R&D en aéronautique[1]. Ensuite, les œufs respirent, ils ont des pores, qui sont étudiés pour concevoir des céramiques filtrantes.

Donc, même au hasard, deux applications naissent de l'observation de cet œuf : pourquoi ? Parce que si la nature est une bibliothèque, chaque espèce est un livre, chaque organisme a un mot à dire, chaque molécule est un chapitre, encore faut-il inventorier cette bibliothèque, la munir de cotes, quand encore aujourd'hui la majorité de la biodiversité mondiale est inconnue ! Qui aurait anticipé que le modeste et superficiellement repoussant rat-taupe (*Heterocephalus glaber*) nous inspirerait de nouveaux moyens de prévenir et de guérir différents cancers, ou de traiter les grands brûlés[2], à l'instar de certains vers dont les « récepteurs wasabi »

1. Daphne C. Fecheyr-Lippens *et al.*, « The Cuticle Modulates Ultraviolet Reflectance of Avian Eggshells », *Biology Open*, 4.7, 2015, p. 753-759.

2. Xiao Tian *et al.*, « High-molecular-mass Hyaluronan Mediates the Cancer Resistance of the Naked Mole Rat », *Nature*, 499.7458, 2013, p. 346.

nous ont permis de faire un bond en avant dans le traitement des brûlures[1] ?

Pour faire bénéficier l'humanité de la connaissance secrète du rat-taupe, il faut d'abord être un rat de la bibliothèque naturelle, et la parcourir par amour, sans forcément espérer la parcourir par intérêt. La volonté de nourrir la nature de plus d'attention et de temps est la meilleure façon de la protéger et de nous enrichir par la même occasion, dans tous les sens du terme. Cela tombe bien : la nature est agréable à regarder.

Aujourd'hui des projets comme le radeau des cimes – qui permet d'explorer la cime des forêts équatoriennes en y demeurant carrément, ce qui revient à dormir au cœur de la bibliothèque en somme – et les expéditions Tara ou Polar Pod – qui permettent de cartographier les planctons du monde – vont dans le bon sens. Comme le voyage du *Beagle* pour Darwin, le futur appartiendra à ceux qui peuvent observer, in situ, la nature, dans des expéditions audacieuses, qui dépassent les chapelles idiotes, les comités bas de plafond, les plans semestriels de publication, pour aller plus loin, non linéairement, dans la connaissance de la bibliothèque qui est aussi notre berceau, notre oasis, notre vaisseau spatial.

L'avenir doit appartenir à des projets comme l'audacieux SeaOrbiter, qui a fait aux États-Unis la couverture du magazine *Popular Science* et qui, en France, s'est heurté de plein fouet à la ruineuse mentalité Maginot, rappelant qu'il y a déjà plus d'un siècle,

1. Megan Fellman, « "Wasabi Receptor", for Pain Discovered in Flatworms », Northwestern University, 17 octobre 2017.

ce n'était guère Paris qui avait eu le courage de terminer le canal de Panamá et que, déjà, l'esprit Jules Verne était entré dans le pénible et embarrassant coma de la bureaucratie sans prise de risque. Ce que je salue dans la vision de l'architecte Jacques Rougerie, avec ce grand vaisseau d'argent inspiré de la stabilité verticale de l'hippocampe, c'est l'idée de mener une civilisation de « Mériens » qui partagent l'idée de faire jaillir de la mer, non plus le pétrole, mais la connaissance. Quand on sait que même un petit nénuphar thermophile du Rwanda (*Nymphaea thermarum*) – dont les sources chaudes qui faisaient son habitat naturel ont aujourd'hui disparu – a pu représenter suffisamment d'intérêt pour être volé, comme un diamant, aux serres royales de Kew Gardens dans la banlieue de Londres[1], il est plus qu'urgent de faire un inventaire mondial de notre patrimoine vivant, et cet inventaire ne doit pas être une corvée, mais une passion, comme nous en avons démontré l'intérêt en résolvant Poé.

Comme les océans constituent l'aile la plus ancienne, la plus fondamentale de notre bibliothèque, les projets tel SeaOrbiter doivent être développés à grande échelle et, encore une fois, c'est le rêve de la fondation Bioniria, du grec *bios*, « vie », et *oneiros*, « rêve », que de contribuer à l'avènement d'un monde où les prochaines plate-formes en haute mer seront celles du savoir.

---

1. « World's Smallest Water Lily Stolen from Kew Gardens », *The Guardian*, 13 janvier 2014. Noter qu'en tout bien il y a un mal et inversement : son vol rocambolesque aura offert à la petite plante une attention mondiale et durable, qui aura fait considérablement progresser son étude et sa cause.

N'est-il pas fou qu'aujourd'hui la surface de Mars soit mieux cartographiée que nos fonds marins ? Que diront nos descendants ? En 2018, vous saviez que les océans renfermaient des méthodes à plusieurs milliards de dollars pour concevoir des écrans, des semiconducteurs, les anticorps les plus performants au monde, les meilleurs revêtements antiturbulences, des toxines qui valent des centaines de millions du kilo, des systèmes pour améliorer nos hélices, une hémoglobine universellement transfusable… et, vous, sérieusement, la seule chose à extraire, pour laquelle vous dépensiez des millions, c'était du pétrole ?

Je ne suis pas de ceux qui scanderont « vous ne pourrez pas dire que vous ne saviez pas » en parlant des problèmes. D'autres font cela mieux que moi.

Je suis d'une génération dont la raison d'être, dont l'*ikigai* tient à propager un message plus optimiste et constructif : vous ne pourrez pas dire que vous ne saviez pas, en parlant des solutions !

Car elles existent, elles sont sous nos yeux, ouvertes à tout l'espionnage nécessaire, et plus avancées que les meilleurs prototypes qui dorment au fin fond des meilleures sociétés de technologie ou même du département de la Défense des États-Unis. Ces solutions visent non pas à réduire, mais à inverser notre empreinte écologique !

Maintenant que nous avons résolu Noé, tout est là : non pas polluer moins, mais polluer zéro, puis polluer négativement – c'est-à-dire restaurer au-delà de ce que nous avons détruit ; même si ce sera autre chose, l'effort en vaudra la peine. Cela, c'est la *Blue Economy*, la conclusion, le point culminant de notre livre.

Blue Economy, « après Noé »

Cette partie est la plus grande parce qu'elle est la plus courte : elle est là afin que vous y mettiez votre patte, personnelle et collective, et afin de vous inciter à passer à l'action. Notre philosophie, nous venons de le voir dans la partie précédente, est celle du mamba noir, *Be a black mamba, my friend*, appuie-toi sur les herbes qui sont juste à côté de toi, appuie-toi sur ton environnement le plus immédiat, pour filer plus vite et surprendre ceux qui ne te croyaient que lent et rampant. Si Gandhi avait affirmé qu'il y a assez de ressources sur terre pour satisfaire tout le monde mais pas l'ego de tout le monde, la *Blue Economy*[1] invite simplement à mieux utiliser la terre par l'injection systématique de sagesse et d'ingéniosité dans tous nos procédés industriels. Cette ingéniosité, bien sûr, nous est soufflée par la nature.

1. Concept forgé par Gunter Pauli, *serial* entrepreneur né en Belgique mais citoyen du monde, que le *Tasmanian Times* a appelé « le Steve Jobs du développement durable ». Son travail consiste à démontrer que l'abolition du déchet est rentable, même pour l'entrepreneur le plus court-termiste.

Nous avons connu le *cradle to cradle*[1] – la conception d'un produit en intégrant sa fin de vie –, l'économie circulaire, le biomimétisme, mais le paradigme le plus abouti, et de loin, est celui de la *Blue Economy*, qui nous invite à imaginer un monde où les déchets appartiendront aux musées – « Oh regarde, maman, une canette de bière ! » Certes ce monde n'existe pas chez nous, mais il est celui de la nature : quand les feuilles tombent des arbres en forêt, on n'organise pas de système de ramassage, et on ne subventionne pas les vers de terre, parce que la nature vend ses déchets à la criée, au plus méritant en termes d'ingéniosité énergétique, parce que la nature, sans vraiment l'organiser au départ, fait émerger un *speed dating* de ses déchets, ce qui est génialement efficace.

Si la « main invisible » d'Adam Smith, concept révolutionnaire à son époque d'autant qu'il anticipait Darwin de très loin, reste encore très dyspraxique dans la réalité de l'économie humaine, elle est brillamment incarnée dans la nature où, en effet, les intérêts individuels servent le bien de la communauté. Pas de grand architecte dans une fourmilière, mais la conséquence collective de toutes les actions individuelles, qui les transcende ; de même chez les coraux, etc. C'est tout l'art du biomimétisme de niveau 3, celui des écosystèmes et des procédés, celui qui cherche non pas à copier un chapitre de la bibliothèque, mais tout un

1. William McDonough et Michael Braungart, *Cradle to Cradle : Remaking the Way We Make Things*, North Point Press, 2010.

rayon, pour créer un modèle industriel où les déchets des uns sont les achats des autres.

La *Blue Economy* se présente simplement comme l'abolition rentable du déchet. Elle a pour conséquence l'inversion de notre impact écologique, l'art de prendre un élément repoussoir et de le transformer en quelque chose pour lequel la demande est forte.

Car qu'est-ce qu'un déchet, d'un point de vue économique ? Ce n'est qu'une chose dont personne ne veut, un bien pour lequel la demande est négative. Car il faut payer son preneur pour qu'il l'accepte.

La nature, elle, ne produit pas de telles choses, parce que son génie économique fait que chez elle, pour toute offre, il y a une demande. Si un économiste parvenait à organiser pratiquement, en *tekhnê* et non en *epistêmê*, un système sur une petite île, disons de seulement 20 000 habitants, où pour toute offre il y a une demande, tout en maintenant un haut niveau de vie, on lui remettrait immédiatement le prix Nobel d'économie. La nature, elle, réalise une telle prouesse en tout lieu !

On définit un écosystème en biologie comme l'interaction réciproque d'un biotope et d'une biocénose, d'un ensemble de niches et d'un ensemble d'organismes qui se créent mutuellement : l'apparition d'un récif de corail est le fruit de l'activité d'un organisme, qui accouche de plusieurs niches et à plusieurs échelles, dans lesquelles d'autres organismes apparaissent faisant émerger d'autres niches encore, et ainsi de suite.

Le monde économique, lui, fonctionne dans une direction semblable, mais infiniment plus imparfaite.

Les marchés y attirent des firmes qui créent aussi des marchés, pour les autres ou pour elles-mêmes, et ainsi de suite.

C'est ainsi que la *Blue Economy* nous invite, non pas à nous désindustrialiser, mais à nous développer en convergence avec la nature, à la considérer comme la meilleure école de prospérité au monde, pour entrer dans une ère physio-industrielle, comme l'auraient rêvée les tout premiers économistes.

Son message est donc limpide… et le point culminant de la bio-inspiration : ce n'est pas à la nature de produire comme nos usines, c'est à nos usines de produire comme la nature ! Pendant la révolution industrielle, en effet, nous avons exigé de la nature qu'elle se conforme à nos modèles de production, imparfaits, limités et, en fin de compte, infiniment arrogants.

Au XXIe siècle, nous aurons l'intelligence de tirer nos appareils productifs vers la nature, et non l'inverse, cela au bénéfice aussi bien de la biodiversité que de la productivité. De cet effort naîtra donc une nouvelle industrialisation, qui nous fera bien vite oublier les nombreux défauts de la précédente, et dépassera aussi bien Noé que Poé. Un accord à somme positive, gagnant-gagnant, qui mettra définitivement fin à la grande guerre Vert contre Gris.

Pourquoi la *Blue Economy* plutôt que la *Green Economy* ? Gunter Pauli l'explique très bien. La *Green Economy* se résume à la situation suivante : tout ce qui est bon pour vous et bon pour la planète est cher, et tout ce qui est mauvais pour vous et mauvais pour la planète n'est pas cher. Qui a créé ce système ?

Comment peut-on demander aux pays émergents qu'ils l'appliquent ? Et qu'ils payent plus cher l'impact environnemental, dont les superpuissances économiques n'ont, elles, jamais assumé le prix exorbitant et ont donc reporté sur eux la dette écologique ? Nous ne pouvons pas aller voir le gamin des favelas au Brésil et lui dire, d'un ton moralisateur : « Tu dois choisir entre la forêt amazonienne et ton frigo. » Parce que le gamin des favelas n'est pas bête, si nous venons le sermonner, il nous demandera naïvement : « Attends, quel choix as-tu fait toi ? Elle est où, ta forêt primaire ? Alors laisse-moi faire le même choix, il a eu l'air de plutôt bien te réussir, il te donne même le droit de me faire la leçon ! »

Ce qui verrouille encore la diplomatie écologique, c'est donc l'actuelle guerre Vert contre Gris, qui oppose nature et emploi. Trump est sorti des accords de Paris, car sa base électorale est convaincue que la préoccupation environnementale ne peut que détruire l'emploi, d'autant qu'elle prend la forme d'une corvée moralisatrice, encore. Et on ne peut pas lui en tenir rigueur. Ce qui fait qu'on ne se souvient déjà plus de la très survendue et très polluante COP 21, qui ne sera au fond qu'une énième COP entre la 20 et la 22… Toute l'arrogante superbe d'un prétendu « leadership écologique parisien » est déjà totalement oubliée des générations futures, car cette conférence s'est uniquement structurée, en raison de la pensée fossilisée de ses technocrates, autour de l'idée (toujours la même) « combien d'emploi je perds, combien de nature je gagne ? ». Vendre cette idée, organiser des sommets autour d'elle, c'est trahir l'écologie plus que personne d'autre !

La puissance de la Blue Economy

La *Blue Economy*, elle, dépasse ce conflit, elle dit que si nous produisons comme la nature, nous créerons une prospérité tellement supérieure à notre modèle industriel dépassé, qu'il s'adaptera lui-même, par le pragmatisme et la profitabilité plutôt que par la moralisation.

Dans cette économie révolutionnaire, tout ce qui est bon pour vous et bon pour la planète coûte intrinsèquement moins cher à produire. La raison ? Des coûts négatifs, parce qu'une entreprise de *Blue Economy* absorbe systématiquement ses déchets ; des biens qui, au pire, ne lui coûtent rien et, au mieux, génèrent un revenu, rien que par leur prise en charge. La méthode ? Elle tient en l'équation, toujours aussi simple :

déchet + connaissance = richesse

Ou l'art de transformer du passif en actif, la partie « déchet » du bilan en une partie « richesse », et cela est valable aussi bien pour les petites entreprises que pour les États et les continents tout entiers. Cette équation est belle, plus que par sa simplicité, mais par la profondeur de ses implications concrètes, économiques, sociales et, bien sûr, environnementales. Avant, on enterrait nos déchets. Ou on les jetait en terre ou en mer, parce que les océans étaient conceptuellement infinis pour nous.

Mais, aujourd'hui, nous avons au moins compris que notre production de déchets a un impact, à la croissance exponentielle, sur l'environnement, aussi bien en qualité qu'en quantité – en qualité, nos plastiques persistent plus longtemps dans les océans et y forment, en quantité, des nébuleuses à l'échelle continentale. Nous ne pouvons donc plus nous contenter de les jeter à la mer ou de les enterrer. Alors, que faire ?

Si nous voulons dissoudre nos déchets, il nous faut trouver un espace qui soit réellement infini pour les y enterrer, et cet espace, c'est celui de la connaissance ! Il faut donc enterrer nos déchets dans le savoir qui, dans l'équation fondamentale de la *Blue Economy*, est aisément substitué, surtout à grande échelle, par l'attention et le temps.

Aucun déchet, absolument aucun, ne résiste à la bonne quantité d'attention et de temps humains, voilà la bonne nouvelle, parce qu'un déchet n'est jamais qu'un problème, et un problème, c'est une ignorance, donc une absence de connaissance, et cela se comble à grands coups d'At !

La mauvaise nouvelle, bien sûr, c'est que le déchet n'attire pas naturellement les At, bien au contraire : personne n'a envie de regarder ses poubelles le samedi soir, même à l'échelle ménagère. Nos ordures, nous les engouffrons dans un sac opaque, fermé à double tour, et nous ne voulons plus avoir, ne serait-ce qu'une seconde, à y penser une fois qu'on les a jetées, avec dégoût, dans la benne. Le traitement des déchets est une corvée, pas une passion… sauf pour certains, comme Ellen MacArthur[1], Janine Benyus[2] et Gunter Pauli. Cela, aussi, ne devrait plus nous étonner.

---

1. Célèbre navigatrice britannique, elle s'est reconvertie avec succès dans l'économie circulaire. Ellen MacArthur, « Towards the Circular Economy », *J. Ind. Ecol.*, 2013, p. 23-44.

2. Brillante scientifique américaine, elle est reconnue pour ses travaux en biomimétisme. Janine M. Benyus, « Biomimicry : Innovation Inspired by Nature », William Morrow, 2002.

Une nouvelle méthode de transformation, une nouvelle catalyse de l'attention humaine devra advenir afin de faciliter sa réaction presque « chimique » avec les déchets mondiaux. Pour l'instant, cette réaction est fastidieuse, et d'autant plus découragée que persiste le mensonge Poé. Mais, n'en déplaise aux imbéciles, ce n'est pas en culpabilisant les autres, et surtout pas les pays pauvres, que l'on résoudra la question des déchets, mais en générant de la passion qui, elle seule, peut maintenir le débit d'At suffisant à transformer le passif en actif. Il faut inonder nos déchets d'attention et de temps humains, et cela ne peut qu'être délibéré, volontaire, car l'attention ne se viole pas, elle se séduit.

À cet égard, la *Blue Economy* est formidable, car elle se situe au-dessus de la mêlée et pratique le Love Can Do : son savoir-faire vient d'un grand nombre d'essais-erreurs portés par l'amour, la passion du déchet qui stimule la précision, la persévérance et la prise de risque, tout en réduisant le coût de l'échec. En matière de macroéconomie du déchet, c'est exactement ce qu'il nous faut !

Vers une encyclopédie des déchets

J'insiste donc : aucun déchet ne résiste à la bonne quantité d'attention et de temps, simplement les prix d'accès à certains problèmes sont trop élevés pour les At d'une seule vie humaine. Il nous faut donc travailler collectivement. De plus, la technologie possède une propriété remarquable, qui est que tout problème résolu, même si sa solution a pris des siècles, restera explicable et enseignable aux générations futures en seulement quelques années, ce qui prouve qu'il aurait pu être compris par un seul esprit – cette invariance de l'explicabilité est par ailleurs un sujet fascinant en philosophie. Cependant, dans l'histoire des idées et des technologies, les efforts nécessaires à la première résolution d'un problème fondamental sont ceux de plusieurs humains, parfois par milliers, parfois par millions.

Mais si certains déchets devaient coûter des millions d'années en At, nous aurions toujours les jeux vidéo collectifs pour disposer d'une telle somme noétique, du pouvoir d'achat intellectuel de résoudre un problème visé, en y concentrant suffisamment d'attention et de temps pour les percer à jour.

C'est pour cela que nous devrions concevoir un *game of waste* ou un *wikiwaste*, une encyclopédie ouverte des déchets, mais sans la stupidité collective que la première génération des wikis n'a pas su inhiber et a même encouragée : il faut qu'un enfant puisse faire des propositions sur la fiche de n'importe quel déchet, sans être dissuadé par l'ombre d'une bureaucratie arrogante, sans se sentir écrasé par la prétention d'éditeurs qui n'auront que leur âge et leur fossilisation administrative comme arguments réels. Parce que toute résolution de déchet passera pour ridicule, dangereuse, puis évidente, il ne faut pas qu'elle soit castrée par le jugement des autres, car l'amour, avant tout, c'est l'absence de jugement. C'est pour cela que je préfère le nom de *game of waste*, voire *love of waste* ou *world of waste* à celui de *wikiwaste*. Ce qu'il faudra surtout éviter, c'est la wikicorruption !

La nature, un système dépolluant bien rodé

Marier déchet et savoir est un art subtil pour les humains, alors que, dans la nature, il se produit sans a priori, sans jugement, par exaptation justement, en maintenant une grande intensité d'interaction, presque en recherche aléatoire. Mais la nature a eu tout son temps pour parvenir à une telle efficacité.

Ne nous y trompons pas : la nature peut « gérer » absolument tous nos déchets, même les plus abominables, elle en a vu d'autres, nous ne l'éteindrons jamais tout entière. Il serait arrogant de penser le contraire quand, même cent ans après la détonation simultanée de toutes nos ogives nucléaires, nous trouverions encore des tardigrades, des Deinococci[1] ou des graines du pergélisol, même sous la banquise ou le sable du désert, pour germer et défier la mort.

La nature peut gérer tous nos déchets, mais pas en temps humain : le développement durable est un problème qui nous concerne de bout en bout, dont nous serons victimes à la hauteur de nos propres responsabilités.

Car la nature a déjà produit des déchets avec un impact total très supérieur aux nôtres. Quand nous voyons un arbre aujourd'hui avec nos yeux d'humains, nous voyons quelque chose de majestueux, source d'inspiration artistique, philosophique, religieuse, politique et scientifique. Nous en percevons donc quelque chose de « positif ». Mais la biodiversité, avec ses yeux à elle, ceux de la nature, y verra une centrale hautement cancérigène perchée sur un des matériaux les moins biodégradables de toute son histoire. Comment expliquer une telle dissonance cognitive ?

---

1. Classes de bactéries, composées de coques très résistantes aux radiations – voir partie précédente.

Initialement, le pire polluant de toute l'histoire naturelle, c'est le dioxygène, tout simplement. Quand les premières cyanobactéries stromatolithiques[1] – ancêtres de tous les chloroplastes et donc coancêtres de toutes les plantes vertes – sont apparues sur terre, l'oxygène gazeux était un déchet pour tous les autres organismes qui y prospéraient depuis six cents millions d'années, soit au moins dix fois la distance qui nous sépare de l'extinction des dinosaures !

La vie utilisait d'autres méthodes de gestion énergétique – qui sont d'ailleurs très nombreuses – et avait déjà découvert le code génétique universel qu'elle emploie aujourd'hui. Mais l'oxygène oxyde et détruit l'ADN qui le déteste biochimiquement : ADN signifie « acide désoxyribonucléique », parce que, dans l'évolution, sa confrontation permanente au stress oxydatif a favorisé chez lui une biochimie de plus en plus résistante à l'oxygène et, en particulier, un squelette basé sur le désoxyribose, qui le rend beaucoup moins vulnérable aux attaques hydroxyles[2]. La photosynthèse,

1. Structure laminaire souvent calcaire, qui se développe plutôt en milieu aquatique peu profond et est produite par l'activité des cyanobactéries.

2. Parmi de nombreuses *fake news*, on m'a attribué de façon totalement mensongère le propos selon lequel l'ADN détesterait l'oxygène *parce qu*'il s'appelle désoxyribonucléique. C'est bien sûr inexact, et cela démontre quelle misère déontologique l'académisme français tolère encore, certes issue d'une minorité, sans honte dans ses rangs. N'importe quel biochimiste sait que les grands ennemis de l'ADN sont les composés réactifs de l'oxygène, incluant ses radicaux libres, et que l'ADN est beaucoup plus stable que l'ARN par son architecture désoxyribosique, qui est une adaptation évolutive brillante, dont nous avons de nombreuses leçons à tirer.

intrinsèquement, et plus encore que la respiration, introduit au sein de la cellule un stress oxydatif majeur, qui accélère le rythme des mutations et, chez les multicellulaires, est une voie royale vers le cancer.

Quand le dioxygène est apparu sur terre, il a donc rayé de la carte la grande majorité de la biodiversité foisonnante qui avait survécu à plus de six cents millions d'années d'évolution… et a accéléré, par son effet mutagène, celle des survivants, vers le monde bleu et vert que grâce à lui nous connaissons aujourd'hui.

Autre leçon de la nature : on ne peut faire le mal sans bien, et le bien sans mal, et souvent, en politique humaine, la bonne intention initiale crée un puissant mal terminal, quand un mal initial peut engendrer un gigantesque bien terminal. C'est pour cela encore que le Verdoyant des soufis décrit toujours un entrelacs très subtil entre le bien et le mal, qu'ils n'évaluent jamais autrement que par les conséquences, pas par les décisions. Nos politiciens et militants d'aujourd'hui ne savent que très rarement cette vérité, et les décideurs qui l'ignorent finissent invariablement avec du sang sur les mains… et un grand sourire aux lèvres.

Parce que les plantes terrestres sont multicellulaires donc, et qu'elles vivent plus longtemps, elles ont dû résister aux conséquences cancérigènes de leur métabolisme. Pour répondre au stress oxydatif permanent de la photosynthèse, elles ont développé des centres de recyclage cellulaire, les peroxysomes, et des molécules de remédiation aux radicaux libres, dont nos fameux antioxydants : les vitamines, tanins, flavonoïdes, etc., toutes familles biochimiques très riches en bienfaits possibles pour notre métabolisme à nous.

En définitive, la nature réalise systématiquement un véritable judo avec ses déchets. Elle tend toujours à transformer ses déchets en opportunité, ce qui tue en ce qui permet de vivre, parce qu'elle est patiente, persévérante et qu'elle ne juge jamais.

Autre déchet majeur donc, le bois. Quand les premières fougères arborescentes se sont mises à produire de grandes quantités de lignine (qui est la base biochimique du bois), ce composé n'était digeste par aucun organisme vivant sur terre, et il a fallu des millions d'années pour que des champignons puissent le décomposer dans les quantités où il était produit.

Imaginez donc un monde où les troncs d'arbres s'accumulaient à la surface des océans, dans les rivières, un monde où avant de couler enfin sous la surface des mers, ils devaient se minéraliser pendant des siècles, pour enfin constituer les gisements de charbon qui ont fait la gloire mitigée de notre premier âge du carbone, dans une période géologique que l'on appelle donc le « Carbonifère ».

Que représentent nos sacs plastique à côté d'une telle ère ? Rien du tout. Mais il y a un problème bien sûr, et ce problème, c'est nous.

Un mal qui fait du bien

Pour autant, comment pouvons-nous être assez bêtes pour penser qu'en inondant les mers de plastique, de cadmium, de mercure, de plomb et d'arsenic nous n'allons pas en subir les conséquences nous-mêmes tôt ou tard ? On a découvert récemment des traces de Prozac®, de cocaïne et d'héroïne chez les saumons sauvages du Pacifique Nord[1] – ils devaient s'éclater, les braves poissons !

Il faut donc urgemment, à l'image de la visionnaire Catia Bastioli et sa société Novamont, reconvertir d'anciennes usines pétrochimiques sardes de la compagnie ENI en fabricants de sacs en bioplastique biodégradable à base de chardons[2]. On peut aussi, comme la compagnie SaltWater Brewery, produire des bagues en plastique issu des déchets de brassage, comestible pour les tortues et les poissons. Et tout cela n'est qu'un début !

Aujourd'hui les plantes continuent de nous inspirer en matière de remédiation ; certaines savent s'adapter à des taux très élevés de sélénium[3] quand des arbres rarissimes, plus incroyables encore, poussent sans chlorophylle en pleine forêt, probablement nourris par les racines de leurs pairs, pour accumuler les métaux lourds à l'avantage des autres[4].

Si le mystère de ces majestueux « arbres blancs » est loin d'être percé, il nous invite à nous en inspirer pour concevoir nos usines. Encore dans l'idée qu'un mal peut devenir un bien et vice versa : en étant absorbées par les cellules à noyaux, qui justement protègent par

1. « Drugs Found in Puget Sound Salmon from Tainted Wastewater », *The Seattle Times*, 23 février 2016.

2. Claudio Rocco, « Sardinian Thistles Play Key Role in Bioplastics », *Euronews*, 14 juillet 2015.

3. G. S. Banuelos *et al.*, « Evaluation of Different Plant Species Used for Phytoremediation of High Soil Selenium », *Journal of Environmental Quality*, 26.3, 1997, p. 639-646.

4. Renée Montagne, « Mystery Of White Trees Among California's Redwoods May, Be Solved », NPR.org., 15 septembre 2016.

cette structure leur matériel génétique de l'oxydation, les cyanobactéries qui ont donné les chloroplastes, ont apporté avec elles la recette de la cellulose, qui protège aujourd'hui les cellules des plantes en les rendant aussi rigides, et donc incapables de se déplacer, ce qui fait que les végétaux ne peuvent avoir de métastases et que leurs cancers sont le plus généralement causés par des pathogènes extérieurs.

Quand les petites bactéries, proches des rickettsies d'aujourd'hui et qui ont été internalisées par les cellules animales et végétales, ont donné les mitochondries qui leur permettent de respirer, elles ont certainement forcé leur hôte à les accueillir en produisant un couple de poison et d'antidote, dont le poison était plus persistant et stable dans le temps, de sorte que leur expulsion aurait tué la cellule d'accueil. Eh bien ce couple poison-antidote est très certainement à l'origine du rôle des mitochondries dans l'apoptose, la mort cellulaire programmée, qui est indispensable à la lutte contre le cancer. Exaptation, sérendipité et le mal qui fait du bien : un moyen de chantage à la mort, le poison d'une bactérie parasite, devient un moyen de protéger la vie, la mort programmée des cellules cancéreuses…

Or tout est là : si le poison de ces petites rickettsies a permis de construire un système extraordinairement efficace dans la prévention du cancer, si un polluant cancérigène comme l'oxygène a pu devenir l'opportunité de rendre notre planète plus belle, ne peut-on pas – en dehors de tout jugement a priori sur ce qui est bien et mal, ce dont la nature est exempte, car elle s'abstient toujours de juger – aborder nos déchets de la même façon ? S'en saisir comme d'une opportunité plutôt qu'un problème ? Et créer avec eux de très nombreux emplois tout en inversant notre impact écologique ? En faisant des ennemis d'hier les amis de demain ?

L'argent n'a pas d'odeur

De l'équation : déchet + connaissance = richesse, de la catalyse, déchet + At = emploi, se dégage une sagesse simple connue depuis l'Antiquité, et à laquelle l'Occident doit l'expression « l'argent n'a pas d'odeur ».

J'ai dit en effet, citant l'entrepreneur Alp Altun, que l'ego est le premier destructeur de valeur dans n'importe quel projet, et qu'il existe dès lors deux types de porteurs de projets : le bon est celui qui met son ego au service du projet, le mauvais est celui qui met le projet au service de son ego.

L'empereur romain Vespasien, qui commence sa vie d'adulte comme simple soldat, succède à Néron, avec qui les historiens n'ont pas été tendres et justes, mais dont on dira pour simplifier qu'il a davantage mis Rome au service de son ego. Vespasien, lui, met son ego au service de Rome, dévastée, ruinée et malsaine, victime de la « mal-aria » – du « mauvais air » donc, on pensait en effet que cette maladie était transportée par les airs méphitiques –, et se préoccupe en priorité d'y établir un réseau de toilettes publiques… qui doivent néanmoins rapporter de l'argent dès le premier besoin naturel.

Sa solution ? Vendre l'urine pour laver le linge et probablement pour tanner le cuir ! En effet, les tanneurs ont besoin d'urée pour travailler, et c'est pour cela que les tanneries ont si mauvaise réputation.

À l'époque romaine, l'urine humaine suffisait à travailler des cuirasses dures et des sandales ouvertes ; pour un cuir beaucoup plus souple et travaillé, pour de la ganterie ou des sacs, on utilisera de la fiente de pigeon concentrée ! Comme on le fait encore à Fez aujourd'hui, d'où le terme de « maroquinerie » ; de même pour des chaussures à la claque souple, large et fermée à Cordoue, qui a donné le terme « cordonnerie[1] ».

Vespasien crée ainsi ses vespasiennes et génère un revenu continu avec elles tout en assainissant durablement Rome, quand on sait que l'assainissement constitue l'un des apports les plus concrets et précieux de ce que l'on peut appeler la « civilisation ».

Vespasien, de nos jours, apprécierait d'apprendre que le Danemark génère du biogaz avec ses eaux usées. Mais il serait profondément déçu de constater que nos mégalopoles, qui sont assises sur de considérables gisements de nitrate, de phosphate et même de potasse issus des excréments urbains, n'en tirent pas un seul euro aujourd'hui…

La légende rapporte qu'un jour le fils de Vespasien, irrité que son père, Augustus, de statut divin, soit devenu un « dealer de pisse », lui a fait remarquer l'indignité de son commerce au point de s'attirer, en retour, une belle leçon. Placé devant une grande quantité d'argent, l'empereur lui demande d'aller le sentir.

---

1. Par une des nombreuses ironies dont l'histoire a le secret, ce sont des gens du Nord de la Méditerranée que ceux du Sud appelleront ensuite « pieds noirs », parce qu'ils portaient des chaussures de cuir, alors qu'ils étaient eux, en fait, les descendants du peuple inventeur de la cordonnerie.

Bien sûr, ces pièces ne sentent rien de particulier, bien que Vespasien lui explique qu'il s'agit de la recette de la vente hebdomadaire des urines romaines : moralité, l'argent n'a pas d'odeur, fils[1].

Cette règle doit être généralisée aujourd'hui, et si les Romains avaient les aqueducs, nous disposons, nous, des nooducs qui font circuler l'esprit vers les déchets, qui les mélangent et qui, par l'effort combiné de l'attention et du temps collectifs, permettent de les transformer en richesses à partager. Cela n'a rien d'utopique, mais cela nécessite d'abandonner tout un tas de dogmes inutiles, dont les deux camps de la guerre Vert contre Gris se sont trop lourdement entichés.

L'attention qui rapporte

Déchet + At = richesse, ce principe est bien connu des Bordelais, qui savent qu'ils lui doivent leurs fameux cannelés : les religieuses du couvent des Annonciades de Sainte-Eulalie récupéraient la farine du fond des cales, mais aussi le jaune d'œuf, dont les vignerons ne savaient que faire après qu'ils avaient utilisé le blanc pour le collage du vin. En offrant donc de leur attention et de leur temps à ces *rifuiti* (refus), comme on dirait en italien, elles ont produit quelque chose que tout le monde s'arrache.

De même, en Andalousie, les religieuses du couvent de l'Esprit-Saint, à Jerez de la Frontera, récupèrent le jaune d'œuf, laissé par le collage du vin, afin de l'uti-

1. Suétone, *Vies des douze Césars*, Folio Classique, 1975. Voir aussi pour une mise en contexte intéressante : Bernard Lietaer et Jacqui Dunne, *Rethinking Money: How New Currencies Turn Scarcity into Prosperity*, Berrett-Koehler Publishers, 2013.

liser pour le dessert typique de la région, le *tocino de cielo*, dès le XIVe siècle. Ce modèle économique abbatial, plein de bon sens, est encore d'une grande actualité, et doit être remis au goût du jour.

Aujourd'hui, la Corée du Sud parvient à réaliser des batteries, précisément des supercapaciteurs, qui coûtent plus cher que l'or au kilo, à partir de simples mégots de cigarette[1] !, dont ils récupèrent l'acétate de cellulose des filtres pour réaliser, par pyrolyse, des solutions de stockage d'énergie très prometteuses pour la conception d'appareils électroniques. Une autre équipe, avec le même matériau de base, a produit un système de contrôle de la prolifération des moustiques. Pour l'imbécile, un déchet, pour l'initié à l'économie de la connaissance, une mine d'or !

De même, l'université de Bristol a prototypé un nouveau type de batterie en extrayant le carbone 14 des barres de graphite radioactives, utilisées pour modérer les centrales nucléaires. D'une part, on savait depuis les années 1950 réaliser des diamants synthétiques par compression du carbone à ultra-haute pression, d'autre part on savait qu'un diamant de carbone 14 pouvait produire un ampérage, certes faible, mais très stable dans le temps, quand il était soumis à un rayonnement bêta. On se retrouve ainsi avec une batterie capable d'émettre en continu pendant plus de 5 730 années et un produit très intéressant pour l'exploration des océans, ceux

1. Minzae Lee *et al.*, « Preparation of Energy Storage Material Derived from a Used Cigarette Filter for a Supercapacitor Electrode », *Nanotechnology*, 25.34, 345601, 2014.

des exoplanètes, par exemple, où l'énergie solaire est difficilement accessible[1].

Nos infrastructures de la connaissance, nos nooducs, nos capacités collectives à concentrer de grandes quantités d'attention et de temps sur des problèmes qui nous dépassent, n'en sont qu'à leurs balbutiements. Pourtant, nous commençons déjà à traiter les déchets parmi les pires que nous ayons jamais produits. Il faut persister dans cette voie, aucun déchet ne pourra résister à la bonne quantité d'attention et de temps humain. Cela reste un effort macroéconomique que de garantir la réaction efficace des déchets et des savoirs entre eux, avec tous les emplois qui en découleront.

En plus de ses études de cas conçues pour convaincre les capitaines d'industrie et les chefs d'État, Gunter Pauli a prêté une attention toute particulière à l'éducation des enfants, pour qui le passage de ridicule à évident est beaucoup plus souple et naturel, en leur dédiant des fables pour les encourager à penser l'industrie comme la nature. Celles-ci sont au programme obligatoire de très nombreuses écoles maternelles en République populaire de Chine – une prouesse qui n'était pas survenue depuis les textes de Karl Marx –, le professeur a insisté pour qu'elles fussent imprimées sur une autre merveille de la valorisation des déchets : le « papier de pierre ».

1. University of Bristol, « "Diamond-age" of Power Generation as Nuclear Batteries Developed », Bristol.ac.uk, 25 novembre 2016.

Issu de pierre pulvérisée – un déchet minier très préoccupant pour l'environnement – et de fibres de bouteilles plastique recyclées, ce papier est recyclable indéfiniment – contre sept fois seulement, pour celui issu de la cellulose des arbres – et hydro-inerte, puisque ses fibres proviennent précisément de bouteilles d'eau. C'est ainsi qu'un livre entier, imprimé sur ce matériau, peut être laissé sans dommage une nuit entière dans une baignoire !

Si cet exploit n'est pas particulièrement décisif en soi, voilà donc encore une création de valeur issue de la prise en charge d'un déchet, auquel ont été ajoutés de l'attention et du temps humains.

L'enfant, à la source du changement

Si Gunter Pauli a donc su échanger avec de nombreux chefs d'État dans sa carrière, son expérience intime de la loi de Schopenhauer lui a également fait comprendre tout l'intérêt des enfants dans la conduite du changement ; de la même façon, les plus immondes totalitarismes avaient compris eux aussi, au XXe siècle, que c'était par l'enfance qu'ils pouvaient imposer leurs idées en une seule génération. Eh bien, cette arme redoutable peut être retournée contre eux, et l'on peut s'appuyer sur l'enfance, qui est beaucoup plus solide qu'on le croit, pour construire les révolutions écologiques.

La flexibilité cognitive est dans la nature même de la jeunesse, et là où il faudrait cent ans pour déplacer une bureaucratie d'un centimètre, l'esprit d'un enfant peut nous porter des centaines de kilomètres en avant en seulement une génération !

C'est pour cette raison que Gunter a écrit ses fables, visant à éduquer une génération pour qui l'opposition entre nature et prospérité n'aura plus aucun sens, pour laquelle il sera évident que la nature est la meilleure école de commerce au monde.

Nous y apprenons comment les dauphins peuvent pêcher avec des filets de bulles, et comment nous inspirer de ces technologies pour pêcher d'une façon plus efficace et plus sélective sans polluer nos océans.

Après tout, il nous est déjà évident qu'il n'y a pas de sens écologique à abattre une vache gestante, alors pourquoi pêchons-nous des femelles gravides d'une façon indiscriminée ? Il reste encore tant de connaissance à injecter dans nos océans pour mieux valoriser leurs ressources, que nous gaspillons inconsidérément aujourd'hui. Les techniques de pêche des dauphins, qui peuvent distinguer les femelles gravides ou non, représentent beaucoup de valeur à créer, une fois implantées dans nos systèmes économiques. C'est encore là toute la philosophie de la *Blue Economy* : substituer à quelque chose… rien, ou presque rien.

La magie de la spiruline

Aujourd'hui nous voyons des cités chinoises déployer des récupérateurs de particules fines pour en faire des diamants[1] ou encore une jeune pousse capturer la pollution atmosphérique pour en faire une encre[2]. Bien que de telles initiatives semblent anecdotiques, nous

1. Milena Lazazzera, « How to Turn Pollution into Precious Stones », *Financial Times*, 28 septembre 2017.

2. Kristine Lofgren, « This Startup Is Turning Air Pollution into Art », *Inhabitat*, 12 janvier 2017.

ne devons pas sous-estimer la puissance culturelle de l'anecdote.

À l'instar du génial sculpteur Alfredo Longo, qui façonne à la main d'immenses œuvres d'art à partir de canettes d'aluminium, il existe aujourd'hui un art du déchet, un mouvement porteur d'espérance après le grand vide que nous a laissé le postmodernisme. Ces structures, qui capturent les particules fines pour en faire soit des diamants, soit de l'encre pour les imprimantes et les stylos, portent aussi, de cette manière, une forte valeur symbolique. Elles sont des monuments techniques qui traduisent l'esprit de leur époque.

Le brillant ingénieur et architecte Raphaël Ménard, par exemple, a eu l'excellente idée d'équiper les pylônes électriques, ces « monuments » que chantait Apollinaire dans « Zone[1] », d'éoliennes à axe vertical (appelées « Wind It »), capables de générer un courant électrique sans nécessité de nouveau permis de construire et directement au cœur du réseau de distribution. Si ce travail est technique, Ménard, qui étant architecte est un artiste appliqué, est conscient qu'il traduit ainsi l'ingéniosité monumentale de son époque et, là aussi ce n'est qu'un début, une direction à prendre.

La jeune *start-up* EnerGaïa, en Thaïlande, capture le carbone issu de la climatisation d'un grand hôtel en équipant son toit de bioréacteurs cultivant la spiruline. Cette étude de cas est très intéressante, parce qu'elle a rencontré, comme toujours, le scepticisme castrateur des dinosaures du domaine, qui ont ri aux éclats quand on leur a proposé de fixer le CO_2 avec cette micro-

1. Poème issu du recueil *Alcools*, 1913, Folio, 2013.

algue pourtant très sobre, donc peu captatrice de ce gaz au kilo. Il existe en effet beaucoup mieux que la spiruline pour capter de grandes brassées de CO_2, mais à la différence de ces dernières, la technique d'EnerGaia est vendable, ce qui avait apparemment échappé à ses pontifiants détracteurs…

EnerGaïa capture donc le carbone et vend sa spiruline en circuit court directement aux hôtels qu'elle équipe. Il ne faut pas s'arrêter, bien sûr, à cette seule entreprise, mais y voir une tendance générale qui dépasse les succès ou les échecs – pardon, les apprentissages – individuels. Telle une fourmilière, l'humanité trace des voies vers l'abolition rentable des déchets et, si quelques-unes de ses filandres intelligentes devront forcément se rompre, rien n'arrêtera plus le tissage de cette corde collective. Bien sûr, l'optimiste concentrera ses espoirs sur elle, et le pessimiste ne manquera pas de rapporter le moindre des micro-échecs que sa passion aura croisé.

La spiruline et la chlorelle – autre algue très prometteuse – peuvent être cultivées pour absorber la chaleur produite par les *datacenters* ou le carbone des centrales à charbon. Quand elles ne sont pas comestibles, on peut également en faire du biodiesel, ou des phosphoesters pour l'industrie cosmétique, dans ce que Gunter Pauli appelle des « chaînes de valeur en cascade » : les déchets d'une logistique deviennent les achats d'une autre, jusqu'à une utilisation optimale de la matière. De même dans un verger : si les oranges ne sont pas traitées, on peut recueillir le d-limonène de leur peau et le conditionner comme supplément alimentaire ; et, avec celui qui n'est pas d'une qualité suffisante pour être consommé, on peut concevoir des détergents biodégradables qui sentent bon l'orange fraîche[1]. Le ratio connaissance-matière est ainsi en passe de devenir l'un des indicateurs les plus essentiels de notre performance économique ! Pour les actionnaires, il sera un moyen essentiel de connaître la rentabilité d'une société.

L'avenir dans le marc de café

À l'égard du ratio connaissance-matière, notre gestion du café est particulièrement marquante. Quand nous buvons une tasse de café, nous ne consommons que 0,2 % de la biomasse mobilisée par la chaîne de valeur. Le reste, en général, est laissé à pourrir, ce qui génère du méthane, un gaz à effet de serre bien plus dangereux que le dioxyde de carbone, et pourtant pas un déchet en soi, puisque l'on paye d'après notre compteur à gaz pour en avoir. Mais comme Starbucks et Engie ne discutent pas beaucoup ensemble, encore aujourd'hui, nous produisons un problème à partir de rien, le contraire même de la *Blue Economy*.

Beaucoup de gens cherchaient de quoi absorber la production mondiale de marc de café usagé. Et ce ne sont pas les solutions qui manquent : on peut en faire un exfoliant, un excellent after-shave, de quoi déboucher un évier ou « dépuceronner » un rosier ; on peut en faire des briques comprimées qui peuvent brûler plus longtemps que des bûches de bois – la société Robustion produit, entre autres, ces « Java Logs ».

1. Pour toutes les études de cas voir Gunter A. Pauli, *The Blue Economy : 10 Years, 100 Innovations, 100 Million Jobs*, Paradigm Publications, 2010 ; *L'Économie bleue 3.0*, Caillade, 2017.

On a même cherché à nourrir le bétail avec ! Car, selon une interprétation simpliste, on aurait pu penser qu'à nourrir les vaches avec du marc de café, on aurait peut-être pu obtenir du café au lait direct au pis de la vache ! Évidemment les choses ne marchent pas comme cela, mais la bonne surprise est que le marc usagé est l'un des tout meilleurs champicompost sur terre.

Que l'on y fasse pousser des shiitakes, des maitakes, des ganodermes, des pleurotes, des portobellos ou des champignons de Paris, le marc de café produit à la fois une récolte plus savoureuse, plus rapide et très sensiblement moins chère.

Un des composts de la qualité la plus avancée dans l'industrie est constitué de copeaux de chêne pasteurisés, et c'est ce substrat qui fixe le prix du champignon de culture, puisque dans ce domaine la manutention est minimale. Mais le marc usagé est déjà pasteurisé, puisqu'il sort du percolateur ! Il est même pasteurisé à trois reprises : à la fermentation, à la torréfaction et à la percolation.

La jeune agricultrice Chido Govera, formée à cet art par la *Fondation Zero Emissions Research and Initiatives* (ZERI) de Gunter Pauli, a ainsi monté au Zimbabwe une filière et une marque – Chido's Blend – autour de la récupération circulaire du café. Et, ne s'arrêtant pas en si bon chemin, elle utilise les champignons de moins bonne qualité pour nourrir notamment des poulets et des pintades, dont l'élevage chasse très efficacement les moustiques, vecteurs eux-mêmes de la malaria[1] !

---

1. Kassahun T. Jaleta *et al.*, « Chicken volatiles repel host-seeking malaria mosquitoes », *Malaria journal*, 15.1, 2016, p. 354.

Il existe ainsi une ancienne piscine à Rotterdam, réaménagée en champignonnière, où l'on redistribue une partie du marc de café usagé de la ville – une des plus grandes consommatrices mondiales par habitant –, où l'on produit en abondance du *Pleurotus ostreatus*, et où l'on inspire aussi la culture de champignons plus récréatifs – après tout, on est aux Pays-Bas !

Le projet s'appelle RotterZwam, et il devrait être suffisamment convaincant pour encourager toutes les métropoles du monde à se munir d'un égout 2.0, afin de récolter leurs excréments – notamment pour le biogaz –, leur café usagé et, année après année, tous leurs déchets. Si les cités sont les ganglions nerveux de la production de richesse mondiale, elles sont aussi les lieux où la richesse issue des déchets se révèlera de la façon la plus éclatante.

Le marc de café est également un merveilleux désodorisant ; trois types de personnes savaient cela dans le temps : d'abord, les parfumeurs, qui avaient besoin d'une « gomme olfactive » pour effacer l'odeur d'un ancien échantillon ; deux étaient connues : la violette et le café, et c'est donc d'un peu de marc frais que se munissaient les vendeurs en parfum ; puis les narcotrafiquants, bien sûr, habitués à dissimuler la cocaïne dans le marc de café. Or, c'est un problème insoluble car les douaniers de Bogota ne peuvent guère entraîner leurs chiens à mordre tous les passants qui sentiraient vaguement le café, il y aurait trop de dommages collatéraux ! Enfin, quiconque aura entreposé du maroilles trop longtemps dans son frigo saura qu'y laisser un bol de café frais moulu toute une nuit suffira à le désodoriser, ce qui sera plus efficace que du Febreze – mais si vous en êtes à « febrezer » votre frigo, changez de frigo !

Un entrepreneur, conscient que le marc est une substance fibreuse, a mobilisé cette propriété pour fabriquer des tissus enrichis en café recyclé, avec la possibilité d'en concevoir uniquement dans cette substance, sous la forme bien sûr de microfibres. Désodorisant, hypoallergénique, quasiment indiscernable du coton – qui est, comme chacun sait, un gargantuesque consommateur d'eau douce[1] –, ce textile, appelé « S. Café », est déjà utilisé pour produire des T-shirts, des vêtements techniques en partenariat avec la marque Eider, ou des semelles antitranspirantes pour Timberland. Quant à la marque de lingerie Sorella, elle propose déjà des sous-vêtements haut de gamme dans du café recyclé, d'où son slogan délicieux : *Drink it, Wear it* (« Bois-le, porte-le »). Et comme aime à le dire Gunter, « ce n'est qu'un début… »

Car on doit à cette révolution une autre brillante innovation, révélée dans le très branché *Wired*, où les entrepreneurs Eben Bayer et Gavin McIntyre posent derrière un mystérieux plastique blanchâtre formant le texte : *We grew this headline* (« On a fait pousser ce gros titre »). En effet, ces lettres, ils les avaient non pas thermo- mais myco-formées dans des moules à culture de mycélium – de type *Pleurotus*. Ils utilisent des déchets agricoles – son de blé ou de riz, café… – qu'ils inoculent de mycélium et… de connais-

1. La surexploitation du coton ouzbek est ainsi la cause principale de l'assèchement de la mer d'Aral en ex-URSS.

sance – il ne faut jamais l'oublier, celle-là, ce n'est pas parce qu'elle est immatérielle qu'il faut négliger le rôle décisif qu'elle joue dans le recyclage de nos déchets ! – et ils obtiennent un excellent isolant acoustique, thermique et mécanique, un substitut entièrement biodégradable du polystyrène. Leur société porte bien son nom : Ecovative.

En définitive, les opportunités technologiques et industrielles issues de la *Blue Economy* sont incroyablement diversifiées, et l'on comprend l'optimisme contagieux – le « rêve pragmatique », comme dirait Jacques Rougerie[1] – de l'infatigable Gunter Pauli.

On découvre aujourd'hui que les vibrations des voitures au fil des autoroutes peuvent charger des accumulateurs, alimentés par piézoélectricité – c'est-à-dire par le phénomène qui permet à un cristal d'émettre un ampérage après qu'il a été comprimé –, ce qui devrait accorder, de la même manière, aux ouvrages d'art la capacité de transformer la tourmente du vent en un courant électrique, voire d'alimenter tout un gratte-ciel…

S'inspirer de Lincoln

Mobiliser la sagesse, la *tekhnê* et l'*epistêmê* de la nature dans nos procédés industriels ne peut que nous enrichir, aussi bien économiquement qu'humainement, en sublimant notre relation à notre Terre. Au fond, si l'humanité divorce de la nature, la première ne pourra pas retourner habiter chez ses parents ; c'est la nature

1. L'architecte des océans qui bâtit le futur de la Terre sur la mer.

qui tient les clés de notre planète, et vivre en paix avec elle n'a jamais été une option.

Si Nietzsche a dit dans son *Zarathoustra* que l'homme est « une maladie de peau de la terre[1] », on se souvient de cette blague en vogue au Groupe d'experts intergouvernemental sur l'évolution du climat (GIEC) :

> Deux planètes se rencontrent, l'une demande à l'autre :
>
> « Comment vas-tu ?
>
> — Eh bien, plutôt mal… j'ai attrapé des humains, alors forcément j'ai de la température.
>
> — Ah, tu as des humains ? T'en fais pas, ça ne dure pas longtemps ! »

J'aime aussi me souvenir d'Abraham Lincoln, parce que ce témoin de l'industrialisation américaine et des grandes tensions économiques et politiques qu'elle a entraînées illumine encore aujourd'hui la condition de la guerre Vert contre Gris. J'ai cité au tout début de cet ouvrage son usage positif du mot *disenthrall*[2], afin d'encourager son auditoire à sortir de sa zone de confort, à désinstaller les logiciels dépassés qui habitent son esprit et freinent le progrès humain. C'est ce même effort qu'il faut pratiquer aujourd'hui pour dépasser l'opposition entre nature et emploi, bonheur et productivité.

Parmi les nombreuses et complexes raisons de la guerre de Sécession, qui reste le conflit le plus meur-

---

1. *Ainsi parlait Zarathoustra*, 1883-1885, Le Livre de poche, 1972.

2. Littéralement, « se défaire », « se désengager ».

trier en Amérique depuis que l'Union existe, le différentiel majeur de compétitivité économique entre le Nord et le Sud tient lieu d'explication. Certes l'esclavage a joué un rôle décisif dans l'émergence de ce fossé, mais bien plus par sa dimension économique que politique.

De ceux qui ont aboli l'esclavage, les États de l'Union ont été forcés d'adopter de nouvelles méthodes de production, aussi bien industrielles qu'agricoles, et d'embrasser sans retour un tout nouveau modèle économique. Loi de Schopenhauer oblige, un industriel qui aurait proposé une machine à vapeur à un exploitant du Sud n'aurait rencontré que scepticisme. On lui aurait rétorqué : « Mais enfin, tu produis du coton, toi ? Tu t'y connais en coton ? Non ? Alors dégage avec ta machine qui fume, moi je sais ce qu'il me faut : des esclaves plus grands, plus gros, plus forts. » S'ils avaient pu produire des esclaves transgéniques, ils l'auraient fait sans hésiter…

Et Henry Ford – le père du fordisme au début du XXe siècle – rappelait lui-même, comme Steve Jobs plus tard, que s'il avait pris le temps de demander à son marché ce qu'il désirait à l'époque de son automobile, il lui aurait répondu : « Des chevaux plus rapides. »

Mais, une fois l'esclavage aboli, l'industrialisation est inévitable : c'est la machine à vapeur ou la mort. Car alors que vous disposez d'une machine capable de produire trois cents chevaux de puissance, votre concurrent esclavagiste, lui, devra aligner mille cinq cents esclaves qui coûtent plus cher à l'achat et à l'entretien. La machine se nourrit de charbon, elle peut tourner plus de vingt-trois heures sur vingt-quatre en moyenne… et elle ne risque pas de s'enfuir. La messe économique est dite. Et, comme souvent alors, la messe politique aussi.

La future Confédération, qui est tout aussi surprise que l'Union de cette compétitivité économique retrouvée, met alors Washington en demeure d'autoriser l'esclavage à l'ouest du Mississippi. Survient un candidat républicain, Abraham Lincoln, quasiment inconnu, profondément méprisé, pour qui cette idée est d'abord un suicide économique !

À son élection, la Sécession est inévitable. Mais Lincoln, contrairement à une croyance encore trop répandue en Europe et qui surprend souvent les Américains eux-mêmes, n'a pas la moindre envie d'abolir l'esclavage quand cette guerre est déclarée. Rien ne le préoccupe plus que l'intégrité de l'Union, et s'il avait pu la garantir en encourageant même l'esclavage, il l'aurait fait sans hésiter, au début de la guerre du moins.

Peut-être est-ce pour cela que le destin, dirons-nous, va infliger au Nord une série de défaites plus humiliantes les unes que les autres, administrées des mains du plus grand général de l'époque, Robert Lee, qui n'était pas esclavagiste lui-même, et à qui Lincoln avait proposé le commandement des armées de l'Union.

Mais si Lee était indubitablement un génie militaire, Lincoln est, selon moi, le plus grand politicien de tous les temps, et fera preuve d'un flair économique exceptionnel. Tout d'abord, c'est en mobilisant certaines des causes mêmes de la guerre contre elle, qu'il va la remporter : ce sont le télégraphe et le train, les usines et les gains de productivité qui vont donner au Nord les clés de la guerre de Sécession. Mais l'autre cause à mobiliser, en cours de route, sans en avoir eu l'intention initiale, sera celle de l'esclavage.

Par un tour politique que l'on enseigne encore dans les manuels d'histoire et qui à la fois honore, humilie et dépasse Machiavel, Lincoln – pourtant le président le plus puissant et le plus dictatorial de l'histoire des États-Unis jusqu'au *Patriot Act* – décide de faire valoir la légalité très exacte de la libération unilatérale de tous les esclaves du Sud, tout du moins sur le papier, dans sa célèbre Proclamation d'émancipation.

En prenant les sudistes au mot, selon lequel les esclaves sont donc une marchandise, Lincoln les déclare « contrebande de guerre » et s'en empare au titre de l'état de rébellion qui existe entre l'Union et la Confédération. Cette mesure exceptionnelle donne d'abord un tournant politique exécrable au conflit, en particulier au Nord, les New-Yorkais manifestant violemment contre l'idée de se battre pour la liberté des Noirs, parce que, de toute évidence, ce n'est pas leur guerre.

Cependant si les esclaves sont libérés en tant que « contrebande de guerre », légalement rien n'empêche, à la fin du conflit, de les restituer à leur propriétaire, ou d'en saisir d'autres par la suite. Lincoln mène alors un combat d'avant-garde visant à inscrire l'abolition de l'esclavage dans la Constitution des États-Unis et offrir peut-être le sens le plus profond au presque million de morts directs et indirects qu'aura impliqué ce conflit fratricide.

Lincoln savait porter ses ennemis comme des médailles, et comme le dira Churchill, sans s'arrêter pour jeter des pierres à chaque chien qui aboie. Ce faisant, il a changé la face et le cœur du monde. L'abolition de l'esclavage a été le grand enjeu du XIXe siècle, l'abrogation de l'Apartheid celui du XXe siècle et la fin des déchets sera celui du XXIe siècle. Les nouveaux abolitionnistes s'appellent Janine Benyus, Ellen McArthur, Gunter Pauli, ou encore Pierre Rabhi… Et, comme d'habitude, cette abolition ne fera aucunement l'économie du « ridicule, dangereux, évident ».

La nature, notre plus belle richesse

J'ai commencé ce livre en évoquant deux cités centrées sur la nature. Je le termine sur cette suave sculpture en bronze ornée de malachite, qui la représente, par Alfons Mucha, et qui est justement visible au musée Fin de siècle de Bruxelles. Elle est incarnée par une superbe endormie, la poitrine dénudée, les lèvres aussi délicates que la *Vestale* de Jean-Antoine Houdon, le tout dans une fascinante apparence dorée. Que peut-on dire de la nature d'après cette sculpture ?

Eh bien avant tout, qu'elle est rudement bien gaulée, la bougresse ! La nature est belle. Or, la valeur économique de sa beauté n'est ni ridicule ni dangereuse mais évidente, et ce pour tout le monde : un appartement avec vue sur parc aura toujours plus de valeur qu'un appartement avec vue sur parking. D'ailleurs même à Manhattan, où l'immobilier est l'un des plus chers du monde, résiste Central Park, qui mobilise un espace plus vaste que Monaco – pour le coup, le foncier le plus cher du monde. Si l'on demandait aux New-Yorkais de raser Central Park pour y construire des tours, même en exhibant le *business plan* le plus juteux qui soit, même avec le meilleur retour sur investissement, ils s'y opposeraient.

De plus, cette belle *Nature* gironde de Mucha est toute dorée : c'est une *Golden Girl*, si vous travaillez avec elle vous serez riche. Pendant quelques malheureux siècles, nous avons cru que le mariage de l'Homme et de la Nature était forcément un mariage d'amour, puisqu'il était dénué de toute raison : c'est le mariage du pauvre, la nature est belle mais elle n'a pas de dot, et ceux qui l'épousent sont ces misérables Indiens que l'on écrasera au nom de l'*American Progress*, si bien représenté par le peintre John Gast. L'Industrie, ça oui, c'est un mariage qui rapporte, mais comme il lui manque le bonheur conjugal, on se ménagera quelques escapades pour renouer avec cette nature, qui ne rapporte rien, mais que l'on aime toujours en secret et qui nous attend, bien sage, en dépit de toutes nos trahisons.

Pourtant la dot de la nature est gigantesque, puisqu'elle est constituée de connaissance et de sagesse, les deux richesses les plus faramineuses pour qui sait les utiliser. Les soufis et les hasidim rappellent que Salomon était insolemment riche parce qu'il était sage, et non l'inverse.

Mobilisées, respectées, reconnues, la sagesse et la connaissance de la nature vont créer infiniment plus de richesses que notre pantelante industrie du moment ; cette industrie, que nous croyons être la seule et la vraie, n'est qu'un brouillon, un prélude, à la véritable industrie, qui est l'art de nouer toutes productions dans un grand tout transformateur et génial, comme le fait la nature. Gunter Pauli le répète ainsi : la nature est belle et intelligente, elle a un MBA, un *master of brillant adaptation*. C'est elle, la meilleure école de commerce, pas la Wharton, pas la Stanford Business School, juste Dame Nature.

Nous avons vu, au cours de cet ouvrage, trois histoires simples :

1. **Imaginez une économie dont la ressource est infinie.** Cette économie est celle de la connaissance, et parce que les échanges de connaissance sont maximisés par l'amour et l'épanouissement, elle a le potentiel de réconcilier bonheur et productivité.

2. **Imaginez que la nature soit notre plus gros gisement en connaissance.** On peut voir la nature comme une source de matière et de connaissance, auquel cas il n'y a plus d'opposition entre richesse et nature, parce que quand on exploite la matière, on la divise, mais quand on exploite la connaissance, on la multiplie.

3. **Imaginez un monde sans déchets… mais rentable.** L'abolition de l'esclavage a été rentable, l'abrogation de l'Apartheid aussi, la fin des déchets le sera également.

Ces trois histoires se résument à une seule question : Quel est notre nom d'espèce, en tant qu'humains ? Nous nous sommes appelés *Homo sapiens*, et même longtemps *Homo sapiens sapiens*, l'homme connaissant et sage.

Nous avons été précédés par *sapiens neanderthalensis* – qui enterrait ses morts, savait produire des outils et du feu et avait une boîte crânienne supérieure à la nôtre (1,8 l pour *neanderthalensis* contre 1,3 l pour *sapiens*), bien qu'on aime lui imputer un cerveau moins plissé –, avec lequel nous avons été interféconds et que les eugénistes ou transhumanistes de l'époque, s'ils avaient existé, auraient largement préféré à *sapiens*.

Et puis nous voilà, les hominidés sages. Soyons juste à la hauteur de ce nom. Sommes-nous devenus *Homo sapiens materialensis* ? Non. Même du temps des physiocrates, même depuis la révolution industrielle, voilà plus de deux cent cinquante ans que nous avons décidé de ne pas nous appeler comme ça. Cette fois, remplaçons l'egonomie par la véritable économie, soyons *Homo sapiens sapiens*, pour de vrai !

Dans la version orale, qui a engendré ce livre, je terminais sur une boutade, juste pour faciliter la mémorisation de mon propos et pour respecter le conseil que me donna mon premier mentor en expression publique, Phil Waknell : « Conclude with style » (*« Conclus avec du style »*).

Cette blague de fin m'est venue lors d'une conférence à Deauville pour la firme Pwc, à l'été 2015, dans l'auditorium du G8 où plusieurs milliers d'auditeurs étaient présents. Après mon discours, je les invite à se lever afin de se livrer à une petite expérience, puis je leur demande s'ils savent ce qu'est ce phénomène : tous levés ainsi, bien en rang. Sans attendre leur réponse, je leur explique que c'est la façon la plus fourbe d'avoir une standing ovation, *bien sûr ! Parce que ce cabotinage n'a aucune valeur dans un livre, je tenais à rappeler que la vraie transmission de connaissance ne peut se passer de tradition orale. On ne plaisante pas avec Socrate.*

Remerciements

À Gunter Pauli,
Ya-Sin Abdellaoui,
Daryna Padalytsya,
Françoise Cerquetti
et Roman Perrusset.

Entrepreneur, philanthrope, investisseur, conférencier, essayiste, consultant international et éditorialiste au magazine *Le Point*, Idriss Aberkane a délivré plus de 430 conférences plénières dont six TEDx, en trois langues sur quatre continents devant des organismes aussi divers que l'Organisation mondiale de la santé, les Nations unies, le Conseil économique, social et environnemental de la République française, l'Institut de France, le Pacific Business Forum, PwC, le Boston Consulting Group, A. T. Kearney, Axa, Generali, Eiffage ou l'Office chérifien des phosphates (OCP).

Aberkane est docteur et ancien chercheur associé de l'École polytechnique en sciences cognitives appliquées au *knowledge management*, titulaire de trois doctorats, chercheur invité à l'université de Stanford, à laquelle il est resté affilié plus de sept ans, et prédoctorant de l'École normale supérieure. Enseignant à l'École centraleSupélec pendant sept ans, où il a créé le premier cours de géopolitique et d'économie de la connaissance – ses recherches ont inclus l'encadrement de vingt thèses de master spécialisé et d'une thèse de pharmacie –, et ancien professeur dans le MBA de la Mazars University, Idriss Aberkane est actuellement président de la Fondation Bioniria, fondation suisse pour la bio-inspiration, de la société de biomimétique General Bionics SA et de la société de logiciel bio-inspiré Chréage SA. Il est également directeur de la recherche de la société Aurae Biotechnologies.

Il était fondateur d'un opérateur de microcrédit à taux zéro à 23 ans, qui gère aujourd'hui plus de trente plantations coopératives dans la vallée du fleuve Sénégal. Ses essais et ouvrages ont été traduits notamment en coréen, chinois, japonais, russe et grec, et il a conseillé plusieurs gouvernements sur leur système éducatif.

Table des matières

Composition et mise en pages
FACOMPO, Lisieux

Imprimé en France par CPI
en mars 2021
N° d'impression : 3042732

Pocket – 92 avenue de France, 75013 PARIS

S29201/02